土族传统民居建筑模式语言现代转译方法研究

田虎　著

中国建筑工业出版社

图书在版编目（CIP）数据

土族传统民居建筑模式语言现代转译方法研究／田虎著. —北京：中国建筑工业出版社，2021.3
ISBN 978-7-112-25961-8

Ⅰ. ①土… Ⅱ. ①田… Ⅲ. ①土族－民居－建筑设计－研究－中国 Ⅳ. ①TU241.5

中国版本图书馆CIP数据核字（2021）第046243号

本书聚焦于黄土高原与青藏高原交汇地区，以土族民居建筑作为典型研究对象，依托亚历山大模式语言理论的科学方法，在深入调研建立调查资料数据库基础上，提出“土族民居建筑模式语言”是土族民居建筑形式生成的内在作用机制，研发一系列适用、经济、绿色、美观的土族现代民居建筑材料模式、构件模式及空间模式，建立土族现代民居建筑模式语言图解数据库，形成土族现代民居建筑创作的一种新的设计方法，以期推动土族民居建筑高质量、高标准现代可持续发展。

本书适于建筑学、城乡规划等相关专业师生，传统民居建筑等相关行业从业者参考阅读。

责任编辑：杨　晓　唐　旭
版式设计：锋尚设计
责任校对：芦欣甜

土族传统民居建筑模式语言现代转译方法研究
田虎　著
*
中国建筑工业出版社出版、发行（北京海淀三里河路9号）
各地新华书店、建筑书店经销
北京锋尚制版有限公司制版
北京建筑工业印刷厂印刷
*
开本：787毫米×1092毫米　1/16　印张：14¼　字数：328千字
2021年5月第一版　2021年5月第一次印刷
定价：65.00元
ISBN 978-7-112-25961-8
（37175）

前言

土族是青海河湟地区历时最为悠久的世居民族，有着鲜明的民族特色和丰厚的文化底蕴，其民居建筑渊源深厚、特色鲜明。然而，随着急剧的现代化、城镇化发展进程，现代建筑材料、现代结构体系、现代建造技术得到了迅速的推广与普及，它们彻底改变了传统民居建构的逻辑，造成传统建筑语言的遗失，引发土族民居建筑出现了大范围、大面积、深层次的转型与演进，虽然对土族地区大量性建设发展需求起到一定的历史性进步作用，但却造成今天土族民居建筑地域、民族、文化风貌的突变和混乱，由此，乡土建筑现代化、现代建筑土族化的时代命题产生。

本书面向青海河湟土族聚居区，从人居环境科学的角度，探讨了土族民居建筑转型的矛盾问题及其可持续发展的途径。主要采用调查问题、分析问题和解决问题的基本研究方法，透过土族民居建筑转型中的诸多现实问题，剖析其内在的建构逻辑。以C•亚历山大建筑模式语言理论为启发，结合乡土建筑、乡土主义和批判的地域主义思想，提出土族建筑模式语言的设计思想和设计方法，并实践性地探讨了土族新型庄廓、城镇商业建筑有机更新的适宜性模式。

首先，深入剖析了土族民居建筑发展的演变规律，提出了模式语言的有机更新方法论思想。土族民族建筑是一系列相互联系但却具有相对独立性的众多模式的集合，每一个模式都是用积极的图示描写材料模式与构造模式相适应的建筑问题的形式，通过完美地解决每个模式在适应气候、适宜技术、功能匹配、文脉传承和节能生态等方面的简单设计问题，我们都将有能力快速、自如地解决当前土族建筑使用的粗野而且支离破碎的建筑语言的窘境。

其次，通过对土族原型建筑模式语言特色挖掘，土族现型建筑模式语言问题产生的历史演变动态过程研究，提出了解决影响土族民居建筑发生根本性变化的建筑构件建构模式的重要作用和意义。针对新型建筑构件建构模式的土族化与现代化问题，建立了根植于土族地区气候严寒、地形复杂、物资贫乏、农牧交错、民族众多、文化杂糅、宗教多元的自然人文环境特征，以富有历史文化价值和鲜明地方风格、民族特色价值的传统建筑构件建构模式为原型，结合现代建筑材料、结构体系、建造技术，采取适应气候、适宜技术、功能匹配、文脉传承和节能生态的更新与发展设计方法。

最后，基于挖掘的传统院落空间组织模式图解，设计了新型建筑构件建构模式图解，探索了土族新型庄廓、城镇商业建筑有机更新的2个设计实验，试图探寻实现土族建筑现代转型的适宜之路。

本研究得到“十三五”国家重点研发计划课题“西北荒漠区绿色建筑模式与技术体系研究（2017YFC0702403）”；陕西省科技创新团队——县域新型镇村体系（2018TD-013）国家自然科学基金面上项目“适应现代农业生产方式的黄土高原新型镇村体系空间模式研究（51478376）”的资助。

目录

前言

1 绪论——1

1.1 研究背景与研究意义——2
1.1.1 研究背景——2
1.1.2 研究意义——4

1.2 研究范围与研究对象——6
1.2.1 研究范围——6
1.2.2 研究对象——9

1.3 国内外研究现状——10
1.3.1 国内研究现状——10
1.3.2 国外研究现状——13

1.4 研究内容与研究目的——16
1.4.1 研究内容——16
1.4.2 研究目的——17

1.5 研究方法——19

1.6 研究框架——21

2 土族建筑的历史演变、现实问题与发展策略——23

2.1 土族建筑生存发展的自然、人文环境特征——24
2.1.1 严寒恶劣的气候条件——24
2.1.2 丰富多样的地形地貌——26
2.1.3 土木为主的建筑资源——28
2.1.4 多元融合的民族文化——28
2.1.5 农业为主的生产方式——29
2.1.6 藏传佛教的多元信仰——29
2.1.7 动荡不安的社会发展——30
2.1.8 独具特色的民俗文化——30

2.2 土族建筑的历史演变——34
2.2.1 河湟先民的建筑形式发展——34
2.2.2 河湟传统建筑的典型代表——庄廓——35
2.2.3 传统庄廓的土族化适应——37
2.2.4 土族庄廓的现代化转型——39

2.3 土族建筑的现实问题——42
2.3.1 民族风貌传承问题——42
2.3.2 结构安全性能问题——50
2.3.3 生态节能效率问题——53
2.3.4 房屋建设品质问题——57

2.4 土族建筑的发展策略——58
2.4.1 探寻适宜的理论指导——58
2.4.2 修正模式的文化内涵——58
2.4.3 重识建构的逻辑表达——59
2.4.4 重视绿色的建筑思想——60

2.5 本章小结——62

3 建筑模式语言理论及其对土族建筑发展的启发——63

3.1 建筑模式语言理论产生的时代背景——64
3.1.1 现代建筑运动——64
3.1.2 现代建筑思潮的多元论发展——64
3.1.3 现代建筑设计方法论研究——65
3.1.4 建筑模式语言理论的建立——65

3.2 建筑模式语言理论的解析——67
3.2.1 C·亚历山大的学术思想发展历程——67
3.2.2 C·亚历山大的认识论——69
3.2.3 解体的设计方法——72
3.2.4 模式语言的设计方法——72

3.3 建筑模式语言理论的适应性分析——79
3.3.1 建筑模式语言理论的启示——79
3.3.2 建筑模式语言理论的反思——81

3.4 建筑模式语言理论的土族化——83
3.4.1 土族建筑的语言系统——83
3.4.2 土族建筑的模式内涵——87
3.4.3 土族建筑模式语言的构成——87
3.4.4 土族建筑模式语言未来发展的关键问题——89

3.5 本章小结——92

4 土族原型建筑模式语言挖掘及其建筑构件建构模式的发展——93

4.1 土族传统群落空间结构模式——94
4.1.1 传统民俗文化作用下的群落空间结构——94
4.1.2 传统宗教信仰作用下的群落空间结构——95

4.1.3 本土自然环境作用下的群落空间结构——97

4.2 土族传统院落空间组织模式——100

4.2.1 土族传统庄廓空间组成要素挖掘——100

4.2.2 传统功能需求作用下的空间组织形式——103

4.2.3 传统生态经验作用下的空间组织形式——106

4.2.4 传统信仰文化作用下的空间组织形式——108

4.3 土族传统建筑构件建构模式——110

4.3.1 传统平土屋顶的建构形式——110

4.3.2 传统生土墙体的建构形式——121

4.3.3 传统木制门窗的建构形式——126

4.3.4 传统建筑构件建构模式组合的建造过程——129

4.4 土族传统建筑构件建构模式未来发展的设计思路——131

4.4.1 土族传统建筑构件建构模式的适应性分析——131

4.4.2 土族优秀传统建筑构件建构形式的提炼——134

4.4.3 土族优秀传统建筑构件建构形式未来发展的设计方法——135

4.5 本章小结——137

5 新型建筑构件建构模式的土族化与现代化——139

5.1 屋顶构件建构模式的土族化与现代化——141

5.1.1 屋顶承重结构的建构形式——141

5.1.2 平瓦屋顶建构形式的设定——144

5.1.3 平瓦屋顶屋面的建构形式——147

5.1.4 平瓦屋顶檐口的建构形式——148

5.2 墙体构件建构模式的土族化与现代化——150

5.2.1 红砖墙体的建构形式——150

5.2.2 草泥改性试验研究——154

5.2.3 水泥石灰砂浆草泥抹面的建构形式——158
5.2.4 土族传统盘绣图案的墙面装饰技术表达——159

5.3 门窗构件建构模式的土族化与现代化——160
5.3.1 被动式太阳房的土族适应性——160
5.3.2 附加阳光间式太阳房门窗的建构形式——163
5.3.3 直接受益式太阳房门窗的建构形式——168
5.3.4 集热蓄热墙式太阳房的建构形式——171

5.4 适宜绿色建筑技术的土族化与现代化——175
5.4.1 屋面集成主动式利用太阳能系统——175
5.4.2 多功能吊炕——177

5.5 本章小结——182

6 土族新型建筑模式语言的设计实验——183

6.1 土族新型庄廓院落空间组织模式——185
6.1.1 土族新型庄廓空间组成要素——185
6.1.2 土族新型庄廓空间组织形式——186
6.1.3 土族新型庄廓空间尺度大小——189

6.2 土族新型庄廓建构设计实验 190
6.2.1 土族新型庄廓大门建构设计实验——190
6.2.2 土族新型庄廓院墙建构设计实验——197
6.2.3 土族新型庄廓房屋建构设计实验——199

6.3 土族新型建筑模式语言的其他探索——204
6.3.1 土族城镇建筑发展的现实问题——204
6.3.2 城镇商业建筑有机更新设计实验——205

6.4 本章小结——208

7 结论与展望——209

7.1 研究结论及创新点——211

7.1.1 研究结论——211

7.1.2 研究创新点——213

7.2 研究展望——214

参考文献——215

绪论

1

1.1 研究背景与研究意义

1.2 研究范围与研究对象

1.3 国内外研究现状

1.4 研究内容与研究目的

1.5 研究方法

1.6 研究框架

1.1

研究背景与研究意义

1.1.1 研究背景

1. 独具地方风格、民族特色的土族传统庄廓

土族是我国人口数量较少的少数民族之一，是青海河湟地区历时最为悠久的世居民族，有着鲜明的民族特色和丰厚的文化底蕴。土族通常自称为“蒙古尔”“察罕—蒙古”；汉人称土族为“土人”“土民”；蒙古人称土族为“达勒达”“多勒多”；藏族称土族为“嘉霍尔”[1]。20世纪50年代初，人民政府经过民族识别，将其定名为“土族”。

数百年来，土族人民基于当地气候严寒、地形复杂、物资贫乏、建造低技、农牧交错、民族众多、文化杂糅、宗教多元的自然人文环境，结合本民族在民俗文化、宗教信仰、民族艺术、经济条件等方面的民族特色，运用朴素的自然生态规律，发掘当地匮乏的物资资源，因地制宜、就地取材、因材致用，挖掘生土、木材、麦秸秆等传统建筑材料的物理属性和感官属性，采取低技术、低成本的传统建造技术，经过长期实践，巧妙地创造出既朴素、实用，又经济、美观，环境相对舒适的低能耗、低污染的传统庄廓民居建筑形式。具有外封内敞空间格局的、外土内木建筑材料的、外粗内细建筑风貌的、单坡平顶草泥屋顶的、高大敦厚夯土院墙的、精雕细刻砖木大门的、独立突出土木佛堂的……土族传统庄廓具有强烈的地方风格和民族特色，受到土族人民的喜爱并传承至今，其不仅创造了独具特色的历史、人文价值，而且创造了个性鲜明的艺术、技术价值。

土族传统庄廓不仅丰富了青海河湟地区民居建筑形式的类型，而且是构成我国西北生土民居建筑艺术的典型代表之一，具有强烈的地域性、民族性和文化性。

2. 土族传统庄廓的生存危机

1）时代背景

（1）社会背景

改革开放以来，迅猛的经济发展带来急剧的现代化、城镇化发展进程，交通、通信、信息、人员交流等基础设施条件的完善，增加了乡村人口大规模的、频繁的跨区域流动，方便了现代建筑材料、结构体系、建造技术的传播、普及。伴随经济水平日益提高，人们的生活观念、生活方式也逐渐发生着变化。基于提升乡村人居环境品质、改善乡村居住生活质量的人们普遍的、强烈的物质诉求，传统民居建筑已难完全满足现代生活的需求，大量民居建筑开始遵循功能主义和简洁主义的教条，从适用出发，倾向于盒子式的简单外形和光墙大窗，经过长期沿用和各地相互抄袭，逐渐发展为千篇一律的、单一纯净的城市型方盒子建筑。随着乡村建设的不断深入，传统民居建筑的保护、继承、发展和创新的现实问题越来越凸显，迫切要求我们根据新时代的特点，从现代需求出发，合理运用现代建筑材料、结构体系、建造技术，探索现代民居建筑与地方优秀的传统文化、传统建构智慧和传统生态智慧之间的传承路线，建立地域民居建筑可持续发展的适宜性理论、方法。

（2）政策背景

2006年2月21日，随着《中共中央国务院关于推进社会主义新农村建设的若干意见》公布，我国的社会主义新农村建设和改善农村人居环境部署开始进入黄金时期。

社会主义新农村建设、新型农村社区建设、美丽乡村建设在一定程度上改善了乡村的面貌、发展了乡村的产业经济、优化了乡村的空间布局、提升了乡村的土地利用效率，在实践中取得了一定的成绩。但由于很多地方政府缺乏科学的乡村规划编制理念，脱离农村实际，照搬照抄城市规划建设的理念和方法，以不恰当的方法、方式介入乡村建设，以及在认识上和实践上的误区，导致许多地方的乡村建设流于表面化，多以迁村并点、乡村环境整治为重点，把新农村建设简单地等同于村容整治、旧村改造，破坏了乡村原生的空间肌理、文化内涵，跳跃式地转变了乡村的社会文化生活，不但没有做到循序渐进地更新、发展，而且加快了破坏的速度，加重了破坏的程度，几乎扮演了“帮凶”的角色，造成新农村千村一面、毫无特色的现状格局，引起现代民居建筑地域性、民族性、文化性的缺失。

2）土族庄廓的建设现状

作为我国西北生土民居建筑艺术的典型代表之一，土族传统庄廓渊源深厚、特色鲜明。然而，在外部侵袭和内部解构的双重趋势作用下，土族现代庄廓的地域、民族、文化风貌业已模糊，发生了深层次的变化和演进。民族风貌传承问题、结构安全性能问题、生态节能效率问题、房屋建设品质问题日益凸显，具体表现在空间结构、空间组织、造型风貌、建筑材料、结构体系、建造技术、文化更替、生态节能等诸多方面的混乱粗糙，形成现实问题与发展契机并存的现状格局。如何像保护生物多样性一样，对民族传统文化进行必要的保护、发掘、提炼、继承和创新[2]，是摆在我们面前的重要课题。因此，如何较好地应对快速现代化、城镇化进程中现代庄廓的地域文化传承问题、质量问题和生态问题，是解决土族传统庄廓面临的严峻的保护、继承问题，以及现代庄廓普遍出现的发展、创新问题的有效方法。

（1）外部侵袭

在快速现代化、城镇化和社会主义新农村建设的冲击下，土族人民往往不再继续沿用传统庄廓的建造模式，现代建筑材料、结构体系、建造技术催生土族人民开始自发的，以自建或合建的方式，大范围、大面积弃旧建新、弃土建砖。然而，由于缺乏功能、空间、形式、材料、结构和构造等方面相关的理论指导和专业技术支持，土族人民往往只是较为盲目地使用现代建筑材料模仿现代城市建筑的形式，带来诸如风貌混乱、安全性低、经济性差、生态低效、配套设施差等方面的建筑缺陷。尤其在政府主导下的农村奖励性住房建设、农村困难群众危房改造、游牧民定居工程以及多项政策型生态、避灾、扶贫等移民搬迁工程的推动下，规划、建筑等专业人员对历史文脉、时代需求的把握主要通过纯粹直觉的过程，凭借自己的主观印象来工作，忘记了传统的本质，忘记了具体的情境，从而使得这些关于文脉的概念性图像常常是错误的或是含混不清的，此类民居建筑的示范效应最大，副作用也最大。

（2）内部解构

土族传统庄廓因现代化更新严重滞后、建设集约化程度低、基础设施和公共服务设施极度缺乏、室内居住环境质量差、结构安全固有缺陷、耐久性不足、经济有效性低等诸多性能缺陷，不再满足土族人民对提升环境品质、改善居住生活质量的现代需求，加之许多土族人民认为传统庄廓是构筑在落后、被动的生产技术、经济条件之下的产物，将其简单、朴素的建筑形象等同于贫穷和落后的典型象征，认为砖房是现代化的进步产物，能够体现自己的经济实力，并且是跟上时代的标志。随着土族人民大范围、大面积自发转型的建房热潮，传统土木结构体系的庄廓连同其低技术、低成本、低能耗、低污染等优势一起被否定与舍弃，取而代之的是建设量猛增的以红砖、混凝土、水泥瓦等现代建筑材料建造的砖木、砖混结构体系的简单外形和光墙大窗的现代庄廓。

1.1.2 研究意义

1. 理论意义

模式语言方法在实践中应用遇到了许多困难。在社会上实际行不通，迄今只有些实验性工程。许多反面意见都是针对他的“乌托邦”思想[3]457。本书借鉴C·亚历山大建筑模式语言理论，结合乡土建筑、乡土主义和批判的地域主义思想，从建构角度出发，建立了基于材料和构造统一模式的土族建筑模式语言。它不仅有利于推动建筑模式语言理论在解决我国少数民族地区乡土建筑现代化、现代建筑民族化问题的应用，而且改善了建筑模式语言理论在实践层面的可操作性，为现在的规划和建筑方法提供了另外一种选择的可能性。

2. 方法意义

土族建筑模式语言为我们提供了一种运用理性程序解决复杂系统建筑问题的设计方法，通过它我们可以把错综复杂系统的建筑问题分解成一个个相互联系但却具有相对独立性的众多模式，模式的设计方法缩小了设计者有限的能力与他所面临的复杂任务之间的鸿沟。通过每个模式设计问题的解决，整个具有地域性、民族性和文化性的完整建筑将根据这些模式的顺序自然而然地产生，就像形成句子那么容易。

3. 实践意义

运用土族建筑模式语言设计方法形成的土族新型庄廓、城镇商业建筑有机更新的设计实验，都是基于土族传建构智慧、传统生态智慧基础上的现代改进和修整，它们既回应了土族的地方风格、民族特色，又适应当前的时代需求。因此，它们在一定程度上解决了土族建筑在地域文化传承问题、质量问题和生态问题等方面的困境，对解决土族地区量大面广的城乡建设具有一定的借鉴、引导作用。

4. 指导意义

土族建筑模式语言为我们提供了一种理性的方法研究、解读传统与现代，通过一种积极的图示——模式，帮助人们清晰而准确地把握传统与现代的本质、结构和规律，以此指导我们解决土族建筑在地域文化传承问题、质量问题和生态问题等方面的困境。借鉴土族建筑模式语言的设计思想和设计方法，能够给予其他具有地域、历史、文化、生活内涵的建筑的保护、继承、发展与创新问题一定的指导作用。

1.2

研究范围与研究对象

1.2.1 研究范围

结合河湟地区行政区划的概念，以土族的民族族源为依据，根据当代土族人口分布格局的特点，本书所研究的范围仅为青海河湟地区：北依祁连山支脉达坂山，南以黄河谷地至贵德、同仁一带山地为界；西起昆仑山系余脉日月山，东到甘青省界，南北跨纬度大约为35°N ~38°N，东西跨经度大约为100°E ~103°E。

土族在青海省主要集中分布于青海河湟地区5个土族人口密集县：互助土族自治县、大通回族土族自治县、民和回族土族自治县、乐都县、同仁县，其他散居于青海省39个县一级的市县区镇。

1. 河湟地区

“河湟”这一地理名词早就出现在汉唐的历史典籍和诗歌里。“河湟”最早指今甘青两省交界地带的黄河及其支流湟水，见之于《后汉书·西羌传》“乃度河湟、筑令居塞”的记载[4]。此后，“河湟”逐渐由河流名称演变为地域概念：所涵盖的地域范围包括黄河上游、湟水流域及大通河流域构成的“三河间”地区，即今青海日月山以东，祁连山以南，西宁四区三县、海东地区以及青海海南、黄南等地的沿河区域和甘肃省的临夏回族自治州[5]。重重山岭，道道关隘，使得河湟地区成为一个相对独立的地理单元[6]32。

按照现在行政区划的概念：河湟地区主要指甘青两省交接的黄河流域，即青海省青海湖以东地区和甘肃省以兰州市为界的西南部地区（含兰州市），其边缘是四个以游牧经济为主的藏族自治州，即北边的海北藏族自治州、西边的海南藏族自治州、西南边的黄南藏族自治州、南边的甘南藏族自治州，以及东边的兰州市（以东是以农耕经济为主的汉族文化区），形成以西宁、兰州、临夏为中心的，包括约26个县（九个民族自治县）

的区域。从青海省来看：北边以海北藏族自治州为界，过渡区是门源回族自治县和海晏县；西边以海南藏族自治州为界，过渡区是贵德县；西南边以黄南藏族自治州为界，过渡区是尖扎县和同仁县；南边以甘肃甘南藏族自治州为界。由北向南依次是门源回族自治县、大通土族回族自治乡、海晏县、湟源县、互助土族自治县、湟中县、平安县、乐都县、西宁市、民和回族土族自治县、贵德县、尖扎县、化隆回族自治县、循化撒拉族自治县、同仁县。从甘肃省来看：有一个地级的临夏回族自治州，由南向北依次是：积石山保安族东乡族撒拉族自治县、临夏县、和政县、康乐县、广河县、临夏市、东乡族自治县、临洮县、永靖县、兰州市（含皋兰县、永登县）、天祝藏族自治县[7]。

2．土族的民族族源

关于土族的民族族源问题，目前史学界尚未形成定论，其中，“吐谷浑说”和“蒙古人与霍尔融合说”是最具有代表性且影响较大的两种主要观点。

1）吐谷浑说

“吐谷浑说”最早由研究土族历史的陈寄生提出，他从史学的视角提出土族是吐谷浑的后裔。“吐谷浑说”的领军人物、土族学者吕建福1983年所著的《土族族源试探》、1997年所著的《撰写〈土族史〉的基本思路和方法》、2002年所著的《土族史》、2005年所著的《关于土族史研究中的若干问题》、2006年所著的《关于土族史研究中的若干问题（续）》、2007年所著的《土族名称考释》等，是吐谷浑说的代表作，它们从史料、文化、传说、族称、宗教、习俗、姓氏诸多方面综合论证，生动演绎了土族形成及发展的历程，认为土族起源于吐谷浑。

坚持“吐谷浑说”的论者认为，土族是吐谷浑的后裔。吐谷浑原属辽东鲜卑慕容部的族支。公元283～289年，因部落间马斗相伤引起纠纷，吐谷浑遂率本部落1700帐组成的部族从辽东西迁至阴山（今内蒙古呼和浩特境内大青山）；西晋永嘉末（313年），吐谷浑率部族而后南下，再度陇而西，尽占西零以西及甘松之界，并在群羌之地——青海，建立了历时350多年的吐谷浑王国[8]。唐龙朔三年（663年）被吐蕃并灭，一部分吐谷浑人降附吐蕃，后来融合于藏族；一部分迁徙到兰州以东地区，逐渐融合于汉族；还有一部分留在青海东部农业区，蒙元时期蒙古族迁入河湟地区与这部分人融合并吸收藏族、汉族等民族成分，形成了一个新的民族共同体。

2）蒙古人与霍尔融合说

“蒙古说”主要从语言学角度出发，认为土语近似蒙古语。最早由比利时神父德斯迈和蒙塔尔等提出，他们从语言上确认土族是蒙古人的后裔[9]88。“蒙古说”的主要代表人物、土族学者李克郁1982年所著的《白鞑靼是土族的重要组成部分》、1985年所著的《土族族称辨析》、1992年所著的《土族（蒙古尔）源流考》、1998年所著的《霍尔杂谈》、2000年所著的《拨开蒙在土族来源问题上的迷雾》、2004年所著的《土族组成成分分析》、2005年所著的《河湟蒙古尔人》等，是“蒙古说”的代表作，从土族的语言学角度入手，以语言学、民俗学和历史学相结合的研究方法解析了土族的社会状况，并通过详细而审慎的分析与论证，得出了土族是蒙古人的一支的研究结论[9]88。

坚持“蒙古人与霍尔融合说”的论者认为，现今的土族虽然来自白达勒达和黑达勒达（即草原蒙古和阴山白达勒达的组合体），但他们来到河湟流域已经有八百年的历史，整个元代，他们就和吐蕃人朝夕相处，互相来往，甚至长期联姻。明初有大批汉人移入，于是土族又在汉藏两大民族之间生活，互相影响、互相融合的过程更进一步加强。由此，在民族混杂的特殊的地域、特殊的氛围里，土族人在保持自己原有的一些特点的情况下，获得了许多新的特点，形成了与原来完全不同的新的民族共同体——土族[10]。

3．当代土族人口分布格局

根据2010年第六次全国人口普查资料统计，全国土族总人口数为289565人，在31个省级行政区划中都有分布。其中，青海省土族人口最多，数量为204413人，占全国土族总人口数量的70.6%；甘肃省次之，土族人口数量为30781人，占全国土族总人口数量的10.6%；其他29个省级行政区划中的土族人口占土族总人口数量的18.8%。根据以上数据可以看出，土族主要分布于青海省（图1.1）。

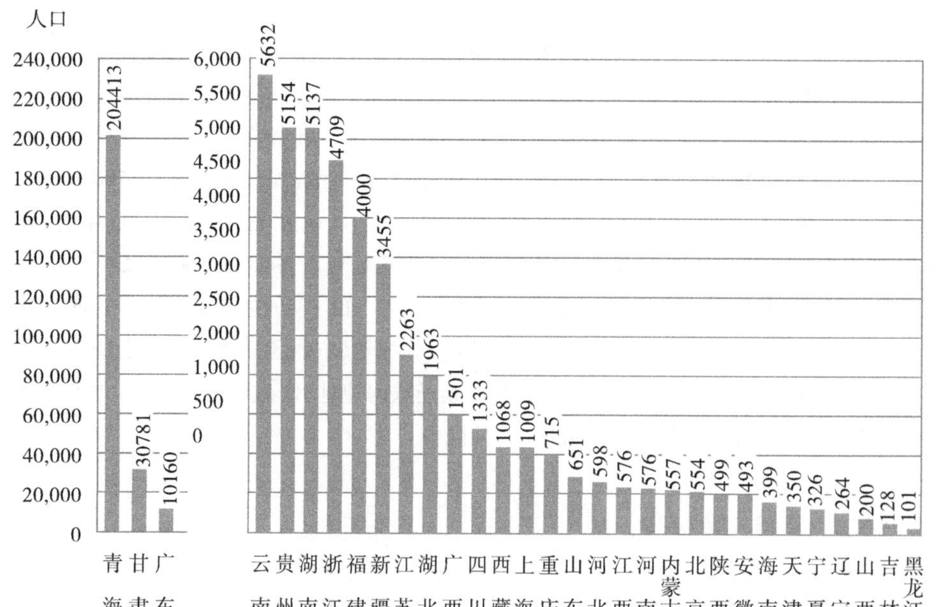

图1.1　中国各省、自治区、直辖市土族人口分布状况

土族在青海省各地州级行政区域的分布现状为：海东地区（115008人）、西宁市（57521人）、黄南藏族自治州（10027人）、海西蒙古族藏族自治州（9953人）、海北藏族自治州（7203人）、海南藏族自治州（3991人）、果洛藏族自治州（429人）、玉树藏族自治州（281人）。根据以上数据可以看出，土族人口在青海省主要集中分布在海东地区和西宁市，两地土族人口占青海土族总人口的84.3%。土族在青海省的人口分布格局说明了土族仍然保持以河湟地区为中心的人口分布格局（图1.2）。

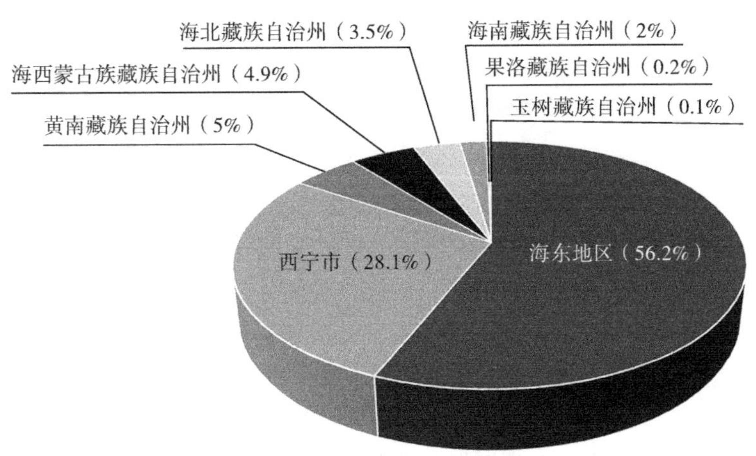

图1.2 土族在青海各地州级行政区域的分布

1.2.2 研究对象

结合土族传统建筑风貌的特点，本书主要以土族民居建筑作为研究对象。

就土族传统建筑而言，其按功能可分为寺院建筑、官邸建筑、民居建筑三种类型。土族地区众多的寺院建筑，大都为汉藏结合式的建筑，结构独特，气势雄伟，具有浓郁的藏传佛教寺院建筑特色；土族地区的官邸建筑，大都沿袭汉式的建造体系及风貌格局；唯有土族民居建筑充分展示了本民族的文化内涵、宗教信仰、经济方式、风俗习惯等民族特色。因此，本书主要就土族民居建筑文化作一番探讨。

1.3

国内外研究现状

1.3.1 国内研究现状

1. 河湟民居建筑的研究现状

1）基于建筑学的视角，采取实地调研测绘、访问调查、考察分析的方法，挖掘青海河湟地区传统庄廓在空间结构、空间组织、造型风貌、建筑材料、结构体系、建造技术、装饰习惯等方面的地方风格，为后续研究收集资料、奠定基础。

1963年崔树稼的《青海东部民居——庄窠》，以图文并茂的方式形象地介绍了传统庄廓在外观特征、布局特点、居室模式、楼层及屋顶的功能、细部构造节点等方面的传统建筑形式；1991年晁元良的《青海民居》，重点记录了传统庄廓在外墙、屋顶、前檐、扇门、室内布置、外观等方面的传统建筑形式和传统建造工艺；1997年梁琦的《青海传统民居——庄廓》，重点分析了回族、撒拉族与藏族基于不同宗教信仰背景下各民族传统庄廓在房屋平面布局、装饰装修和室内陈设等方面的传统建筑形式的差异；2005年张君奇的《青海民居庄廓院》，总结了传统庄廓不同方位房屋的功能用途及装饰装修特点的传统建筑形式，并分析其内部隐藏的风水理学、传统文化的内涵；2009年郭军、钟添胜、周谢军的《青海民居庄窠的建造技术》，较为详实地记录了传统庄廓在庄廓墙、房屋承重系统、屋面构造等方面的传统建筑形式和传统建造工艺；2009年哈静、潘瑞的《青海"庄窠"式传统民居的地域性特色探析》，论述了青海传统庄廓在特定的地理环境下独具的传统建筑形式特色：抵御风寒、防御侵袭的微缩城堡，传统文化与风水理学影响下的住房功能及布局，房上能赛跑的平土屋顶，独特的"打庄廓"建造方式；2010年邵楠的《青海民居庄廓与自然地理环境的适应性》，通过对青海河湟地区地理环境、气候环境和资源环境的分析，总结出青海传统庄廓在村落选址、平面布局形式以及建造技术等方面的传统建筑形式和传统建造工艺；2012年王霞、陈出云的《趣议青海河湟地区传统民居及装饰》，通过“庄廓打的高”“屋顶可赛跑”“宝瓶院里埋”“门当户对说”“来客炕上请”“面柜放大房”这些老百姓总结的谚语、花儿曲、民间故事阐述传统庄廓的民居形制和装饰方面的传统建筑形式特色。

2）基于青海河湟地区传统庄廓的地方风格特点的研究成果，针对当前快速现代化、城镇化进程中庄廓面临的地域文化传承问题、质量问题和生态问题，运用文脉主义建筑观、生态建筑学的现代建筑理论，挖掘适应于青海河湟地区的地理属性、地形地貌、气候条件特征下的本土生态建筑经验、技术，将蕴涵于其中的生态元素、文化符号与现代建筑空间设计理论、现代绿色建筑技术相结合，解决传统庄廓的保护、继承问题和现代庄廓的发展、创新问题。

（1）西安建筑科技大学“建筑与环境研究所”对青海境内的农村牧区进行了大量的基础性调研工作，总结、归纳出众多高海拔、严寒地区传统庄廓适应恶劣气候环境的本土生态建筑经验、技术，在河湟庄廓更新设计实践的基础上，提出基于环境适应、技术适宜、多元一体的“河湟特色民居”更新策略、方法。

2009年由王军教授主编，被列为国家“十一五”重点图书的《西北民居》，2013年由王军教授主持承担的“十二五”国家科技支撑计划项目课题“高原生态社区规划与绿色建筑技术集成示范”（2013BAJ03B03），2014年由王军教授主持国家自然科学基金面上项目“生态安全战略下的青藏高原聚落重构与绿色社区营建研究”（51378419），2014年由崔文河主持国家自然科学基金青年基金“青海多民族地区传统民居更新适宜性设计模式研究”（51308431）等，对青海河湟地区庄廓适应现代生活需求条件下的地域性、民族性、文化性继承和可持续发展作出了重要的贡献。2012年崔文河、王军、岳邦瑞、李钰的《多民族聚居地区传统民居更新模式研究——以青海河湟地区庄廓民居为例》，2013年崔文河、王军、靳亦冰、乔柳的《青海河湟地区传统民居解析与更新研究》，2012年剧欣的硕士学位论文《青海省东部地区民居的地域文化传承研究》，2012年张璠的硕士学位论文《青海省海东地区民居建筑大门的研究》，2013年赵一凡的硕士学位论文《青海河湟地区庄廓民居院落空间形态研究》等，以实地调研、考察分析为基础，分析了青海河湟地区不同民族传统庄廓基于地形地貌、气候条件为主导的“自然因素”与以宗教信仰、风俗喜好为主导的“文化因素”作用下的共性与文化差异性，基于传统形式，结合现代材料构造技术，创造具有地方风格的民居建筑。

（2）挖掘传统庄廓在建筑热工、材料和构造等方面的地方风格和生态优势，依据绿色建筑、生态建筑的基本原理，优化提升传统生态建筑经验、技术，重视现代绿色节能技术与传统民族文化特色之间的融合，探讨传统技术范式和建筑材料、构造的现代化改造等方面的问题。如2015年崔文河、王军、金明的《青海传统民居生态适应性与绿色更新设计研究》，2016年崔文河的《甘青民族地区乡土民居更新与整合设计策略研究》，2013年张涛的博士学位论文《国内典型传统民居外围护结构的气候适应性研究》，2006年师奶宁的硕士学位论文《不同区域传统民居围护结构热工性能研究》，2013年杨帆的硕士学位论文《青海河湟地区传统民居生态策略研究及在当代的应用》，2015年化佳欢的硕士学位论文《青海东部地区传统生土民居的生态节能研究》等。

2．土族民居建筑的研究现状

1）采取实地调研测绘、访问调查、考察分析的方法，收集整理出土族传统庄廓在空间结构、空间组织、造型风貌、建筑材料、结构体系、建造技术、装饰习惯等方面的地方风格和民族特色，为后续研究收集资料、奠定基础。

1996年秦永章的《土族传统民居建筑文化刍议》，重点记录了土族传统村落的空间结构特点以及传统庄廓在空间布局、室内设施、建筑装修等方面的传统建筑形式。2007年文忠祥的《土族村落的空间结构及土族的空间观》，从村落与村落之间、村落内部、庄廓及其内部三个层次对土族传统村落空间结构进行了分析，最后讨论了村落的同心圆结构。2012年剧欣的硕士学位论文《青海省东部地区民居的地域文化传承研究》，以互助土族故土园内的传统土司故居为例，从门楼、空间布局、室内施设以及建筑装修四个方面作了调研及分析。2012年张璠的硕士学位论文《青海省海东地区民居建筑大门的研究》，总结了土族传统庄廓大门在造型风貌、色彩搭配、传统装饰图案工艺与题材、风水习俗等方面的传统建筑形式。2012年车珊的硕士学位论文《青海庄窠式传统民居建筑研究》，总结了土族传统庄廓不同方位房屋的功能用途及装饰装修特点。2013年赵一凡的硕士学位论文《青海河湟地区庄廓民居院落空间形态研究》，以互助土族故土园内的传统土司故居、郭麻日村古堡为例，分析了土族传统庄廓院落空间的民族特点。

2）挖掘土族传统庄廓的传统建构智慧、传统生态智慧，探索其在满足现代生活需求条件下得以继承和可持续发展的策略、方法。

2013年崔文河的《青海土族传统民居生态适应性与更新策略研究》，梳理和归纳了土族民居聚落中优秀的生态智慧，结合土族新民居创作设计实践，从聚落规划、民族文化、再生能源利用等方面探讨土族传统庄廓更新策略。2014年郭星的硕士学位论文《河湟地区土族村落景观研究》，通过对河湟地区土族传统文化、村落的选择与格局、传统庄廓形态的宏观梳理，提出了河湟地区土族村落景观主要受自然、人文、社会三方面的因素影响，根据村落的保护与开发现状，有针对性地提出了土观村保护与发展的原则与对策。2014年南宏的《浅析青海东部地区土族传统民居的特点与改良方法》，总结了土族传统庄廓在院落整体布局、庄墙特征、大门特征以及院落的庭院结构、主屋形式、建筑装饰等方面的传统建筑形式特征，在遵循适应当地气候特征、彰显民族文化的原则下，提出改善与传承的方法。

总结上述关于土族民居建筑的研究可以看出，目前对土族民居建筑的理论分析仍不够深入，研究多集中在传统建筑形式、风貌、功能、空间与装饰的资料记录和分类，综合描述多，具体分析少，未能系统地、深层次地针对其建筑形式挖掘和剖析它们所蕴含的建构智慧、生态智慧，更鲜有基于现代化、城镇化背景下土族建筑的保护、继承、发展和创新的研究。因此，建立基于社会转型时代背景下的乡土建筑现代化、现代建筑土族化的设计思想和设计方法研究具有重要现实意义和理论价值。

1.3.2 国外研究现状

1. 乡土建筑

乡土的英文词汇vernacular是17世纪初由拉丁语词vernaculus演变而来。原词意为家用的，本土的，当地的。它的词根verna，意思是在领地的某一房子中出生的奴隶[11]。1964年B·鲁道夫斯基（Bernard Rudolfsky）在纽约现代艺术博物馆，通过“没有建筑师的建筑”世界乡土建筑展览，第一次将“乡土”一词应用在建筑领域，乡土建筑的概念由此产生。乡土建筑是一项群体的艺术，不是由少数专业人员创造的，而是拥有共同传统的群体自发的、持续的一种创造活动[12]。1969年A.拉普卜特（Amos Rapoport）所著的《宅形与文化》的出版，正式标志着乡土建筑研究成为一门学科，也是建筑人类学的奠基作品之一。1997年P.奥立弗（Paul Oliver）主编的《世界乡土建筑百科全书》对世界各气候区、文化区的乡土聚落和建筑进行了全面的论述，乡土建筑（Vernacular Architecture）具有本土的（indigenous）、匿名的（anonymous）、自发的（spontaneous）、民间的（folk）、传统的（traditional）、乡村的（rural）等描述性特征[13]，这些概念基本体现了乡土的完整含义。

由此可见，乡土建筑根植于本土自然、人文环境自发产生，是当地工匠因地制宜、就地取材、因材致用，采用民间传承的传统的设计和建造方法而形成的，是以各地传统民居建筑为主体的民间建筑。乡土建筑对地方性的强烈认同是很有意义的，它能为创造富有创新精神的和在形象上令人振奋的建筑方案提供积极的答案[14]，因此，通过对乡土建筑的研究、探讨，我们可以从中汲取营养，得到灵感，作为当前建筑创作的源流之一。

2. 乡土主义

1985年S.奥兹坎（Suha Ozkan）在他的著作《建筑中的地区主义》中指出乡土主义的兴起是以20世纪中期的乡土建筑研究以及理论论述为基础的，它们有助于创造一种基于某一特定文化环境的现代建筑语汇。所谓“新乡土”（neo-vernacular）建筑或“乡土主义”（vernacularism）建筑，是指那些由当代的建筑师设计的，灵感主要来源于传统乡土建筑的新建筑，是对传统乡土方言的现代阐释[15]。乡土主义可以分为“保守式”（Conservative Attitude）和“意译式”（Interpretative Attitude）两种趋向[16]。保守式的乡土主义强调对传统建构智慧和生态智慧的保护、继承；意译式的乡土主义强调对传统建构智慧和生态智慧的发展、创新，赋予乡土建筑现代的、全新的功能以使其获得新的生命力，有助于拓展根植于某一特定文化的建筑传统的现代建筑语汇。一般认为，乡土研究的一个主要目的是通过对乡土传统的研究、探讨在乡土建筑的更新发展过程中，既提高和改善原居民的物质生活条件和设施，又获得一种与环境相协调、可持续发展的地方文化的延续性[17]。

由此可见，乡土主义富有当代性和民族性的创作倾向，它根植于地方的地理、地形、气候、悠久文化和历史，有赖于地方的材料和营建方式，注重那些民间的、自发的传统，是集文化、历史、材料、技术等为一身的现代化与传统的统一体，符合现代审美需求的同时又发扬传统文化。印度的C·柯里亚（Charles Correa）、R·里沃尔（Raj Rewal），埃及的H·法赛（Hassan Fathy）等建筑师把现代建筑的创作建立在地区的气候、技术及文化象征意义的基础上，成功地将传统文化特征融入现代建筑设计中，探索了一条适合地方特性的新乡土建筑之路，他们运用建筑语言让使用者在身处建筑之时领会到多层次的文化内涵。

3．批判的地域主义

1981年希腊建筑理论家A·楚尼斯（Alexander Tzonis）与他夫人历史学家L·勒费夫尔（Liane Lefaivre）在《网格和路径》一文中首先提出“批判的地域主义”（Critical Regionalism）的概念，它的特征在于，既要扬弃现代建筑思潮及其国际式风格，反对其技术万能和文化趋同造成的能源浪费和个性沦丧；同时也要控制、认同、解体、重构地域要素。我们所说的批判性地域主义的设计方法和具有识别性的建筑，承认在物质、社会和某种特定文化约束下产生的单一、受限的作品的价值，并希望在受益于普遍主义的前提下，保持建筑的多样性[18]。1983年美国建筑历史学家K·弗兰姆普顿（Kenneth Frampton）在他的《走向批判的地域主义》《批判的地域主义面面观》，以及1985年版的《现代建筑——一部批判的历史》中正式将批判的地域主义作为一种明确和清晰的建筑思维来讨论：①批判的地域主义是一种边缘性的实践，尽管作为对现代化的一种批判，它不会拒绝现代建筑遗产中解放和进步的方面；②批判的地域主义是边界清晰的建筑，场所——形式的产物；③批判的地域主义赞成把建筑的现实看作建构现象，胜于把它看作是建成环境还原为一系列胡乱混杂的表面布景的片段；④批判的地域主义强调对场地、气候、光线等地域因素的重视；⑤批判的地域主义认为触觉与视觉同等重要，强调对触觉、听觉、嗅觉等补充性、知觉性体验的重视；⑥批判的地域主义提倡培育当代的、面向场所的文化，避免消极的封闭，创造以地域为基础的世界文化；⑦批判的地域主义倾向于在那些以某种方式逃避了全球文化优化冲击的文化间隙中获得繁荣[19]。1990年，A·楚尼斯与L·勒费夫尔撰文《批判地域主义之今夕》，对批判一词作了深入阐释，一方面，是对国际主义建筑通用的功能主义的批判；其次是对传统地域主义滥用地方特征要素，随意使用高度类型化的地方构件，代替了现代主义又成为一种新的地方国际式的批判[20]。

由此可见，批判的地域主义试图在“全球性与地区性”“传统与现代”“普适性与多样性”之间构建一种平衡，努力将特定地域所特有的自然物理条件与历史文化传统同当代技术有机地结合起来：一方面根植于那些能够表达地方特色的历史文化传统，从当地自然条件、场地特征、艺术特色、历史传统和文化精神等角度去思考当代建筑的生成条件、设计方法；另一方面摒弃地域传统中不利于现代生活方式的地方，积极将国际化、现代化和普遍化的新技术引入地域建筑创作中。批判的地域主义力求建筑不仅能够积极地融入周围的自然与人文环境中，创造一种能唤起本土意识和文化认同感的建筑表达，而且能够反映该地区目前的经济文化状况，使得建筑能够积极产生一个良好的互动关系。

1.4

研究内容与研究目的

1.4.1　研究内容

1. 现状问题提出

通过研究土族建筑从历史到今天产生、发展的演变过程，了解一个形式变与不变的合理轨迹，推导它们从历史到今天的发展规律。挖掘适应土族地区气候条件、地形地貌、宗教信仰、民俗文化等诸多方面有活力的、合适的建筑形式，对比分析现代土族庄廓与传统土族庄廓的特点、差异和区别，得出现代土族庄廓存在风貌混乱、安全性低、生态低效、品质欠佳等问题，由此形成现实问题与发展契机并存的现状格局，乡土建筑现代化、现代建筑土族化的命题由此产生。

2. 原理方法建构

针对土族建筑当前存在的地域文化传承问题、质量问题和生态问题，梳理对此具有指导作用的相关理论与创作思想，以C·亚历山大的建筑模式语言理论为启发，提出土族建筑是由一系列相互联系但却具有相对独立性的模式组成的，它们遵循建筑材料、构造、构件、要素、单体、群落构成的语言系统，按照自下而上的顺序组合形成土族建筑模式语言，它包括建筑构件建构模式、院落空间组织模式和群落空间结构模式。

土族建筑模式语言将复杂系统的土族建筑问题分解成一个个人们容易掌握突破、可以运用自如的众多的模式。每一模式都是用积极的图示来描写材料模式与构造模式相适应的建筑问题的形式，它们都包含适应气候、适宜技术、文脉传承、节能生态等方面简单设计问题，通过每个包含材料模式和构造模式在内的建构模式的简单设计问题的突破，我们都将有能力快速地、自如地解决当前土族建筑使用的粗野而且支离破碎的语言的窘境。

3．传统经验挖掘

土族传统群落空间结构模式、传统院落空间组织模式、传统建筑构件建构模式的梳理、挖掘和提炼，帮助我们清晰地、准确地掌握土族传统民居建筑在空间结构、空间组织、造型风貌、建筑材料、结构体系、建造技术、文化更替、生态节能等方面的地方风格和民族特色，它们反映了土族人民数百年来应对自然因素和人文因素的传统建构智慧和传统生态智慧，饱含着深刻含义的民族建筑原型。通过对它们的解读有助于帮助我们清晰而准确地把握传统的本质、结构和规律，我们可以从中汲取营养，得到灵感，能够为适应时代需求的现代建筑土族化提供最有力的原始资料、经验、技术、手法以及某些创作规律，为本领域的学术研究奠定基础。

4．现代模式探索

基于影响土族庄廓发生根本性变化的现代建筑构件建构模式，本书根植于土族地区气候严寒、地形复杂、物资贫乏、农牧交错、民族众多、文化杂糅、宗教多元的自然人文环境特征，以富有历史文化价值和鲜明地方风格、民族特色价值的传统建筑构件建构模式为原型，结合现代建筑材料、结构体系、建造技术，采取适应气候、适宜技术、功能匹配、文脉传承和节能生态的更新与发展设计方法，探索出既能延续地方风格和民族特色又能适应现代化、城镇化需求的形式原真的新型建筑构件建构模式——屋顶构件建构模式、墙体构件建构模式、门窗构件建构模式、适宜绿色建筑技术构件建构模式，以修整和改进现代建筑构件建构模式的不足、缺点。

5．设计实验验证

运用挖掘的传统院落空间组织模式图示，创造的新型建筑构件建构模式图示，探索土族新型庄廓、城镇商业建筑有机更新的2个设计实验，验证采取土族建筑模式语言的设计思想、设计方法能够帮助我们创作出既适应当地特有严酷条件，同时也能满足所应有的文化归属感的属于土族的、独特的具有民族文化特征的现代建筑，探寻实现土族建筑现代转型的适宜之路。

1.4.2 研究目的

土族建筑模式语言的建立，为我们提供了一种解决土族复杂系统建筑问题的设计思想和设计方法。通过它，一方面我们能够改善土族传统庄廓原有的不足和现代庄廓风貌混乱、安全性低、生态低效、品质欠佳的现状，为其注入新的活力，解决乡土建筑的现代化、现代建筑的土族化的问题，使这一独具民族文化特征的民居建筑得以保护、继承、发展和创新；另一方面我们能够为创造土族现代化的、民族特色的和地方风格的现代建筑提供基础资料、奠定基础，有利于人们站在已有建筑文化高度的台阶上创新、突破。

1.5
研究方法

1．文献研究

文献研究是本书研究的起始工作。梳理、解读、总结地域建筑创作的相关设计理论和设计方法，掌握拟解决乡土建筑现代化、现代建筑土族化问题的基本理论与方法；搜集关于土族地理、自然、历史、考古、宗教、民族、人文等自然要素和人文要素方面的相关书籍、文献，了解土族的生活环境、历史发展、宗教信仰及民俗文化，确定本书的研究范围、研究对象；有针对性地收集土族庄廓在功能、空间、形态、材料、结构、构造、装饰等方面的现状研究成果，为进一步研究现代建筑土族化问题提供基础资料、奠定基础。

2．田野调查

实地踏勘、摄影测绘、访问调研等田野调查手段不仅有利于调查者搜集到第一手真实有效的研究资料，更有利于调研者切身实际地感受研究对象所处的自然、历史、社会和人文环境，有助于帮助调查者挖掘研究对象形式背后的内在逻辑和动力机制。

本书的调查工作采取“点面结合”的方式，笔者于2014年至2017年期间多次深入土族地区数十个村落的民居建筑调查研究，包括海东地区互助土族自治县的小庄村，东沟乡姚马村、大庄村，丹麻乡哇麻村、索卜滩村，五十镇土观村，红崖子沟乡张家村；乐都县的共和乡桦林村、达拉乡前半沟村；民和回族土族自治县的官亭镇下喇家村；西宁市大通回族土族自治县的青林乡柳林滩村，多林镇下浪家村。其中，以海东地区互助土族自治县的五十镇土观村、红崖子沟乡张家村，以及乐都县的达拉乡前半沟村作为民居建筑重点调研村落。搜集、整理土族地区民居建筑的图文资料，并从功能、空间、形态、材料、结构、构造、装饰等方面分析土族民居建筑的形式，力求获取第一手真实有效的研究资料和基础图纸，以此作为解决现代建筑土族化问题的坚实基础。

3．多学科交叉研究

陆元鼎先生指出，传统民居从技术上来看，它涉及规划学、建筑学、结构学、抗震、抗风、防洪等学科。从文化上来看，涉及历史学、社会学、宗教学、民族学、民俗学、哲学、美学以及艺术学科各门类，可以说，涉及学科多，文化内涵十分丰富[21]。对民居建筑的研究，正确的方法应该是，以建筑学为主，与其他学科结合来进行综合研究才是比较正确和有效的方法[21]。本书采用社会学、人文地理学、民族学、生态学等多学科交叉融合的研究方法，有助于说明土族的生活习俗、生产需要、宗教信仰、经济能力、民族爱好和审美观念，分别从不同的学科视角挖掘土族建筑更新和发展的内在驱动力。

4．静态研究与动态研究相结合

不仅关注某一时期土族建筑的静态问题，更注重从历史发展的动态过程探寻其演变的动力机制，以便于全面掌握问题发展的各方面要素，真正认识矛盾的本质。

1.6

研究框架（图1.3）

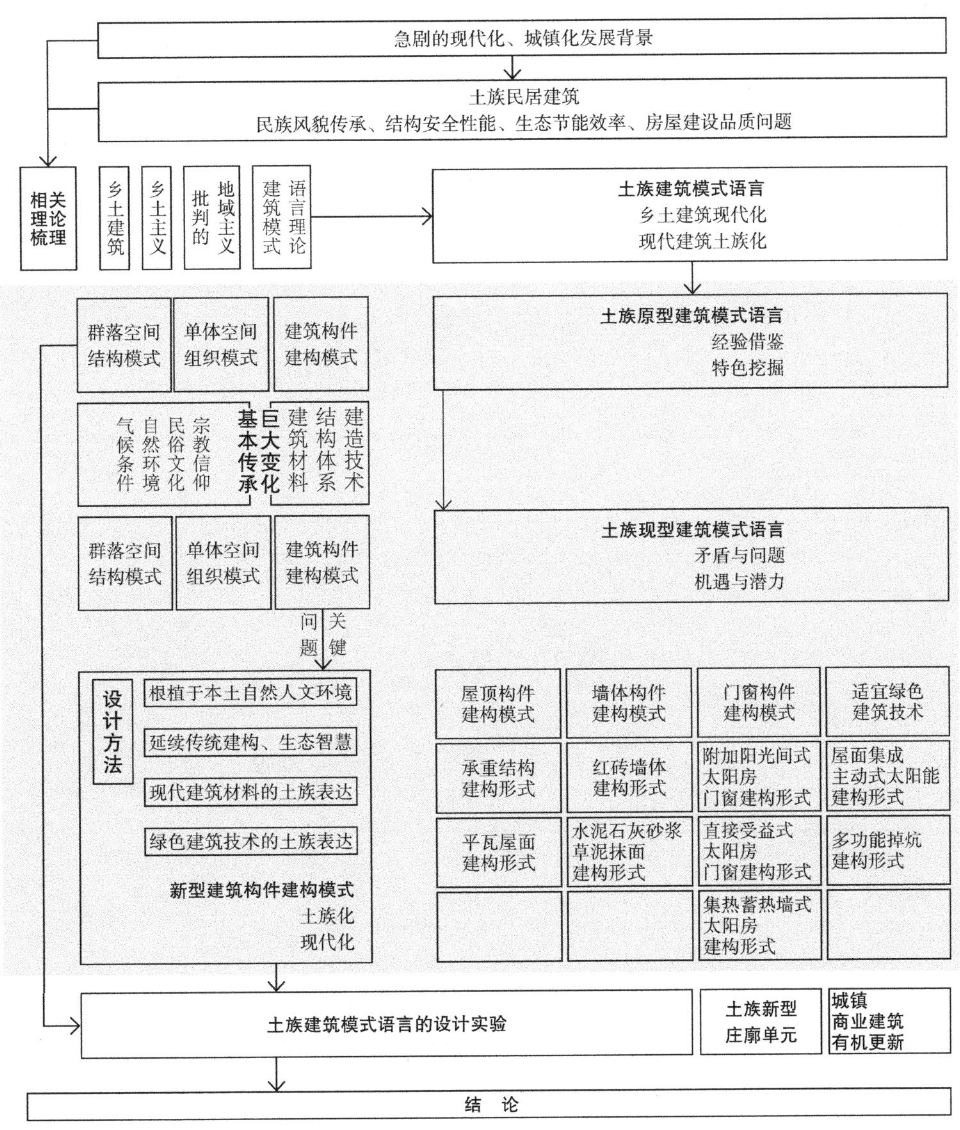

图1.3　研究框架

土族建筑的历史演变、现实问题与发展策略

2.1　土族建筑生存发展的自然、人文环境特征

2.2　土族建筑的历史演变

2.3　土族建筑的现实问题

2.4　土族建筑的发展策略

2.5　本章小结

2.1

土族建筑生存发展的自然、人文环境特征

2.1.1 严寒恶劣的气候条件

青海河湟地区属于我国内陆高原干旱气候区，气温的四季变化具有春季升温迅速、秋季降温剧烈、夏季凉爽和冬季寒冷的特点，主要气候特征表现为：冬季严寒、夏无酷暑、干旱少雨、日照充足、多风沙。

1. 温度

青海河湟地区整体气候寒凉，年平均气温低（一般在5℃~8.6℃），日较差大，年较差小，冬季长逾半年，严寒而漫长（最冷月份平均气温在-17℃~-5℃之间），夏季凉爽而短促（最热月份平均气温在5.3℃~20℃）。

青海河湟地区属于我国建筑热工设计区中的严寒地区。《民用建筑热工设计规范》GB 50176—93对严寒地区的热工设计要求为：*必须充分满足冬季保温要求，一般可不考虑夏季防热*[22]（表2.1）。

建筑热工设计分区及设计要求 表 2.1

分区名称	分区指标		设计要求
	主要指标	辅助指标	
严寒地区	最冷月平均温度≤ -10℃	日平均温度≤5℃的天数≥145d	必须充分满足冬季保温要求，一般可不考虑夏季防热
寒冷地区	最冷月平均温度 0℃~ -10℃	日平均温度≤5℃的天数90 ~ 145d	应满足冬季保温要求，部分地区兼顾夏季防热

续表

分区名称	分区指标		设计要求
	主要指标	辅助指标	
夏热冬冷地区	最冷月平均温度0℃～10℃，最热月平均温度25℃～30℃	日平均温度≤5℃的天数0～90d，日平均温度＞25℃的天数为40～110d	必须充分满足夏季防热要求，适当兼顾冬季保温
夏热冬暖地区	最冷月平均温度＞10℃，最热月平均温度25℃～29℃	日平均温度≥25℃的天数为100～200d	必须充分满足夏季防热要求，一般可不考虑冬季保温
温和地区	最冷月平均温度0℃～13℃，最热月平均温度18℃～25℃	日平均温度≤5℃的天数0～90d	部分地区应注意冬季保温，一般可不考虑夏季防热

来源：GB50176—93. 民用建筑热工设计规范［S］. 北京：中国计划出版社，1993.

2. 降雨

青海河湟地区气候干燥，属典型的干旱少雨地区，年降雨量少（降雨量约为250～400mm）而集中，年蒸发量较大（多年平均蒸发量在1000mm），降雨主要集中在6～8月，具有降雨日数多、强度小的主要特征。

3. 日照

青海河湟地区地处高海拔地区，干燥少云，稀薄的空气利于太阳光在大气中的穿透和散射。太阳直接辐射强，年总辐射量约为140千卡/cm^2，属于我国太阳能资源较丰富区；日照时间长，年日照时数约为2600～3000小时之间，平均日照百分率为60%，具有利用太阳能的良好条件[23]54-55（表2.2）。

我国太阳能资源分布表 表2.2

资源类别	地区	年日照时数	年辐射总量（千卡/cm^2·年）
最丰富区	西藏西部、新疆东南部、青海西部、甘肃西部	2800～3300	160～200
较丰富区	西藏东南部、新疆南部、青海东部、宁夏南部、甘肃中部、内蒙古、山西北部、河北西北部	3000～3200	140～160
一般区	新疆北部、甘肃东南部、山西南部、陕西北部、河北东南部、山东、河南、吉林、辽宁、云南、广东南部、福建南部、江苏北部、安徽北部	2200～3000	120～140

续表

资源类别	地区	年日照时数	年辐射总量（千卡/cm^2·年）
贫乏区	湖南、广西、江西、浙江、湖北、福建北部、广东北部、陕西南部、江苏南部、安徽南部、黑龙江	1400 ~ 2200	100 ~ 120
最少区	四川、贵州	1000 ~ 1400	80 ~ 100

来源：谭良斌．西部乡村生土民居再生设计研究［D］．西安建筑科技大学，2007：55，135.

4．风沙

青海河湟地区年平均风速大约在2m/s，2～5月大风日数最多，特别集中在3～4月，最大风速可超过17m/s[23]72–74。这里不仅风大，而且风中夹沙。

2.1.2　丰富多样的地形地貌

青海河湟地区群山起伏，河流广布，主要地貌特征以山脉、河谷盆地相间排布为主，呈现出四山夹三谷的地形格局，在地形分区上，自北向南分为下列平行岭谷地貌：冷龙岭—大通丘陵盆地—大通山/达坂山—湟水谷地—拉脊山—黄河谷地—黄南山地（图2.1）。

本区域平均海拔2000余米，大部分地区处于海拔2200～2300m之间。北部达坂山，南部拉脊山高峰海拔均在4000m以上，峰巅常年积雪；东部黄河、湟水干流出省界口为最低点，海拔1700m；耕地分布于黄河及湟水干支流峡谷间，海拔1700～2700m不等，有的高达3000m[24]。根据海拔、气候、土壤、植被、地貌和农业条件的不同，将流域划分为湟水河谷地区（川水区）、浅山梁峁地区（浅山区）、脑山湿凉地区（脑山区）和石山林草水源涵养区（石山林区）[25]15（图2.2）。

1．川水地区

川水地区海拔高度为1650～2200m①，依附水系呈树枝状分布于黄土低山丘陵之间，为湟水干、支流的河谷地带，一般由多级阶地组成。热量条件好，多有灌溉之利，是农作物高产稳产地带。

① 川水地区海拔高度为1565～2200m。鉴于本书研究范围为青海河湟地区，青海省最低海拔高度位于青甘交界处的民和县下川口湟水谷地，海拔高度为1650m，因此本书研究的川水地区海拔高度为1650～2200m。

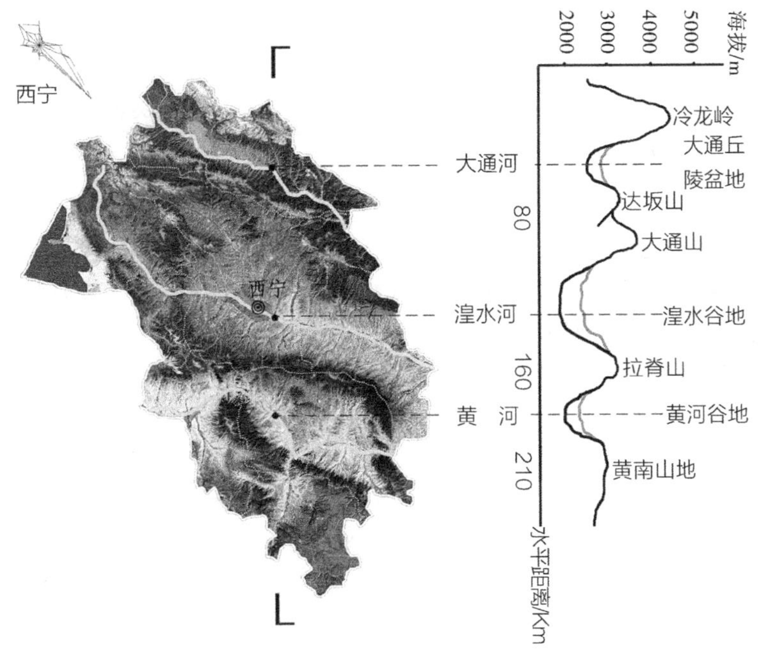

图2.1 岭、谷相间的地貌类型
（来源：陕西省县域新型镇村体系创新团队）

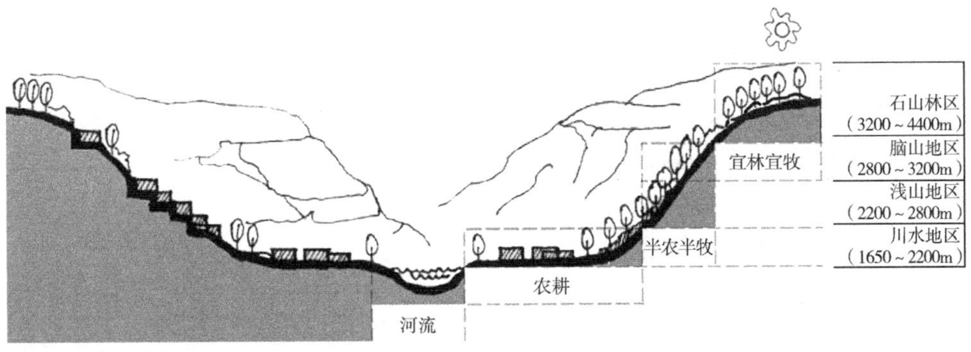

图2.2 川水、浅山、脑山、石山林区示意图
（来源：改绘自崔文河等. 多民族聚居地区传统民居更新模式研究——以青海河湟地区庄廓民居为例［J］. 建筑学报，2012，11：83.）

2. 浅山地区

浅山地区海拔高度为2200～2800m，属黄土高原低山梁峁丘陵区。切割深度达600m，谷坡坡陡（30°～60°）。河谷切割深度大，冲沟横断面多呈“V”字形，沟间形成狭长的梁峁地形，滑坡、崩塌等物理地质现象经常发生[25]15。植被稀少，沟壑纵横，水源贫乏，多为半农半牧或林区。

3．脑山地区

脑山地区海拔高度为2800～3200m，地势较高，属谷宽沟浅的低山丘陵区。切割深度250～400m，谷坡平缓（10°～20°），山梁与峁顶坡度5°左右，上覆黄土，山体浑圆，波状起伏，冲沟切割不深，沟谷横断面积呈“U”形和半弧形。沟底较平坦，土壤、地形、气候均宜农耕。脑山地区为湟水支流源头地区，山地地貌，植被较好，局部山坡生长次生林，放牧草场占很大的比重，耕垦轻微，地广人稀，降水丰富，也是流域地表水主要产流区和湟水支流的发源地[25]15。

4．石山林区

石山林区海拔高度为3200～4400m，沟谷深切，山体陡峭，岩石裸露，地势起伏相对平缓，气候温凉湿润，植被良好，为石山森林草场区，是宜林宜牧之地[25]15。

2.1.3 土木为主的建筑资源

青海河湟地区地处青海省东部，位于青藏高原东北部，属黄土高原向青藏高原的过渡镶嵌地带，地表为深厚的黄土层，这里黄土资源广布，土质细腻。

秦汉时期河湟地区森林茂密[6]30，明代史志文献多见河湟地区“境内多产林木”“伐木于邻边，而用自饶足”[6]30的记载，由此可见，这里森林茂密，数量充足。

通过河湟地区的自然地理环境可以看出，数量充沛、就地取材、经济适用的黄土、木材资源为该地区传统土木混合结构的庄廓提供了必要的物资资源。

2.1.4 多元融合的民族文化

河湟地区是我国重要的多民族聚居区之一，目前有汉、藏、回、土、撒拉、东乡及保安等40多个民族在这里杂居共处。青海河湟地区地处我国农耕文化与游牧文化的交错过渡地带，同时也是中原儒家文化与西北佛教文化、伊斯兰文化相互碰撞交融的地区，是我国多元文化最为密集的地区之一[26]。从历史发展的轨迹来看，河湟文化基本上经历了四次较大规模的文化汇聚：汉代汉族移入河湟，中原文化被广泛传播；魏晋南北朝时期鲜卑、氐等民族进入河湟，推动了河湟农耕文化的发展；隋唐时期吐谷浑、吐蕃民族在河湟地区兴起，藏传佛教引入河湟；元朝蒙古族、回族定居河湟，蒙古文化和伊斯兰文化在河湟文化的土壤上成长起来[27]。河湟地区的汉族、藏族、回族、蒙古族、撒拉族、土族、东乡族、保安族等民族在历史的演进中相互交流、渗透和融合，在彼此互相尊重、平等和团结的基础上和睦共处，形成了你中有我、我中有你的良好民族关系（表2.3）。

青海河湟地区历史沿革 表 2.3

时代	文化构成和行政区属	民族构成主体
新石器时期	马家窑文化、齐家文化	羌人
秦	汉族中央政权统治下设陇西郡	羌族、汉人
汉	汉族中央政权统治下	羌族、汉族大量移民屯边
公元 3 ~ 6 世纪	少数民族地方割据势力统治下	汉、匈奴、鲜卑、氐、羌、柔然等古代族系融合
隋唐	初为汉族中央政权统治下设鄯、廓二州，后期为吐蕃统治	汉族、藏族等其他民族
宋	吐蕃建立隶属宋的唃嘶啰政权	汉族、藏族双向融合
元	蒙古族建立的中央政权统治下	蒙古人、色目人不断迁入，促生了撒拉族、土族、东乡族等少数民族
明	汉族政权统治下	汉族移民戍边，明中期达 25 万人
清	满族建立的中央政权统治下	汉、藏、回、蒙古、撒拉、土、东乡、保安族近十余种民族文化杂陈的多元鼎立

来源：马灿. 河湟文化演变以及文化景观的地理组合特征［D］. 青海师范大学，2009：13.

2.1.5 农业为主的生产方式

湟水谷地和黄河沿岸，降水量较多，土地肥沃，宜于农业生产。据《后汉书》记载，河湟农耕文化的出现大约是在战国时期的秦厉公时代，无弋爰剑“教之田畜，遂见敬信，庐落种人依之者日益众”[28]，河湟羌民开始了农业生产。河湟农耕文化出现飞跃发展的阶段是在西汉时期中原大批汉族迁入以后：西汉时期，为了解除来自匈奴的威胁，赵充国领兵进入河湟大量实行屯田制，从中原迁入大量移民开垦土地种植农耕。一方面初步形成河湟地区土著羌族文化与中原汉族文化的交流、融合；另一方面，随着先进的农业生产技术经验的不断积累和沉淀：水利设施、水磨、冶铁技术这些农耕文化的产物相应在河湟地区出现，使河湟农耕文化作为一种全新的文化脱颖而出，初步形成农耕文化与游牧文化的交汇。元代以前，土族主要从事畜牧业，嗣后逐渐转向半农半牧；明时即以农耕为主，其经济基本上属于自给自足的封闭型或半封闭型[29]。

2.1.6 藏传佛教的多元信仰

土族的宗教信仰，是在土族社会发展到一定历史阶段后产生的。从民族族源的角度看，土族是土族先民融合藏族、汉族等民族成分而形成的，因此，土族的宗教信仰除保持和发展了本民族自身的信仰外，还吸收了藏族、汉族的民族信仰。

早期的土族，主要信仰原始的萨满教；元末明初，藏传佛教传入土族地区并得到迅速发展；特别是15世纪初，由宗喀巴创立的藏传佛教格鲁派（俗称黄教）逐渐传入土族地区，随后黄教寺院一个接一个地兴建起来，出现了“番僧寺族星罗棋布”[30]的景象，《宗教流派镜史》也曾谈到格鲁派的盛行：“昔时安多界内虽有少数萨迦及噶举教派，现已完全转成格鲁一派矣”，到了清乾隆以后，藏传佛教格鲁派在土族地区达到鼎盛时期，清廷在这一地区黄教寺院中，先后授封了七个呼图克图①和四个堪布②，使得格鲁派得到进一步的发展，并成为土族的全面信仰，最终奠定了土族形成以藏传佛教格鲁派为主体信仰的多元宗教和多神崇拜体系：自然崇拜观念，萨满教，苯教，道教（如二郎神、灶神、财神、门神等），地方保护神信仰，阴阳和风水信仰，祖先崇拜等都是土族庞杂的信仰体系中的一部分，藏传佛教格鲁派居于最高的地位，喇嘛在教派中享有最高的权威。

2.1.7 动荡不安的社会发展

“唐宋以来，青海战火连绵，烽烟不息，兵燹匪患长期困扰百姓。明代伊始，建城堡、设驿站、屯兵移民为国策。所以县有城池，村有堡子，户有庄廓，都是防御性很强的生活居所[31]。”青海河湟地区因其东接秦陇，西通西域的特殊地理位置，自古以来就是我国中原与青藏高原的交通要地，战略地位十分显赫，历来就是兵家必争之地。自公元3～6世纪的数百年间，青海河湟地区先后经历了前凉、前秦、后凉、南凉、西秦、北凉、北魏、西魏、北周、吐谷浑的交替统治。虽然由东北辽东鲜卑慕容氏西迁的吐谷浑王国统治了近350多年，但很快在唐龙朔三年（663年）被吐蕃吞灭，并陷入长期的唐蕃混战时期，自吐蕃之后，青海河湟地区又相继出现青唐羌、西夏、北宋、元、明清等政权的更迭。面对长年兵燹匪患的战乱年代，土匪盗抢、烧杀抢掠不可避免，屡有发生，百姓封闭合院、高筑院墙抵御外人侵扰是应对动荡不安社会环境的有效措施。

2.1.8 独具特色的民俗文化

土族人民能歌善舞，互助土乡享有“高原歌舞之乡”的美誉。每逢节日聚会，土乡男女老少拉成圈，欢跳安召舞，歌声不绝。在土族漫长的生产、生活历史过程中，勤劳、朴实的土族人民创造了具有本民族特点的灿烂的民族文化，创造并延续着诸多特色鲜明的节日礼俗、婚丧嫁娶、传统娱乐、祭祀活动、民族艺术等民族风情和风俗习惯，其最具有代表性的是9项国家级非物质文化遗产项目：丹麻土族花儿会（第一批国家级非物质文化遗产）、土族安昭舞（第三批国家级非物质文化遗产）、土族纳顿节（第一批国家级非物质文化遗产）、土族婚礼（第一批国家级非物质文化遗产）、轮子秋（第二批国家级非物质文化遗产）、土族於菟（第一批国家级非物质文化遗产）、拉仁布与吉门索（第一批国家级非物质文化遗产）、土族盘绣（第一批国家级非物质文化遗产）、土族服

① 呼图克图，蒙古语音译，意为“再来的人”，即活佛。
② 堪布，藏语音译，意为“师傅”，藏传佛教僧官名。

饰（第二批国家级非物质文化遗产），它们共占青海省国家级非物质文化遗产54项中的16.7%，可见土族在其民族、民俗、文化等方面具有其他民族无法替代的独特性与唯一性（表2.4）。

土族国家级非物质文化遗产项目 表 2.4

名称	类别	时间	内容	地点	图片
丹麻土族花儿会	节日礼俗	农历六月十二日	起源于明朝后期，至今已有400多年的历史。起初“丹麻花儿会”是当地土族群众为祈求风调雨顺、期盼五谷丰登而举办的朝山、庙会性质的传统集会，带有浓郁的宗教文化色彩。在漫长的历史长河中，这种花儿会到现在已演变成为以演唱土族花儿为主，与其他各民族进行经济文化交流的桥梁和对外宣传的一个窗口	互助县丹麻镇	
土族安昭舞	节日礼俗	逢年过节、男女婚嫁	安昭舞是一种土族古老的舞蹈，是歌舞结合的形式，无乐器伴奏。歌词主要内容有歌唱人丁兴旺平安、六畜兴旺、五谷丰登的祝福，祈求吉祥如意。每当欢度佳节、庆祝丰收和举行婚礼时，人们聚集到庭院里或打麦场上跳起舞蹈。舞蹈时，男女各围成半个圆圈，按顺时针方向行进	打麦场、庄廓	
土族纳顿节	节日礼俗	农历七月十二日~九月十五日	纳顿节是人们认识土族历史的“活文献”，是土族人民喜庆丰收的社交游乐节日，也称“庄稼人会”“庆丰收会”。纳顿节是一种乡人傩民俗活动，其音乐、舞蹈、颂词、服饰、礼仪等都富于特色，它以民间信仰为连接村落的纽带，流传历史久远，每次活动延续时间长，参与广泛，是“世界上最长的狂欢节”	打麦场、村道	
土族婚礼	婚丧嫁娶	男女婚嫁	土族的婚恋习俗大致要经过请媒、定亲、送礼、聚亲、结婚仪式、谢宴等程序。土族婚礼仪式自始至终在载歌载舞中进行	庄廓	

续表

名称	类别	时间	内容	地点	图片
轮子秋	传统娱乐	逢年过节、农闲时节	源于土族人民的生产生活，是土族男女老少喜闻乐见并踊跃开展的传统活动。每年冬季碾完场后，人们在平整宽阔的麦场或者宽敞的场地上，把卸掉车棚的大板车轴连车轮竖立起来，稳固住重心。朝上的一扇车轮上绑一架长木梯，梯子两端牢固地系上皮绳或麻绳挽成的绳圈。两人推动木梯，使之旋转，然后乘着惯性分别坐或站在绳圈上，飞快地转动起来，并表演出各种令人瞠目结舌的惊险动作，令人喝彩	打麦场	
土族於菟	祭祀活动	农历十一月二十日	土族於菟舞是中华民族舞蹈的活化石，包含念平安经、人神共娱、祛疫逐邪等仪式。於菟又是舞者的称谓。仪式开始时，名为於菟的舞者在赤裸的上身绘虎豹图案，并用白纸条把头发扎成发怒状，握持用经文裹定的木棍在二郎神庙前围绕桑台，伴着锣鼓声跳於菟舞，随后跟随法师沿村挨家挨户跳舞，护佑乡民	二郎神庙、村道	
拉仁布与吉门索	民族艺术		长达300多行的叙事长诗，用生动形象、深沉悲壮的语言，以说唱的形式，记述了一对土族青年的爱情悲剧。全诗围绕牧主的妹妹吉门索与雇主拉仁布的爱情故事，表达了土族人民对黑暗的封建社会的控诉，对自由和美好爱情的向往，堪称土族的“梁山伯与祝英台”		
土族盘绣	民族艺术		土族盘绣是土族刺绣的一种，在中华刺绣百花园中一枝独秀，盘绣的构思极为奇特，有太极图、五瓣梅、云纹、富贵牡丹等多种图案。盘绣讲究丰富的吉祥寓意和绣面的饱满充实，针线走势的细腻和整体图案的大气浑然天成		

续表

名称	类别	时间	内容	地点	图片
土族服饰	民族艺术		土族服饰文化是土族民俗文化中重要的组成部分，在土族服饰文化中，最富有特色的莫过于土族妇女的“花袖衫”了，土族语称“秀苏”。它不是一件完整可以单独穿着的服装，而是缝接在坎肩或斜襟小领长衫肩背部的套袖筒，多用红、黄、橙、蓝、白、绿、黑七种颜色的手纺布或绸缎夹条缝制而成。花袖长衫上面套有黑色、紫红色或镶边的蓝色坎肩		

来源：根据相关资料整理。

2.2

土族建筑的历史演变

2.2.1　河湟先民的建筑形式发展

河湟地区适于草场生长，大片茂密的草地植被宜于牧猎，以畜牧为生、穹庐为居的羌族是河湟地区最早的土著居民。自新石器时代的马家窑文化（距今四千多年）伊始，河湟地区开始出现采集文化和原始农业方式，河湟羌民开始采取以血缘关系结合起来的氏族、部落或大家族的形式定居生活，进行集体放牧，共同经营。居住建筑为半穴居式，平面多为方形、圆形，窝棚式结构，坡屋顶，地面及四壁皆有草拌泥分层铺抹，房内有灶（图2.3）。

继马家窑文化之后，河湟地区开始步入青铜器时代的齐家文化（距今四千年左右）、辛店文化（距今三四千年）。居住建筑多为半穴居式，平面多为方形、长方形，竖向空间高度开始增加，窝棚构架式结构，坡屋顶，木骨泥墙围护结构体系出现，墙壁上除草拌泥外，白灰面住房极为盛行，不仅美化了建筑，而且提高了建筑的防潮性能。在此期间，开始出现少部分挖基打墙的地面建筑形式，平面多为方形、长方形，原始梁、柱木架体系开始出现，一层平屋顶，木骨泥墙围护结构（图2.4、图2.5）。

随后在卡约文化（距今约三千年左右）时期，民居建筑以地面建筑形式为主，平面多为方形、长方形，原始梁、柱木架体系逐渐普及，一层平屋顶，土坯开始出现，木骨土坯墙开始代替木骨泥墙，增强了房屋的御寒保温、防风沙的能力（图2.6）。卡约文化期间的民居建筑形式奠定了河湟地区民居建筑向庄廓建筑形式发展的结构体系、墙体构造等建造技术。

整观河湟地区从马家窑文化到卡约文化时期羌族民居建筑形态的发展，它们的建筑演变序列是：

半穴居（坡屋顶）＜ 深（窝棚式）／浅（窝棚构架式） →地面建筑（平屋顶）＜ 木骨土坯墙→梁、柱木架体系／木骨泥墙→梁、柱木架体系

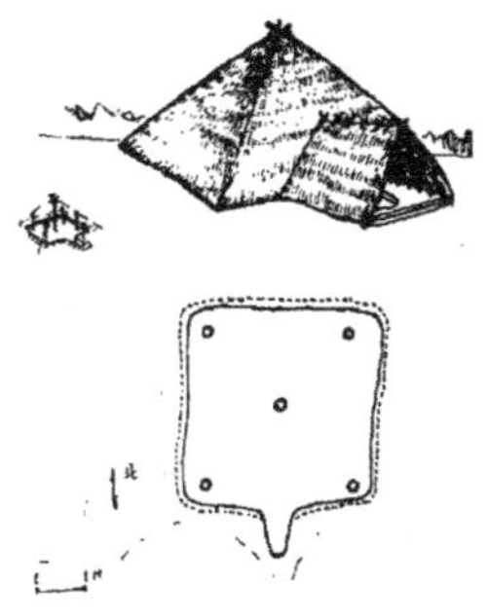

图2.3 马家窑文化遗址房屋复原图
（来源：江道元. 西藏卡若文化的居住建筑初探［J］. 西藏研究，1982，03：120.）

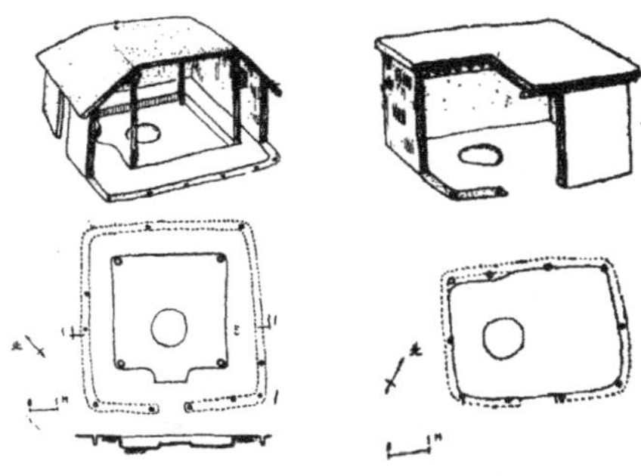

图2.4 齐家文化遗址房屋复原图
（来源：江道元. 西藏卡若文化的居住建筑初探［J］. 西藏研究，1982，03：120.）

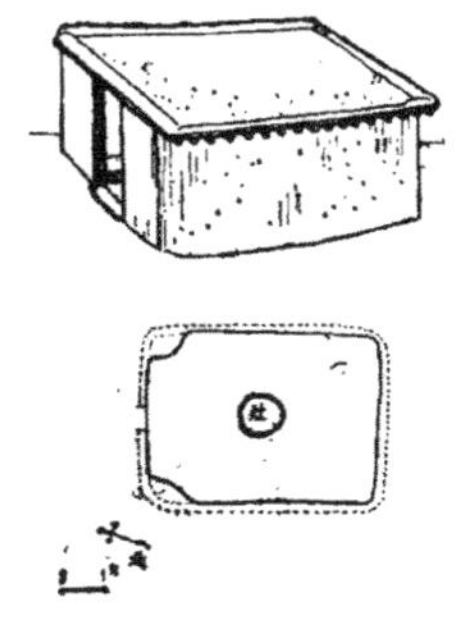

图2.5 辛店文化遗址房屋复原图
（来源：江道元. 西藏卡若文化的居住建筑初探［J］. 西藏研究，1982，03：122.）

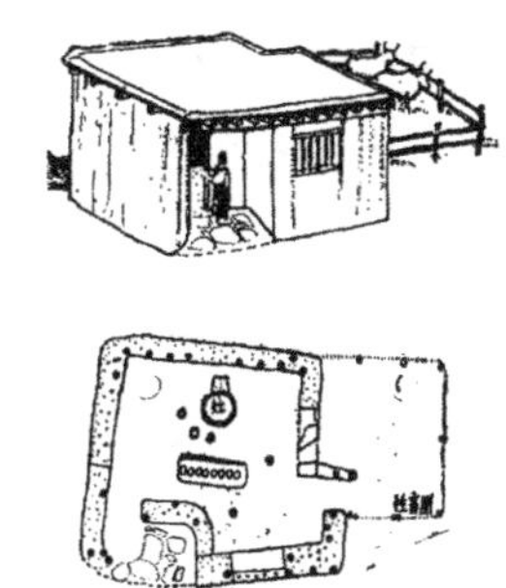

图2.6 卡约文化遗址房屋复原图
（来源：江道元. 西藏卡若文化的居住建筑初探［J］. 西藏研究，1982，03：122.）

2.2.2 河湟传统建筑的典型代表——庄廓

河湟地区地处我国东部农耕文化与西北游牧文化的交错过渡地带，早期文化经历了由游牧文化向农耕文化与游牧文化并存的历史发展过程。由此可见，庄廓是由适应东部农耕文化的汉族合院式民居建筑与适应西部游牧文化的羌族木骨土坯墙形式民居建筑相互结合而产生的。

中原自给自足的农耕文化对土地有很强的依附性，建造房屋聚族而居，开荒辟地，以一个地方为中心逐步扩大，由家而乡便成了中原农耕文化的内容。合院式民居建筑形式成为适应中原农耕文化的典型居住建筑形式，早在西周时期（约前1046～前771年）已产生较为完整的合院式建筑形式，成为我国已知最早、最严整的四合院实例（图2.7）。

西汉时期大量迁入河湟地区的汉族不仅带来先进的农耕技术经验，而且将适应农耕文化的居住建筑形式引入河湟地区。随着农耕文化在河湟地区的广泛发展，羌族、汉族之间的交流融合不断深入，汉族成熟的梁、柱木架体系形成的合院式民居建筑形式开始结合羌族木骨土坯墙、平屋顶形式的民居建筑，逐渐发展出能有效满足河湟地区农耕与游牧并存的生产、生活方式的庄廓建筑形式。厚重敦实的外观结合自由灵活空间布局的合院，成为庄廓建筑的显著特点（图2.8）。“所谓庄窠①，即建筑平面近似正方形，四周以夯土墙封闭，院内以四合院形式布置房屋，院中间设庭院，大门沿中轴线或偏心布置。庄窠建筑的院墙及平屋顶都是藏式的，但其木构件做法、装修及家具都是汉室的。”[32]“庄廓一词为青海方言，庄者村庄，俗称庄子。廓即郭，字义为城墙外围之防护墙，即由高大的土筑围墙、厚实的大门组成的四合院。丰富的黄土成为庄廓的主要建筑材料，建筑使用很厚的夯土墙，土坯墙做围护结构，木材做承重结构与装饰，具有‘墙倒屋不塌’的抗震特性。同时，由于墙体高大封闭，具有较好的防寒保温、隔风防尘功能，充分适应了青海严寒干燥的大陆性气候。”[33]

随着聚居河湟地区的汉族、藏族、回族、蒙古族、撒拉族、土族等民族之间迁徙、聚散和融合，庄廓建造技术逐渐普及，被各族群众所掌握，并一直沿用至今，其具有鲜明的高原地域特色，是我国西北生土民居建筑艺术的典型代表。

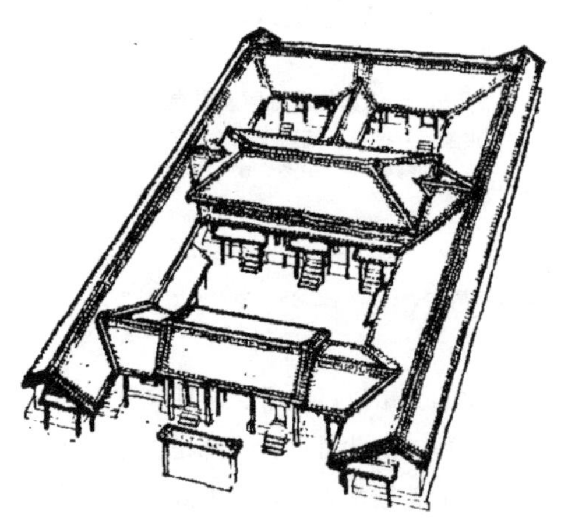

图2.7 陕西岐山凤雏村西周遗址复原图

（来源：傅熹年．陕西岐山凤雏西周建筑遗址初探——原西周建筑遗址研究之一［J］．文物，1981，01：72．）

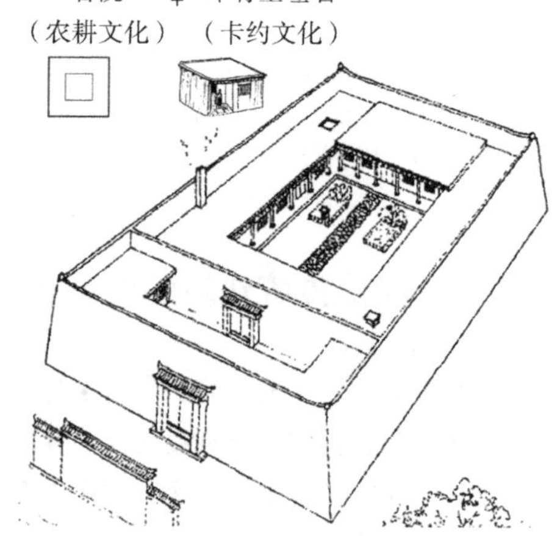

图2.8 青海民居庄廓院

（来源：张君奇．青海民居庄廓院［J］．古建筑园林，2005，03：54．）

① 庄窠，亦称庄廓，1999 年 5 月由中国建筑工业出版社出版的《中国土木建筑百科辞典》之《建筑》卷中称为庄窠。

1. 适应地域气候环境

青海河湟地区整体气候寒凉，冬季严寒漫长，长年干旱少雨、多风沙。内聚向阳、封闭围合、厚重敦实、单坡平顶、土木材料的庄廓具有很好的御寒防风作用，整体蓄热保温性能良好，能有效地适应高原寒冷、干旱少雨、多风沙的气候特点。

2. 利用地域自然资源

青海河湟地区位于青藏高原东北部，属黄土高原向青藏高原的过渡镶嵌地带，这里黄土资源广布，地表为深厚的黄土层，土质细腻，河谷地带植被茂密。就地取材是生产力不发达的古人建造房屋的必然选择，因此，数量充足、经济实用的黄土、木材资源为该地区传统土木混合结构的庄廓提供了必要的物资基础。

2.2.3 传统庄廓的土族化适应

从民族族源的角度看，吐谷浑或蒙古人都是典型的以游牧为生的民族，从事畜牧、精通骑射、设帐而居是他们共同的文化特征（图2.9）。由于战争，吐谷浑和蒙古人迁至河湟地区，在与当地的汉、藏民族交流融合的过程中，土族先民深受河湟农耕文化的影响，他们从汉族那里学会了庄廓的建造技术和豆、麦、蔬菜的种植，由简单的“逐水草而居”的游牧生活逐渐转向半农半牧生活（图2.10）。

土族形成于元末明初[34]，世代繁衍生息在河湟地区。农业为主的生产方式决定了土族最终选择聚族定居以形成村落的居住方式寻求发展。庄廓作为河湟地区各族群众的

图2.9 土族先民的穹庐
（来源：王其钧. 中国建筑图解词典［M］. 北京：机械工业出版社，2006：186.）

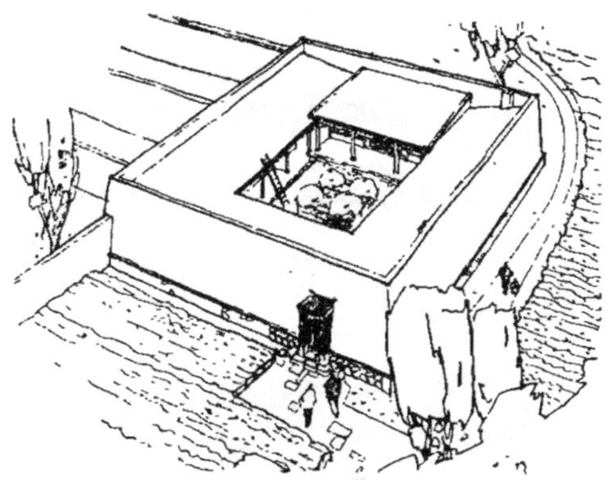

图2.10 河湟地区四合院庄廓
（来源：王其钧. 青海东部民居——庄窠［J］. 建筑学报，1963，01：12.）

共同选择，在与土族的民族文化、宗教信仰、经济方式、风俗习惯等的长期交融过程中逐渐形成鲜明的土族民族特点，不仅具有独特的历史、文化价值，而且创造了丰富的艺术、技术价值，丰富了河湟地区庄廓建筑形式的类型。

土族民居建筑一般都是单门独户的庄廓院，避风朝阳而建，占地约0.5～0.8亩，四方四正，平面布局有二合院、三合院、四合院，多为一层土木混合结构，平土屋顶，少数经济条件好的土族人民将正房建为二层。土族传统庄廓看起来简朴敦厚、高大坚固、封闭严整，大面积纯净的土黄色表皮与周围黄土地貌颜色、肌理相呼应，如同自然生长出来一般，与周围自然环境和谐共生、浑然一体。纵观庄廓的外观，接近正方形的合院式建筑，外封内敞、外土内木、外粗内细，犹如“四四方方一座城”。高大敦厚的夯土院墙高于内部一层房屋屋面，自下而上逐渐收分，立面呈现“⏢”状轮廓，俨然一个微型化了的城堡，给人以坚固和不可逾越的感觉。

与粗犷的外观造型相比，土族传统庄廓合院内部房屋都是土木混合结构的单坡平缓屋顶，开敞通透、构造独特的木结构檐廊，层次分明、精雕细刻的檐口木结构梁枋，样式考究、比例协调的木制的门窗全部朝向合院，轻巧的木结构造型、质朴的原木色调使得合院轻巧精致，外土内木、外粗内细的形式加强了庄廓内外风貌的对比，合院空间层次丰富、干净整洁，房屋造型多样、层级分明，正房前檐透雕及浮雕花饰在阳光照射下明暗对比强烈，花纹清晰富于变化，合院内具有浓厚的生活气息。黄土、木材本身质朴的色调让庄廓甚至整个聚落外观齐整，浑然一体，虽然外观以实体墙面为主，但大门内凹，虚实阴影对比强烈，房屋组合高低错落有致，简练而韵味十足，统一中富有变化（表2.5）。

土族传统庄廓形式 表 2.5

	庄廓形式	平面布局	结构体系	材料构成
传统四合院庄廓		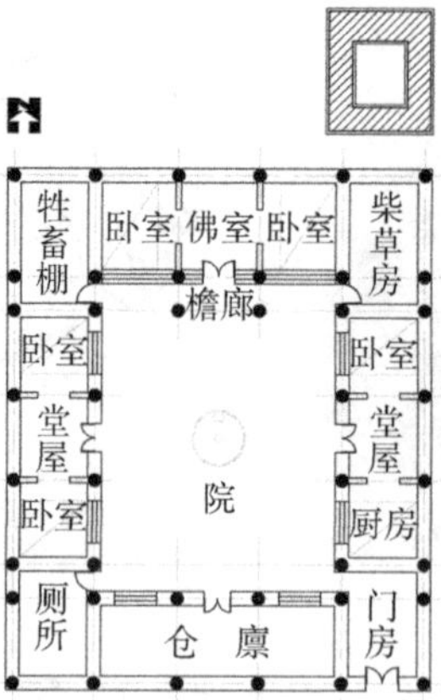 牲畜棚 卧室 佛室 卧室 柴草房 檐廊 卧室 卧室 堂屋 堂屋 院 卧室 厨房 厕所 仓廪 门房	梁柱木架	墙体： 夯土 / 土坯砖 / 草泥 屋面： 草泥 / 黄土 / 麦秸秆 / 木材 门窗： 木材 / 白棉纸

续表

	庄廓形式	平面布局	结构体系	材料构成
传统三合院庄廓	 	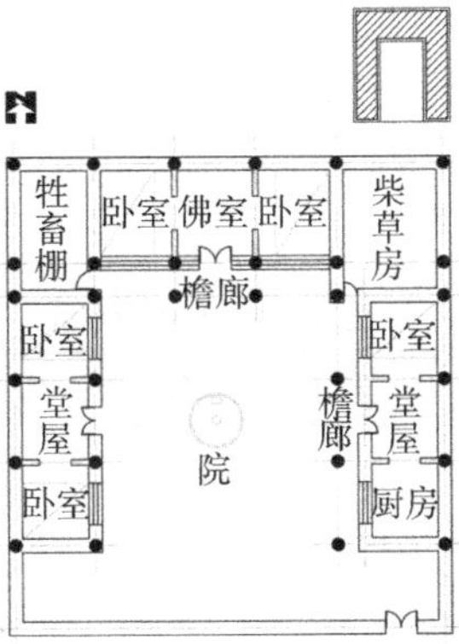 牲畜棚 卧室 佛室 卧室 柴草房 檐廊 卧室 堂屋 卧室 院 檐廊 卧室 堂屋 厨房	梁柱木架	墙体： 夯土 / 土坯砖 / 草泥 / 石灰 屋面： 草泥 / 黄土 / 麦秸秆 / 木材 门窗： 木材 / 白棉纸
传统二合院庄廓	 	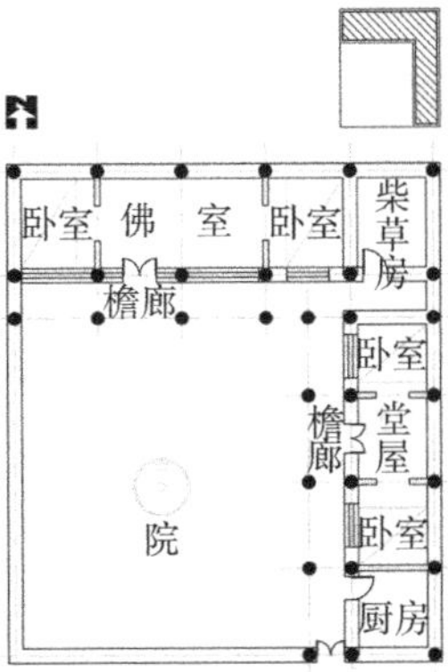 卧室 佛室 卧室 柴草房 檐廊 卧室 檐廊 堂屋 院 卧室 厨房	梁柱木架	墙体： 夯土 / 土坯砖 / 草泥 屋面： 草泥 / 黄土 / 麦秸秆 / 木材 门窗： 木材 / 白棉纸

2.2.4 土族庄廓的现代化转型

改革开放以来，迅猛的经济发展带来急剧的现代化、城镇化进程，交通、通讯、信息等基础设施条件的完善，增加了土族人口大规模的、频繁的跨区域流动，一方面加速了现代生活理念、生活方式、审美观念的普及传播；另一方面促进了现代建筑材料、结构体系、建造技术的推广。

基于提升土族人居环境品质、改善居住生活质量的普遍的、强烈的物质诉求，土族传统庄廓因现代化更新严重滞后、建设集约化程度低、基础设施和公共服务设施极度缺乏、室内居住环境质量差、结构安全固有缺陷、耐久性不足、经济有效性低等诸多性能缺陷，不再满足土族人民对提升环境品质、改善居住生活质量的现代需求。因此，土族人民开始适应现代文化的特点，选取红砖、预制钢筋混凝土楼板、瓷砖、涂料、黏土平瓦、水泥瓦、铝合金、玻璃等购买方便、价格经济、施工简单快速的现代建筑材料，运用低技的、标准的、统一的、城镇化的现代建造技术，努力使现代庄廓的建筑形式和新的时代需求之间达到相互适合，引发土族庄廓开始出现大范围、大面积的弃旧建新、弃土建砖的自发转型的建房热潮。现代庄廓基本延续了土族传统庄廓的合院式布局，在庄廓形式、结构体系、材料构成等方面进行了现代化更新（表2.6）。

土族现代庄廓形式 表 2.6

	庄廓形式	平面布局	结构体系	材料构成
现代三合院庄廓1			梁柱木架	墙体： 红砖 / 水泥砂浆 / 瓷砖 屋面： 黏土平瓦 / 水泥砂浆 / 防水塑料薄膜 / 木材 门窗： 木材 / 玻璃 阳光间： 铝合金 / 玻璃
现代三合院庄廓2			砖木结构	墙体： 红砖 / 水泥砂浆 / 瓷砖 屋面： 黏土平瓦 / 水泥砂浆 / 油毡 / 木材 门窗： 铝合金 / 玻璃 阳光间： 铝合金 / 玻璃
现代二合院庄廓			砖木结构	墙体： 红砖 / 水泥砂浆 / 瓷砖 / 涂料 屋面： 水泥瓦 / 水泥砂浆 / 油毡 / 木材 门窗： 铝合金 / 玻璃 阳光间： 铝合金 / 玻璃

续表

	庄廓形式	平面布局	结构体系	材料构成
现代一合院庄廓		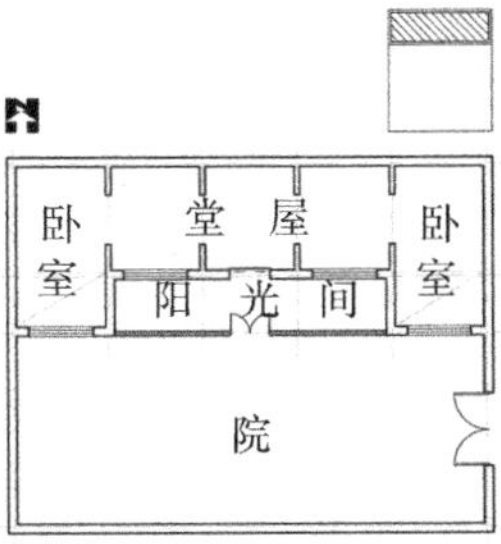 卧室 堂屋 卧室 阳光间 院	砖混结构	墙体： 红砖 / 水泥砂浆 / 瓷砖 / 涂料 屋面： 琉璃瓦 / 水泥砂浆 / 油毡 门窗： 铝合金 / 玻璃 阳光间： 铝合金 / 玻璃

2.3

土族建筑的现实问题

通过对土族传统庄廓、现代庄廓的调查、对比、分析、总结可以看出，在不同时代背景下，基于不同材料体系的庄廓呈现出各自鲜明的特色。根植于河湟地区单一匮乏的物资条件、简单经济的营建技术水平条件的，以黄土、木材、麦秸秆作为主要建筑材料的传统庄廓，随着红砖、预制钢筋混凝土楼板、瓷砖、涂料、黏土平瓦、彩色水泥瓦、铝合金、玻璃等现代建筑材料的推广普及，在建筑形式、结构体系、建造技术等方面发生了诸多变化。

2.3.1 民族风貌传承问题

随着土族现代庄廓建设的不断深入，土木结构体系的传统庄廓正经历着消亡的危险，到处都是建设量猛增的以红砖、木材、预制钢筋混凝土楼板等现代建筑材料、现代建造技术建造的砖木、砖混结构体系的现代庄廓。

传统建筑材料、传统结构体系、传统建造技术、传统构造形式一度被认为是落后经济条件下的、被动生产技术的产物，被认为是贫穷、落后的典型象征，遭到否定与舍弃。因此，土族现代庄廓千篇一律地照搬现代化、城镇化的建筑材料、结构体系和建造技术，倾向于盒子式的简单外形和光墙大窗，加快了城市型建筑文化的入侵，虽然在一定程度上满足了现代土族地区短期的、大量性的建设发展需求，但却与传统建筑的形式、风格相对立，产生了巨大的反差，对传统建筑文化造成了强烈的冲击，形成了严重的新旧断层现象，引起土族传统建筑风貌的消失、民族建筑文化的衰落。相较于传统庄廓，土族现代庄廓在建筑材料、建筑构件、建筑要素等方面发生了颠覆性的变化。

1. 建筑材料的变化

通过对比土族传统庄廓、现代庄廓的建筑材料构成可以看出，以黄土、木材为主的传统建筑材料已经遭到彻底的否定和丢弃，具有工业化生产、标准化施工、现代化审美的现代建筑材料备受青睐。现代建筑材料的普及推广，加快了现代建造技术的传播及应用，由此产生的建筑形式简单、经济、实惠，有别于传统手工艺营建技术体系下的风格，传统、现代形式截然不同，出现了严重新旧断层的现象（表2.7）。

土族传统庄廓、现代庄廓的材料构成对比 表 2.7

	传统庄廓	现代庄廓
屋顶构件	木材 / 草泥 / 黄土 / 麦秸秆	红砖 / 木材 / 预制钢筋混凝土楼板 / 黏土平瓦 / 水泥瓦 / 琉璃瓦 / 水泥砂浆 / 油毡 / 防水塑料薄膜
墙体构件	黄土 / 土坯砖 / 草泥 / 石灰	红砖 / 水泥砂浆 / 瓷砖 / 涂料
门窗构件	木材 / 白棉纸	铝合金 / 玻璃

2. 建筑构件的变化

1）屋顶构件的变化

（1）屋顶承重结构的变化

土族传统庄廓房屋采用单坡硬山梁架承重结构体系，檐檩下是形式复杂、层次丰富、精雕细刻的木梁枋结构部分，不仅具有结构支撑作用，而且起到很好的装饰效果，在柱身与屋顶之间起到很好的过渡连接作用。

土族现代庄廓房屋的承重结构部分发生了以下变化：修正、改良了传统梁架承重结构，采用双坡硬山、六檩前檐廊梁架承重结构体系；将横墙和山墙屋顶处砌成山尖形，在其上直接搁置檩条或预制钢筋混凝土楼板，形成山墙承檩或山墙承板的横墙承重结构，双坡硬山砖木结构、砖混结构渐成土族现代庄廓房屋的主流。两种结构体系都有效增加了房屋的开间、进深尺寸和建筑高度，扩大了房屋室内空间的使用面积，利于营造干净整洁、宽敞明亮的室内环境（表2.8）。

土族传统庄廓、现代庄廓的屋顶承重结构形式对比 表 2.8

续表

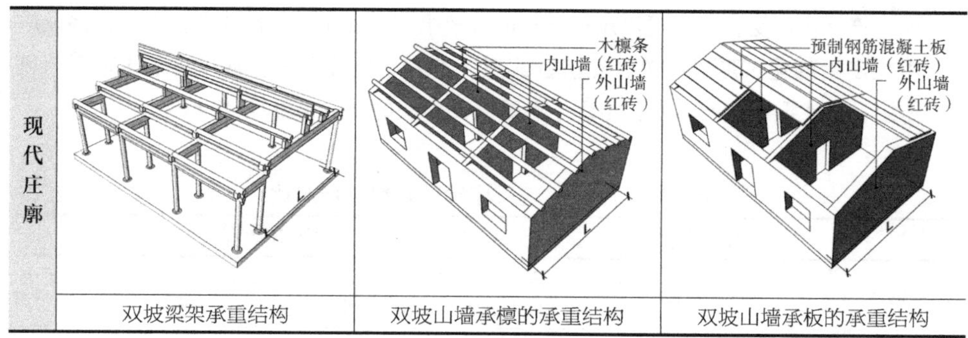

现代庄廊	双坡梁架承重结构	双坡山墙承檩的承重结构	双坡山墙承板的承重结构

改良的梁架承重结构大多简化了传统梁架承重结构檐檩下的木梁枋构造形式，仅保留了基本的承重、拉结联系构件，摒弃了丰富精美的木雕花饰，与传统相比简单、朴素，但延续了传统柱身与屋顶之间过渡连接的形式，继承了传统的构造经验，有利于传统形式的继承。作为承重结构的红砖墙可直接承托屋顶，因此，屋顶下面是无任何造型的红砖光墙，与传统形式相比，缺失了墙身与屋顶的连接过渡部分，造型显得过于简洁、单调、乏味，湮没了人们所喜闻乐见的传统形式，产生了严重的新旧断层现象。

（2）屋顶屋面构造的变化

土族传统庄廓房屋屋面坡向合院，坡度平缓，约为5%～10%，屋面施以草泥，用小碌碾压光。屋面利用椽条朝向合院外挑深远的挑檐，约为0.6～0.8m不等，由间隔一定距离的圆木椽条与覆盖其上密实的黄土草泥构成，上下虚实相间。有规律、整齐排列的出挑的圆木椽条是土族传统庄廓屋面形式的主要特点。

瓦材的运用造成现代庄廓房屋屋顶坡度的陡增，双坡瓦屋顶开始在土族地区流行，一般分为木望板平瓦屋面和钢筋混凝土板基层平瓦屋面，两种形式一般都采用水泥砂浆卧瓦的构造方式，防水材料一般用防水塑料薄膜、油毡。采用改良的梁柱木架结构体系的现代庄廓房屋屋面延续了传统出挑深远挑檐的形式；采用砖木结构体系的现代庄廓房屋，在屋面之下将砖沿外墙逐皮出挑3～4层，每层向外出挑1/4砖长以形成檐口；采用砖混结构体系的现代庄廓，在屋面之下利用出挑的钢筋混凝土檐沟形成檐口（表2.9）。

土族传统庄廓、现代庄廓的屋顶屋面构造形式对比 表 2.9

传统庄廓	

续表

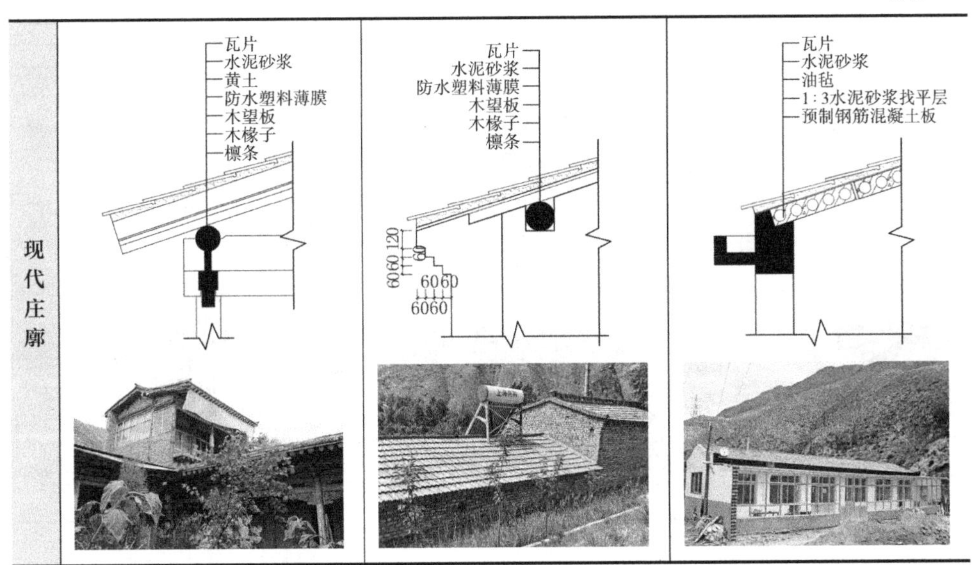

土族现代庄廓房屋屋面构造改善了传统庄廓屋面在防漏性、排水性、耐久性、坚固性、美观性等方面的劣势。延续传统木檩架椽、出挑深远挑檐形式的木望板平瓦屋面继承并优化了传统的构造经验，有利于传统形式的继承；山墙承重结构体系产生的两种屋面檐口形式均出挑短浅，造型简单，虽都符合现代建筑材料的结构逻辑关系，但却颠覆了传统屋面深远丰富的形态造型，产生了严重的新旧断层现象。

2）墙体构件的变化

土族传统庄廓房屋的后墙、山墙一般由自制土坯填充砌筑，取决于材料本身力学性能的缺陷，房屋墙体门窗洞口窄小，内、外表面用草泥平整抹光，少数经济条件好的土族人民将朝向合院的墙体用石灰抹面粉刷成白色。

土族现代庄廓房屋墙体使用红砖砌筑而成，厚度为370mm，门窗洞口较传统更宽大，外表面或以清水砖墙统一外观，或用涂料美饰，或以瓷砖贴面粉饰（表2.10）。

土族传统庄廓、现代庄廓的墙体形式对比 表 2.10

续表

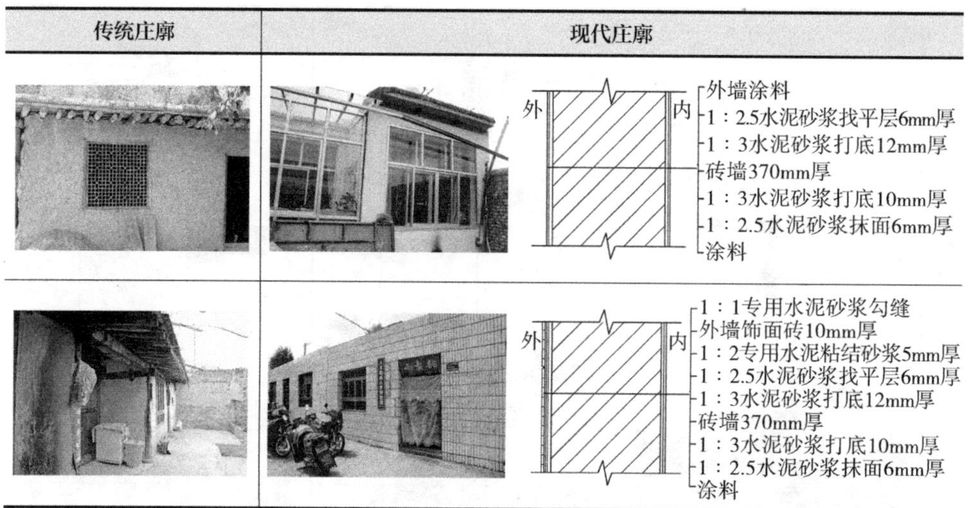

墙体丰富多变的色彩表达、光洁平整的表皮肌理打破了人们对传统形式的印象，陷入千篇一律的、各处所见大同小异的、僵化了的、泛滥了的万房一式的困境之中，产生了严重的新旧断层现象。

3）门窗构件的变化

（1）隔扇木门、平开木窗的变化

土族传统庄廊房屋的隔扇木门、平开木窗均由木材加工制作而成，做工考究、制作精美，窗户图案纹样多变，不仅具有很好的装饰作用，而且通过其本身图案形式传递独具特色的文化寓意，表达人们的文化理想。

土族现代庄廊房屋门窗以铝合金门窗为主，依据功能简单划分，光亮通透的玻璃质感、简单规矩的方格形状现代感强烈。土族现代庄廊房屋门窗具有更好的透光性、气密性、御寒保温隔声性、耐久性，但其简单的方格框造型不但太过贫乏、单调，使人感到枯燥，与传统形式反差极大，而且丢失了传递传统文化理想的功能，陷入千篇一律的门窗一式的困境之中，产生了严重的新旧断层现象（表2.11）。

土族传统庄廊、现代庄廊的门窗形式对比 表 2.11

传统庄廊 			

续表

现代庄廊			

（2）附加阳光间的植入

基于土族地区迫切的采暖需求、丰富的太阳能资源基础，结合被动式阳光房成熟的技术基础、高效的经济和环境效益，在土族地区，附加阳光间是近年来土族现代庄廊发展过程中一个十分重要的变化，无论是新建、改建，抑或扩建庄廊，越来越多的土族人民都会自发地使用这一被动式太阳房技术，它是土族人民依托当地丰富的太阳能资源，采用现代建筑材料，利用被动式太阳房技术解决冬季采暖需求的功能性处理，受到土族人民的广泛欢迎并在土族地区得到了迅速发展。

土族现代庄廊的附加阳光间采用铝合金、玻璃组合而成，在不影响房屋正常采光的情况下，强硬地附加于庄廊房屋向阳的一侧，形成包围房屋主体立面、封闭围合、通透的玻璃盒子，是房屋朝向合院空间的延伸，在冬季为土族人民提供了一个遮风挡雪、通透敞亮、温暖舒适的封闭的室内活动空间。无论是闲话桑麻，抑或是休闲待客，附加阳光间开始成为土族人民首选的户内活动场所，成为房屋室内空间的延续，扩展了土族人民室内活动空间的范围，适应并丰富了土族人民的生活活动。

覆盖于主体立面的附加阳光间成为现代庄廊房屋的第一立面，光亮通透的大片玻璃、规矩方正的方格网形式现代感强烈，但其单调、乏味的形态在很大程度上降低了房屋的立面表现力，湮没了传统建筑形式语言，与传统建筑风貌格格不入，倍显突兀（图2.11）。

图2.11　土族现代庄廊附加阳光间的形式

3．建筑要素的变化

1）夯土院墙的变化

土族传统庄廓夯土院墙采用椽筑法由黄土夯筑而成，封闭围合院内房屋，高于房屋屋面。底宽0.8～1m，顶宽约0.4m左右，高4～5m不等，即院墙底部宽而上部窄，断面呈“⏢”形，厚重坚实。整个院墙或保留椽模施工后留下的粗犷朴素、凸凹有致的水平层状肌理，或用黄土草泥粉饰一新。

土族现代庄廓院墙使用红砖砌筑而成，连接房屋与房屋之间的空间，低于房屋屋面。厚度为240mm，底部、顶部等宽，院墙高约2.1m。外表面或以清水砖墙统一外观，或用涂料美饰（表2.12）。

土族传统庄廓、现代庄廓的院墙形式对比 表 2.12

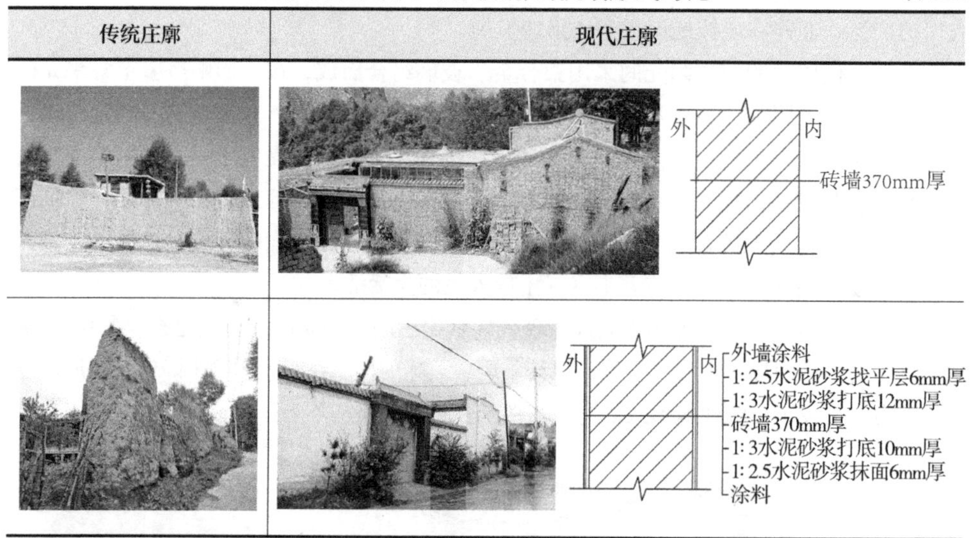

来源：自摄+自绘

墙体丰富多变的色彩表达、体量轻薄的外观形态、光洁平整的表皮肌理打破了人们对传统形式的印象，陷入千篇一律的万墙一式的困境之中，产生了严重的新旧断层现象。

2）庄廓大门的变化

大门作为我国传统民居院落门户空间的重要组成部分，其不仅具有出入口、安全防卫、管理的基本功能，而且是一户人家经济水平、阶级地位、文化喜好的反映。尤其在乡村文化中，家家户户更是尽其所能，建造比别人家更高、更大、更气派的大门，以此体现自己的“门面”。正如楼庆西教授所言，中国古代将一个家庭的家风称为“门风”，将一个家族的资望称为“门望”，在朝官员犯了王法，不但自身判刑，而且还要株连九族，祸及满门，称为“门诛”，所以，一座宅院大门不单是一个出入口，而且成了一个家庭的代表，一个家族的象征，使大门具有物质功能的同时具有精神上的功能[35]。

随着时代的变迁，机动车与现代农用机械逐步走进土族人民的家庭，要求庄廓大门要有足够宽大的尺寸可以通行，然而传统庄廓大门的尺寸不能满足现状的功能需求，因此亟需进行适当的调整改良；伴随经济条件的逐步改善，土族人民对居住生活质量的要求逐步提升，从而使土族人民对于传统样式的土气、破旧抱以抵触感，觉得那是落后的东西，希望有洋气、崭新的样式出现；现代建筑材料、结构体系、建造技术因其材料的经济成本及方便的获取途径、结构的可靠耐久优势、施工工艺的简单快速特点，伴随土族乡村建设浪潮的繁荣而被大量引入，从而催生了有别于传统的风格样式；根据土族庄廓外封内敞的特点，大门是人们对于庄廓造型风貌的第一印象，它的形式直接影响整个村落的风貌，是庄廓改造与更新的重点部分。基于以上四个方面的原因，土族庄廓大门在改造与更新的过程中，呈现出以下发展的趋势（图2.12）。

（1）为了满足机动车及现代农用机械的通行功能要求，土族现代庄廓大门门洞尺寸普遍为2400mm（宽度）×2600mm（高度），安装建材市场随处出售的预制大小尺寸的铁质大门。传统木门因其材料的结构受力特点要加工成如此宽大的尺寸，不仅强度不

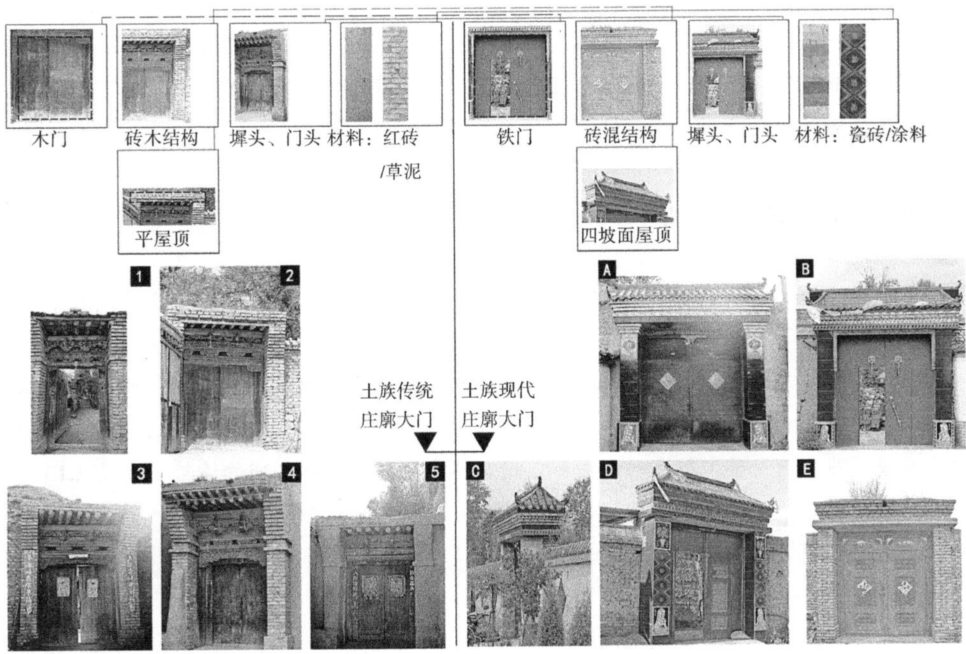

图2.12 土族传统庄廓、现代庄廓大门形式对比

及铁门，而且制作加工费用高昂，因此，木门逐渐被铁门取代而成为土族地区普遍的选择。

（2）大门结构体系的转变：砖混结构逐步取代砖木结构在土族地区被大量应用。木材因其结构稳定性较差、材料耐久性不长、价格和施工安装费用提高等因素在土族现代庄廓大门的建设中逐渐被舍弃。

（3）屋顶变为四坡面形式，上面铺琉璃瓦，形成光亮的表面质感，颠覆了传统庄廓大门平屋顶的形式。

（4）层次分明的墀头、雕梁画栋般精美的门头在当代庄廓大门的建设中未能保留下来，取而代之的是简单的门垛墙及在楼板位置之上用红砖层层出挑方式层叠的檐口。

（5）草泥外粉及红砖本色的表达不再受到土族人民的欢迎，他们喜欢用不同颜色的涂料、不同花纹的瓷砖将庄廓大门门垛墙、檐口等部位进行外贴面装饰，形成光亮整洁的表面肌理，看似一片"欣欣向荣"。

2.3.2 结构安全性能问题

大量砖木、砖混结构体系现代庄廓的普及推广，虽然暂时满足了土族人民短期内急切弃旧建新、弃土建砖的建房热潮，但由于缺乏相关的理论指导和专业的技术支持，绝大部分现代庄廓的建造过程都是土族人民的自发行为，在建筑形式上盲目跟风，在建筑材料、建造技术上简单模仿。

根据《建筑抗震设计规范》（GB 50011—2010）规定，青海互助、大通、民和、乐都、同仁等地区抗震设防烈度为7度。但由于土族人民缺乏抗震意识以及相关技术指导，无序混乱的构造措施、简单粗糙的施工技术造成大范围、大面积结构体系普遍缺乏相关抗震构造措施的现代庄廓，安全性能不足。

1．砖木结构体系构造简单，抗震性能不足

1）标准规范的砖木结构抗震构造措施

山墙作为屋顶承重结构，木檩条搁置在山墙部分，应涂防腐剂，檩条下设置混凝土垫块，或经防腐处理的木垫块，使压力均布在山墙上[36]。对于6、7度地区的墙体承重砖木房屋，应采用设置木垫块的做法，以增加檩条端部与山墙之间的连接[37]（图2.13）。

2）无序混乱的砖木结构构造措施现状

采取砖木结构体系的土族现代庄廓一般采用硬山搁檩的做法，圆木檩条直接搁置在承重结构作用的砖砌山墙上，檩条与墙体之间仅用水泥砂浆填缝连接。此种构造做法导

致山墙与檩条之间缺乏有效的拉结措施，在纵向地震作用下，山墙容易在檩条传来的水平推力的作用下发生外闪破坏（图2.14）。

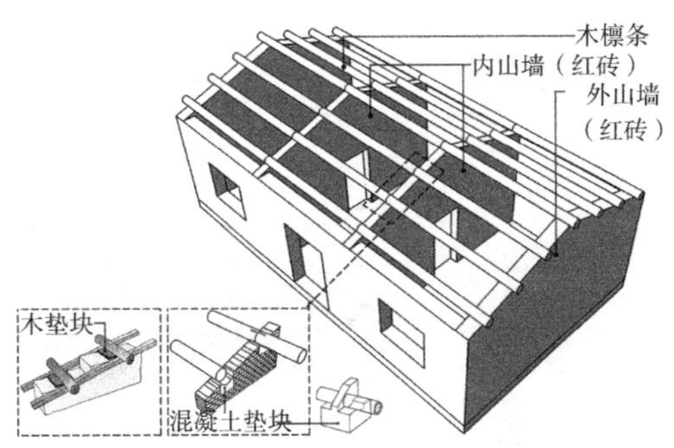

图2.13　标准规范的砖木结构抗震构造措施

图2.14　无序混乱的砖木结构构造措施现状

2．砖混结构体系缺乏构造柱、圈梁，抗震性能不足

1）标准规范的砖混结构抗震构造措施

在砖混结构体系房屋中，由于砖砌墙系脆性材料，整体性不强，抗震能力较差，在地震作用力下极易遭到破坏。因此，为了增强建筑的整体刚度和墙身的稳定性，预防建筑物的破坏，在设计时，常采取整体加固措施，即设置钢筋混凝土构造柱、圈梁：构造柱一般设在建筑物的四角，内外墙交接处；圈梁是沿建筑物外墙四周及部分内横墙设置的连续封闭的梁。

构造柱必须与圈梁及墙体紧密连接，圈梁在水平方向将楼板和墙体箍紧，而构造柱则从竖向加强墙体的连接，与圈梁一起使建筑物形成一个空间骨架，从而提高建筑物的整体强度，改善墙体的应变能力，并使砖墙在受震开裂后，也能做到裂而不倒。

2）无序混乱的砖混结构构造措施现状

采用砖混结构体系的土族现代庄廓一般在山墙上直接搁预制钢筋混凝土楼板，有圈梁构造，但在房屋四角、内外墙交接处忽视构造柱的设置，存在抗震性能不足的问题（图2.15）。

3．附加阳光间结构体系构造简单，安全性能不足

土族庄廓附加阳光间与房屋主体的连接方式以檐口下铆接的通开间长的铝合金型材为主，辅以连接附加阳光间与房屋主体之间具有内撑外拉作用的横向铝合金杆件。此种

图2.15　无序混乱的砖混结构构造措施现状

连接方式未考虑附加阳光间与房屋的一体化设计，构造简单，整体结构不稳定，在地震或长期雨雪、风荷载的作用下，可能会造成附加阳光间产生较大的形变，存在安全隐患。

1）结构整体刚度不足，易变形

附加阳光间采取较大面积铝合金框架，玻璃面积大而缺少型材立柱加固，屋顶部分缺少连系梁、圈梁等加固措施，加之铝合金型材长细比较大，造成附加阳光间整体刚度不足，在地震或长期雨雪、风荷载的作用下，有可能出现平面外失稳及平面内失稳的现象，导致附加阳光间产生较大的形变，造成玻璃挤压破碎或窗户受其变形影响而开启困难（图2.16）。

2）构造连接强度不足，易被破坏

附加阳光间和房屋的檐口、墙体或柱子之间采用铆接的方式连接，连接部位构造简

图2.16　附加阳光间结构整体刚度不足

易不规范，着力点过小，强度不足，在地震或长期雨雪、风荷载的作用下，连接部位可能会发生破坏进而导致附加阳光间产生较大的形变，存在安全隐患（图2.17）。

图2.17 附加阳光间构造连接强度不足

2.3.3 生态节能效率问题

土族传统庄廓采用蓄热系数大的生土、木材等传统建筑材料形成夯土厚墙、草泥厚屋顶。这种厚重型外围护结构传热阻大、热惰性大，具有良好的蓄热性能，可以有效抑制室内外温差的剧烈波动，使外部的低温不至于很快引起室温的降低，同时有利于室内热量的储存，对于减少室内外传热总量，以及平抑室内温度波动具有明显的效果，非常有利于房屋的御寒、保温。

以砖木、砖混结构为主体的土族现代庄廓，由于忽视外围护结构的保温构造措施、轻视附加阳光间的设计标准，现代庄廓存在能耗大、物质资源消耗多、污染排放量大等缺点，普遍冬季室内温度低，建筑保温性能差，导致采暖效率低下，居住舒适性差。

1．忽视外围护结构的保温措施，节能效率低下

建筑外围护结构由墙体和屋顶组成，通过对比土族传统庄廓、现代庄廓外围护结构的热工性能可知，未采取任何保温措施的红砖墙体、钢筋混凝土屋面在减少室内外热能传递，抵抗室外温度波动，保持室内热稳定性和热舒适性的能力方面明显劣于传统夯土墙、草泥屋顶，热工性能差，造成砖木、砖混结构的土族现代庄廓冬季室内温度过低，

需要消耗大量的煤炭、柴薪取暖，不仅增加了资源、能源消耗，造成污染排放量大，而且增加了土族人民的经济负担（表2.13、表2.14）。

传统夯土院墙与普通红砖墙体热工性能对比 表 2.13

墙体构造类型	总热阻 R_0（$m^2 \cdot K/W$）	热惰性指标 D	衰减度 V_0	延迟时间 ξ_0（h）
850mm 厚夯土墙 20mm 厚草筋灰	1.15	10.26	3431.0	30.25
370mm 厚红砖墙 20mm 厚石灰砂浆	0.66	5.08	46.26	13.68
240mm 厚红砖墙 20mm 厚石灰砂浆	0.49	3.39	14.00	9.11

来源：张涛．国内典型传统民居外围护结构的气候适应性研究［D］．西安建筑科技大学，2013：94.
师奶宁．不同区域传统民居围护结构热工性能研究［D］．西安建筑科技大学，2006：43.

传统草泥屋顶与普通钢筋混凝土屋顶热工性能对比 表 2.14

屋顶类型	R_0（$m^2 \cdot K/W$）	D	V_0	ξ_0（小时）
50mm 厚草泥 150mm 厚黄土 10mm 厚麦秆 40mm 厚榻子 Φ150mm 椽子	1.46	3.59	73.42	11.24
100mm 厚钢筋混凝土屋顶	0.26	1.60	4.1	8.34

来源：张涛．国内典型传统民居外围护结构的气候适应性研究［D］．西安建筑科技大学，2013：96.

2．轻视附加阳光间的设计标准，节能效率低下

土族现代庄廓开始使用被动式太阳房技术以来，虽然在一定程度上提高了房屋冬季的整体热舒适性，取得了显著的节能效益。但是，由于无视附加阳光间的方位朝向，漠视附加阳光间的节能标准，加之设计施工队伍的专业化水平不够，造成土族现代庄廓的附加阳光间存在夏季白天过热、冬季昼夜温差过大的问题。

1）厢房附建附加阳光间，降低整体热工性能

（1）太阳房不同朝向与太阳辐射接收量之间的关系

通常来说，由于方位的差异，建筑各个朝向所接收到的太阳辐射量不同（图2.18）。当集热面与正南夹角超过30°时，其接收到的太阳辐射量就会急剧减少。[38]49因此，为

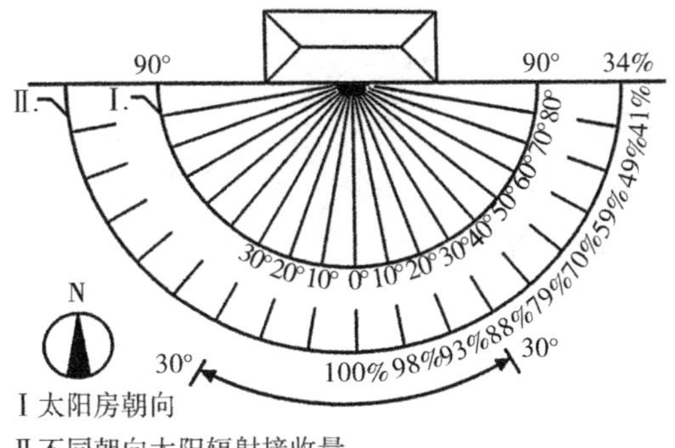

图2.18　建筑不同朝向与太阳辐射接收量之间的关系
（来源：徐燊主编. 太阳能建筑设计［M］. 北京：中国建筑工业出版社，2014：49.）

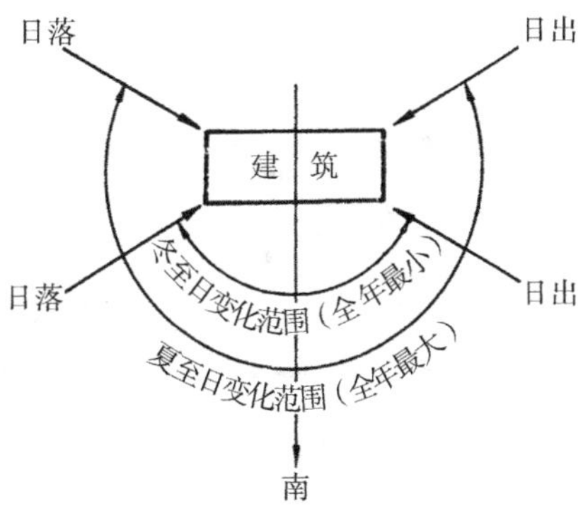

图2.19　冬、夏季太阳方位变化范围示意图
（来源：李元哲主编. 被动式太阳房热工设计手册［M］. 北京：清华大学出版社，1993：16.）

了使太阳房的集热构件尽可能多地接收到太阳辐射，应使建筑的主要朝向在偏离正南30°夹角以内。最佳朝向是正南向，以及南偏东或偏西15°的范围内。超过这一范围，不但会影响冬季被动式太阳房的采暖效果，而且会造成其他季节室内过热现象。

（2）太阳房不同朝向与日照时间之间的关系

通过对地球运行规律的研究可以发现，相较于冬季太阳方位角的变化范围，夏季太阳从日出到日落全天的太阳方位角的变化范围更大（图2.19）。冬季太阳方位角的变化范围较小，因此，垂直面的方位对该面日照时间的影响很大。南向及偏东、偏西25°以内的垂直面从日出到日落全天都有日照，东、西朝向的日照时间仅是南向的一半，北向则全天无日照。夏天由于全天太阳方位的变化范围较大，所以各朝向都有一定的日照，北向较少，南、东南、西南均有较长时间的日照。因此，从日照时间的角度来看，太阳房的方位以朝南及略偏东或偏西是比较合适的。[39]16

（3）土族现代庄廓附加阳光间朝向现状

土族现代庄廓延续合院式的布局方式，正房坐北朝南，具有良好的日照采光，厢房东西而建。土族人民采取被动式太阳房技术时，正房、厢房均附建附加阳光间形成连通的外廊（图2.20）。

根据太阳房不同朝向与太阳辐射接收量、日照时间之间的关系可以看出：土族现代庄廓正房的附加阳光间冬季日照辐射量最大，夏季日照时间最短，这对于附加阳光间冬季利用太阳能供暖，夏季防止室内过热都是有利的；东、西厢房的附加阳光间冬季日照辐射量最低，夏季日照时间较长，这对于附加阳光间冬季利用太阳能供暖、夏季防止室内过热都是不利的。

加之，土族现代庄廓附加阳光间夏季未采取任何遮阳、通风散热措施，冬季未设置任何保温、蓄热手段，因此，东、西厢房附建附加阳光间，不仅使正房附加阳光间夏季过热，而且增加了正房附加阳光间冬季夜间的散热面积，热损失严重，造成房屋夏季白天过热、冬季昼夜温差过大。

图2.20 附加阳光间排布形式

2）漠视附加阳光间的节能标准，降低整体热工性能

冬季白天由于温室效应使得附加阳光间非常暖和，土族人民更愿意将一些常用家具搬至附加阳光间活动，而当夜幕来临，附加阳光间温度急剧下降，土族人民都回到有厚实墙体包裹的室内，用炉子生火补充热量。这是由于土族人民漠视材料选择、尺寸形制、保温蓄热措施等方面的节能效果，导致土族现代庄廓附加阳光间冬季夜晚热量损失严重，昼夜温差很大，不仅需要增加辅助供热量，而且造成人体的不舒适感。

（1）材料选择

附加阳光间采用铝合金、单层玻璃构成，导热系数大，当无阳光照射（阴天或夜晚）时就会变成失热构件，通过它损失的热量约占整个房屋传导热损失的1/4～1/3。[40]（图2.21）

（2）尺寸形制

对于住宅太阳房，附加阳光间的顶部和两端一般是不透明的保温隔热体，阳光间进深以0.6～1.5m为宜，这是整个建筑功能和热性能等综合考虑的结果。[39]72土族人民在建造附加阳光间时大多追求宽敞、明亮的空间效果，不仅顶部和两端都是透明的铝合金玻璃，而且缺乏对进深尺寸的合理控制，一部分附加阳光间进深超过1.5m，甚至达到2.4m左右，过大的进深不仅造成建造成本的提高，而且增加了附加阳光间冬季夜晚的散热面积，热损失严重，造成房间冬季昼夜温差过大（图2.22）。

图2.21 铝合金、单玻附加阳光间

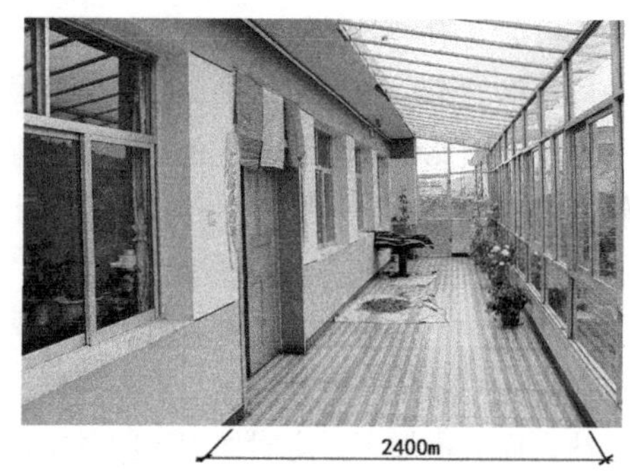

图2.22 附加阳光间进深过大

（3）保温蓄热措施

附加阳光间和相邻房间之间的公共墙是两者热交换的屏障，其上的门窗开孔率一般在25% ~50%范围内取值，既能保证热量有效地进入室内，又有适当的蓄热效果，减小室内温度波动[38]42。为了追求室内豁亮的采光效果，土族人民多采用窗墙比超过50%的带槛墙的门窗处理附加阳光间和相邻房间之间的公共墙，槛墙采用240~370mm厚的砖墙，未设置任何蓄热措施，公共墙整体蓄热性能欠佳。同时，附加阳光冬季夜晚未采取任何保温措施，并且附加阳光间东、西朝向采用铝合金、单层玻璃围合，在寒冷的冬季，该朝向的失热通常大于得热，这些都增加了附加阳光间冬季夜晚的散热面积，热损失严重，造成房间冬季昼夜温差过大（图2.23）。

图2.23　附加阳光间无保温措施

2.3.4　房屋建设品质问题

土族传统庄廓产生于农耕文化时期，依靠代代相传的、精工细作的、成熟稳定的手工艺营建技术体系，因地制宜、就地取材、因材致用的营建方法体现了土族人民适应自然、利用自然、以人为本、低技生态的传统建筑文化，样式考究、工艺精细、形制稳固的土族传统庄廓反映了土族人民的经济水平、社会地位、文化涵养，承载了土族人民丰富多彩的生产、生活、宗教等方面的人文活动，寄托了土族人民求吉呈祥、消灾弭患的祈盼，表达了土族人民对美好生活的追求、对吉祥如意的向往。

基于适应现代化工业生产体系的，倾向于盒子式的简单外形和光墙大窗的土族现代庄廓，彻底否定和丢弃了适应传统建筑材料体系的营建技术、建筑形式，采用全新的适应现代建筑材料体系的建造技术、建筑形式，在一定程度上改善了传统庄廓在耐久性、低效性、舒适性、整洁性等方面的劣势，满足了土族人民对现代化、城镇化生活方式、审美情趣的追求。但由于缺乏相关的技术指导，土族人民在引入现代建造技术建造房屋的过程中，未能有效地发挥现代建筑材料在物理属性方面的优势，随意的建筑形式、低效的结构体系、混乱的构造方式、粗糙的施工工艺催生出大范围、大面积质量低劣的现代庄廓。

光亮的大片玻璃、单一的红砖光墙以及短浅简单的出挑檐口取代传统的圆木柱式、复杂的木梁枋结构、深远丰富的出挑檐口而成为主导型的建筑要素，简洁、单调的土族现代庄廓现代感强烈，但极度贫乏的表现效果犹如冷冰冰的机器一般，缺乏人的生活气息、艺术感染力，使人感到枯燥乏味。土族现代庄廓不再能够表达土族丰富多彩的人文内涵，开始成为仅能承载土族人民日常生活的，随处所见大同小异的、僵化了的、泛滥了的城市型方盒子建筑。相较于传统庄廓丰富的文化内涵，土族现代庄廓品质备显低劣。

2.4 土族建筑的发展策略

2.4.1 探寻适宜的理论指导

建筑理论对于建筑创作具有极其重要的指导作用，因为它能形成一种思潮和某些流行的手法，直接影响着建筑创作的方向。

土族庄廓的现代化转型，深受现代主义建筑思想的影响。大量庄廓从适用性出发，遵循功能主义和简洁主义的教条，倾向于盒子式的简单外形和光墙大窗。经过长期沿用和各地相互转抄逐渐发展为千篇一律的、单一纯净的城市型方盒子建筑，在一定程度上满足了现代土族地区短期的、大量性的建设发展需求。然而，随着土族现代庄廓建设的不断深入，传统建筑风貌、结构安全性能、生态节能效率、房屋建设品质等许多现实问题越来越凸显，严重影响到土族庄廓的可持续发展，形成发展契机与现实问题并存的现状格局，乡土建筑现代化、现代建筑土族化的命题由此产生。

面对土族庄廓“现代与传统”“城镇化与地域化”等问题，借鉴国内外先进的、适宜的建筑理论和科学方法应对土族现代庄廓的民族文化传承问题、质量问题和生态问题，探索现代建筑设计方法与传统优秀的建筑经验之间的传承路线，建立乡土建筑现代化、现代建筑土族化的适宜性理论，提高现有水平，这无疑是有着积极意义的。

2.4.2 修正模式的文化内涵

《中国大百科全书》中把模式定义为信息赖以生存和传递的形式，诸如波谱信号、图形、文字、物体的形状、行为的方式、过程的状态都属于模式的范畴。人们通过模式感知外部世界的各种事物或现象，这是获取知识、形成概念和做出反应的基础。[41]

土族传统庄廓的建造是由土族人民联合工匠，模仿既有的传统庄廓形式，结合自身不同需求与外部条件，依靠经验式的一种自发修正的过程。在对既有庄廓形式模仿的过程中，土族人民不自觉地将承载土族生产、生活、文化、宗教等信息的传统建筑形式抽象出原型以形成模式，再将模式以建造过程还原为庄廓。最终，成百上千土族人民在传统建筑模式作用下建造的庄廓有着相同的总体特征，形成统一的地域、民族风貌。

土族地区随处所见大同小异的、泛滥了的、城市型方盒子式的现代庄廓，是土族人民盲目模仿既有的城市现代建筑形式，根据承载现代经济、文化、审美等信息的现代建筑模式，结合自身不同需求与外部条件建造的，它们曲解了具体的情境，忘记了传统的本质。

通过对比土族传统庄廓、现代庄廓的建造过程可以看出，承载不同时代文化信息的建筑模式使庄廓保持其特征的稳定性与发展演变的连续性，建筑模式本身是重要的，是解决问题的基础。因此，面对现代庄廓的民族文化传承问题、质量问题和生态问题，需要修正仅凭直觉的、不可靠的、错误的现代文化信息，并且真正理解文化的全部之后总结出既能反映传统优秀文化，又能体现现代先进文明的新型建筑模式指导实践，以改良现状问题的不足。

2.4.3 重识建构的逻辑表达

1965年美国学者E·塞克勒（Eduard Sekler）在《结构、建造与建构》[42]中对建构作了最直接明了的阐述，“结构”是一种普遍而抽象的概念，它表示针对房屋受力进行安排的体系或原理，如梁柱结构、拱券结构、拱顶结构、穹顶结构和折板结构等。而“建造”则意味着某种力学原理或结构体系的具体实现，它可以通过许多不同的材料和方式来完成。举例来说，所谓的梁柱结构可以出现在木材、石材和金属材料之中，其元素的连接手段也多种多样。当某一结构概念经由建造得以实施，其视觉效果会通过一定表现性的品质影响我们……这类品质表现形式与受力之间的关系，对于它们而言，建构这个术语正有用武之力[43]。

建构理论在中国的传播始于20世纪90年代末，主要围绕着对肯尼思·弗兰姆普敦（Kenneth Frampton）的经典著作《建构文化研究——论19世纪和20世纪建筑中的建造诗学》[44]一书内容、观点的介绍。彭怒在“建构与我们——‘建造诗学：建构理论的翻译与扩展讨论’会议评述”一文中论述，建构理论对中国建筑的主要影响在于建筑学从文化意识形态的论争转向对建筑的本体以及基本建造问题的关注[45]。

K·弗兰姆普敦探讨的建构观念将建筑视为一种建造的技艺，将建构学定义为“建造的诗学”（Poetics of Construction），认为现代建筑不仅与空间和抽象形式息息相关，而且也在同样至关重要的程度上与结构和建造血肉相连，认为“建构”在技术和文化两个方面都具有意义。伍时堂在“让建筑研究真正地研究建筑——肯尼思·弗兰姆普敦新著〈构造文化研究〉简介”一文中论述，弗兰姆普敦认为建筑的根本在于建造，在于建筑师适用材料将之构筑成整体的建筑物的创作过程和方法。对他来说，传统的并沿用至今的砖瓦灰砂石和近现代的钢材玻璃等，才是建筑的血与肉。[46]

由此可见，基于建筑材料的，通过某种建造手段实现的建构形式，不仅体现了基本的功能需求，而且具有一定的艺术和文化内涵。

采用黄土、木材、麦秸秆等传统建筑材料，通过表现屋顶、檩条、梁、柱、地面自上而下的梁柱木架结构逻辑关系的传统营建技术建构的土族庄廓，不仅满足了土族人民丰富多样的生产、生活、宗教等方面的功能需求，而且体现了土族人民适应自然、利用自然、以人为本、低技生态等多方面的文化内涵，完美地与周围环境融合并充满活力。

随着红砖、预制钢筋混凝土楼板、黏土平瓦等现代建筑材料的普及推广，以传统建筑材料为基础的建构传统遭到解体，通过表现砌体结构逻辑关系的现代建造技术建造的土族庄廓，表现为盒子式的简单外形和光墙大窗，仅体现了经济性、适用性，不再表达丰富多彩的人文内涵，缺乏活力和艺术感染力，使人感到枯燥乏味。

因此，面对现代庄廓的民族文化传承问题、质量问题和生态问题，挖掘建构传统的现代化更新，探索现代建造逻辑的民族化表达对于土族未来建筑形式的发展具有至关重要的意义。

2.4.4 重视绿色的建筑思想

刘加平院士认为，地方传统民居与现代绿色建筑原理和绿色建筑技术相结合，是中国优秀传统民居建筑的发展方向。[47]我们应该将传统聚落和民居建筑中的生态建筑经验转变为科学化的设计技术和方法，将蕴涵于其中的生态元素、文化符号与现代建筑空间设计理论结合，合理运用、继承原有的构造与结构体系，创造出新型乡土民居建筑方案，并通过试验与示范研究，逐步实现乡村建筑走向现代化和绿色生态化。[48]着眼于当下亟须解决民居建筑的地域性问题、生态性问题的迫切任务，民居建筑的研究已离不开对绿色建筑的关注和应用，绿色已成为民居建筑更新、发展的重要原则。

绿色建筑（Green Building）是指，在建筑的全寿命周期内，最大限度地节约资源（节能、节地、节水、节材），保护环境和减少污染，为人们提供健康、适用和高效的使用空间，与自然和谐共生的建筑。[49]

为了适应河湟地区寒冷干燥、多风沙的气候条件，土族人民从自然环境中获取灵感，在与自然的不断协调过程中，经过长期运用朴素的生态自然规律过程中的试错调整，积累了丰富的御寒保温、防风防沙的本土传统生态建筑经验、智慧，并与传统营建技术及建筑形式达到了高度的统一，因地制宜地创造出适应于当地自然环境、资源环境、经济环境的人居环境，以极低的生态代价满足了土族人民在不利的自然环境中求得生存的基本需求，体现出丰富而朴素的绿色思想。

随着现代绿色建筑技术的发展，土族地区已经开始尝试利用当地丰富的太阳能资源，在庄廓向阳一侧修建大面积玻璃制成的被动式太阳房，利用“温室效应”（热箱原理）御寒保暖。同时，太阳能热水器、太阳能灶等现代绿色技术的推广普及，解决了土族人民家庭的日常生活热水、淋浴用水等问题。现代绿色技术的广泛应用，节省了大量的燃料，大大降低了不可再生能源的消耗，利于现代庄廓的绿色生态化发展。

因此，面对现代庄廓的民族文化传承问题、质量问题和生态问题，挖掘传统生态建筑经验的现代化调适与转化，探索现代绿色建筑原理和绿色建筑技术的适宜化、本土化表达是实现土族建筑走向现代化、绿色生态化的有效方法。

2.5 本章小结

本章采用文献研究、田野调查、规律探寻等方法，总结土族建筑生存发展的气候条件、地形地貌、宗教信仰、民俗文化等自然人文方面的地域特点和民族特色，挖掘土族建筑从历史到今天产生、发展的演变过程，对比分析现在复杂约束条件下的现代庄廓不如昔日简单约束条件下的传统庄廓那么良好适合，表现在传统建筑风貌、结构安全性能、生态节能效率、房屋建设品质等方面的诸多问题日益凸显，由此得出日益迫切的土族乡土建筑现代化、现代建筑土族化的命题，以此阐述通过探寻适宜的理论指导、修正模式的文化内涵、重拾建构的逻辑表达、重视绿色的建筑思想解决土族建筑在文化传承问题、质量问题、生态问题等方面困境具有重要的理论意义和实践指导意义。

建筑模式语言理论及其对土族建筑发展的启发

3.1　建筑模式语言理论产生的时代背景

3.2　建筑模式语言理论的解析

3.3　建筑模式语言理论的适应性分析

3.4　建筑模式语言理论的土族化

3.5　本章小结

3.1
建筑模式语言理论产生的时代背景

3.1.1 现代建筑运动

自20世纪20年代现代建筑运动以来，表现工业化时代精神、适应工业生产体系的，具有简朴、经济、实惠特点的，体现新颖建筑审美观、简洁抽象构图建筑艺术的，强调“形式服从功能”的现代建筑得到了迅速发展。一时间，光亮的大片玻璃幕墙，庞大的金属框架以及琳琅满目的现代手法取代柱式、山花而成为主导型的建筑要素。[3]213 20世纪50年代初，现代建筑思想盛极一时，现代主义建筑师遵循功能主义和简洁主义的教条。大量建筑从适用出发，倾向于盒子式的简单外形和光墙大窗，经过长期沿用和各地相互转抄逐渐发展为千篇一律的、单一纯净的“国际式风格”，对战后欧洲许多城市大量性建设发展需求起到一定的历史性进步作用。

3.1.2 现代建筑思潮的多元论发展

20世纪50年代以后，随着工业生产的增长、科学技术的迅猛发展、经济的富裕，西方建筑界开始对各处所见大同小异的、僵化了的、泛滥了的国际式方盒子建筑感到厌恶，认为现代建筑如同冷冰冰的机器一般，太过贫乏、单调，太过老一套、思想僵化，缺乏人的生活气息、艺术感染力，使人感到枯燥单调。面对史无前例的新科学、新技术的高度发达以及社会环境的重大改变所产生的建筑语言极度贫乏的问题，现代建筑理论已不再适应新的时代需求了。西方许多建筑师开始突破现代建筑观点的禁锢，挖掘建筑的深层文化结构，大胆创新，从不同角度对20世纪20年代创立的正统现代主义建筑原则进行改造、修正和超越，引导西方现代建筑思潮向多元论方向发展。现代建筑单一纯净的风格受到了严重的冲击。所谓多元论，在建筑领域中是指风格与形式的多样化，这种趋向的目的是要求获得建筑与环境的个性及明显的地区性特征。[3]3 多元论的表现非常之多，常见的流派有：野性主义、新古典主义、典雅主义、隐喻主义、高技派、银色派或光亮式、后现代主义或历史主义、建筑电讯派、新陈代谢派、新乡土派、新传统派、新自由派、晚期现代主义、解构主义、奇异建筑的倾向等。

3.1.3 现代建筑设计方法论研究

20世纪60年代初期，现代科学技术的高度发达以及社会环境的重大改变给建筑界造成的局面比现代建筑运动形成时期更为复杂。西方建筑界一批有识之士开始意识到传统的建筑设计方法无法解决发生了巨大变革的、高度进步的、高度复杂的新世界日益复杂的建筑设计问题，他们开始利用新科学、新技术的成果探求设计方法的现代化以适应新的社会需要的研究浪潮，力图克服传统的设计方法的局限，摆脱过去那种仅仅依靠个人智力上的随意性和精神上的主观性的方法，转而依靠科学的方法与工具，从而把设计过程物质化、外延化、开放化、科学化，这就形成了西方设计方法论的雏形，它被称为设计方法运动。

随着设计方法运动的发展，建筑设计方法论应运而生，并逐渐发展为一门以设计方法为主要研究对象的、相对独立的学科，构成了西方现代建筑理论的一部分重要内容。西方理论界一般把1962年9月在伦敦皇家学院召开的第一次设计方法会议以及1963年有关这次会议文集的出版作为设计方法论研究的开始。设计方法论是相当广泛和一般意义上的建筑设计准则、实践与程序的研究。它所涉及的中心问题是设计是怎样进行的和如何处理设计过程；它包括对设计者如何进行工作和思考的研究，为设计过程建立适当的结构和新的设计方法等。[3]509建筑设计方法论的研究领域，常见的有行为建筑学、建筑符号学、图示思维理论、科学设计程序理论、建筑模式语言理论、建筑类型学等。

3.1.4 建筑模式语言理论的建立

C·亚历山大是当今世界建筑设计方法论研究领域中的一位风云人物，实实在在地提高了人们将建筑学作为“为人类建立生活环境、社会环境的综合艺术和科学”[50]来对待的意识。《日本建筑师》杂志曾在一篇文章中引评C·亚历山大是“设计方法运动有影响的权威”[51]。

C·亚历山大明确表示，模式语言是基于人的爱好、需求和行为，这实际上是功能主义的一个新的分支。[52]C·亚历山大把现代环境心理学中人与环境关系的一些原理与建筑设计的经验结合起来，从设计哲学，到设计方法论，到设计实践都进行了深入的研究，于20世纪70年代后期建立了一套全新的，引人注目的，成熟的，具有系统性、一贯性、完整性的规划和建筑设计方法理论——建筑模式语言理论（A Pattern Language Theory），为人们提供了一套解决新世界生活需要的日益复杂的建筑系统的工作方法，是与传统的规划和建筑设计体系完全不同的一种全新的建筑理论，在20世纪世界建筑史上占有重要的位置。建筑模式语言理论对规划和建筑阐述了一个全新的观点，寻求缩小设计者有限的能力与他所面临的复杂任务之间鸿沟的一种方法，渐渐替代目前的理论和实践，试图给我们现代的规划和建筑设计思想提供一个选择余地，以改变现代建筑的不良状况。

3.2

建筑模式语言理论的解析

3.2.1　C·亚历山大的学术思想发展历程

C·亚历山大（Christopher Alexander）不仅是20世纪最伟大的西方建筑理论家及教育家之一，而且是一位训练有素的数学家、出色的开业建筑师、多产的作家。面对现代城市和建筑“谬误”百出的情况，C·亚历山大不再以空间作为主角，而是强调满足人的活动（行为）的重要意义。基于现代环境心理学中环境（包括人为环境）对人的行为的影响，C·亚历山大强调人的需要，考虑人们对建筑和场所感觉如何，怎么想，以及希望的是什么，着重研究环境、行为……以及社会学、心理学等对城市和建筑的重大影响。经过大量的理论研究及实践探索，C·亚历山大首次提出了城市或建筑归根结底是一系列相互作用的、相互关联的众多模式的集合，众多模式组成的系统称为模式语言。作为一种新的规划与建筑设计方法理论体系，建筑模式语言理论抓住了城市和建筑设计的根本，能够指导人们建造有活力的城市和建筑，改变当前现代建筑使用的粗野而且支离破碎的语言的窘境。

1. 形成期

1964年出版的《形式合成纲要》由C·亚历山大在哈佛大学的博士论文精简而成，是其最重要且最常被引用的著作之一，作为城市与建筑设计领域将设计方法科学化、系统化的标志性著作，C·亚历山大针对当代设计仅凭直觉把握，而没有找到类似传统的设计方法把问题内涵表述出来进行解决的困境，创造性地将现代数学工具及逻辑学理论研究成果引介到建筑学研究当中，试图建立一套简单、理性的城市与建筑设计方法，为探索城市与建筑设计复杂性理论迈出了第一步，形成了建筑模式语言理论的最初思想，奠定了C·亚历山大早期学术思想基础，也为寻求科学、理性的城市与建筑设计方法开辟了新方向。1965年，论文《快速中转站的390个“要素”》[53]发表，C·亚历山大开始应用子系统分解系统的方法解决建筑设计问题，这一尝试为建筑模式语言理论奠定了方法基础，“模式”的概念呼之欲出。1966年，《街道模式》发表，“模式”的概念被清晰地提出。“模式语言”方法的应用，鼓励使用者的参与，通过建造经验的分解及重组利用，解决复杂空间营造的课题。C·亚历山大以“模式语言”的设计方法反思了现代建筑的设计流程与方法，批判建筑设计与房屋建造、日常生活以及使用脱离的现象[54]。C·亚历山大20世纪60年代从事理论研究的主要著作及论文有《形式理论与创造》（1965年）、《城市并非树形》（1965年）、《从一组作用力到一个形式》（1966年）、《发生系统》（1967年）、《亚文化群的镶嵌图案》（1969年）等。同时期他还从事了少量实践工程，如印度古吉拉特邦贝村总体规划及村落学校设计（1962年）、美国康涅狄格纽海文院落住宅设计（1963年）、美国纽约某综合服务中心（1968年）、利马试点工程（1969年）等工程项目。

2．成熟期

为深入系统地开始建筑模式语言理论的研究、实验，C·亚历山大于1967年在加州大学伯克利分校组织建立了“环境结构中心”（CES–the Center of Environment Structure）。1975年，C·亚历山大组织俄勒冈大学的师生参与该校尤金校区规划的“模式语言”制定，成果汇编为《俄勒冈试验》[55]（*The Oregon Experiment*）[56]。1977年，《建筑模式语言》[57]（*A Pattern Language*）[58]一书出版，该书以城镇模式、建筑模式、构造模式三个大类，分别阐述了建成环境生成所需要遵循的253条“模式”。1979年，《建筑的永恒之道》[59]（*The Timeless Way of Building*）[60]一书出版，它是基于众多实践和前期理论研究的哲学总结，是C·亚历山大建筑思想最终的纲领性文件。《建筑的永恒之道》《建筑模式语言》《俄勒冈实验》是有关建筑模式语言理论体系有名的三部曲著作，从设计哲学，到设计方法论，到设计实践都进行了详尽的阐述。

1）《建筑的永恒之道》是《建筑模式语言》的实践和渊源，为使用“模式语言”提供理论基础。描述了规划和建筑的一种理论，从根本上说，该理论是古老的、前工业的传统方法的一种现代的、后工业的解释，这一方法几千年来形成了世界上最美丽的城镇和建筑。[3]436

2）《建筑模式语言》是《建筑的永恒之道》的原始资料集。C·亚历山大按照范围从大到小的顺序，提出了253条描述城镇、建筑、构造三大分类的各种详尽的原型“模式”，为其现象学即经验主义的设计方法提供实践指南。253条模式作为一个整体，作为一种语言，掌握了它就可以随心所欲地“写文章”，创造出千变万化的建筑组合，无论是谁，都可以利用它来改进自己的城镇、邻里，或设计出脱俗不凡的建筑。[61]

3）《俄勒冈实验》是通过详尽的细节解释如何实现建筑模式语言这一设计理念的第一本书，描述了将建筑模式语言理论应用于社区设计的实际方法，是典型地区应用模式的实验报告，以检验理论与方法的实效。

这期间C·亚历山大尚有其他重要著作及论文，如《人性城市》（1970年）、《环境结构的原子》(1971年)、《设计方法论的驳斥》(1971年)、《人性有机建筑系统的创造》(1972年)、《建筑师充当承建商》(1977年)等。同时期他还从事了一些实践工程，如瑞典迈什塔镇总体规划（1971～1974年)、伯克利的住宅(1973年)、西班牙加那利群岛富埃特文图拉岛旅游胜地的总体规划(1974年)、西班牙马拉加旅游开发规划(1974年)、墨西哥住宅(1975年)等。

3. 发展期

C·亚历山大20世纪80年代之后出版的著作，均是结合对具体实例的分析、研究，进一步展开及阐述建筑模式语言理论，如《住宅制造》(1985年)、《新建筑草图》(1985年)、《会战：系统A与系统B间历史性的冲突》(1985年)、《城市设计新理论》(1987年)、《秩序的本质》(1989年)等。实践方面，1980年设计建造的奥地利多瑙河岸的林滋咖啡馆，被C·亚历山大视作“这是第一座成功实现了我著作中提出的几乎全部意图的建筑”。1981年11月至1985年4月间，C·亚历山大在日本设计建造的盈进学园(the New Eishin Campus)东野高中，是建筑模式语言理论的最大实验，其建造过程遵循了盈进学院师生共同制定的建筑模式语言，校园尺度亲切近人，建筑装饰采用地方材料，建筑设计自始至终有使用者参与，校园环境有机、秩序井然，局部与整体达到完美平衡(图3.1)。

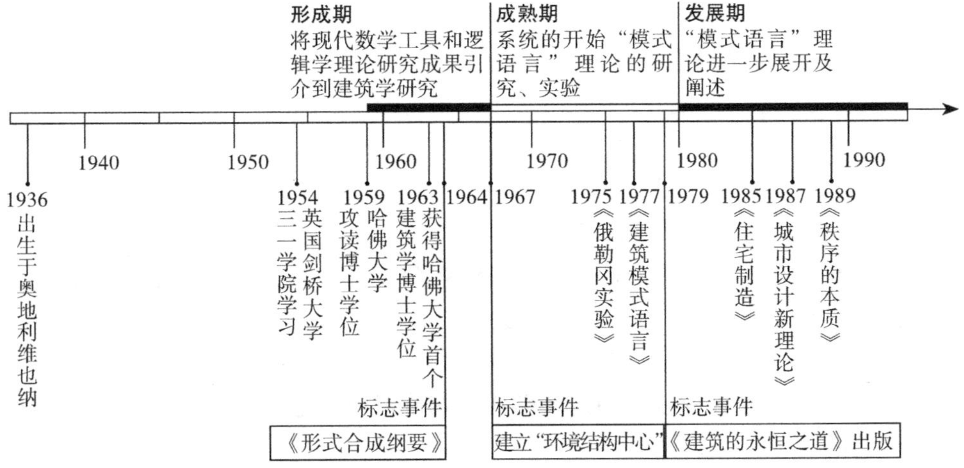

图3.1 C·亚历山大的学术思想发展历程
(来源：根据相关资料自绘)

3.2.2 C·亚历山大的认识论

C·亚历山大建筑理论的中心点便是模式语言的思想，建筑模式语言理论体系的建立是以C·亚历山大对城市和建筑的认识论为前提的。

1. 每个设计问题研究的内容是什么?

我们知道设计的最终产物是形式，形式是我们控制世界的部分。C·亚历山大认为，每个设计问题都是从努力使问题的形式和它的文脉之间达到相互适合开始的，形式是对问题的解答，文脉限定问题的界限。[3]431换句话说，我们说到设计时，讨论的真正目标不仅仅是形式，而是一个包含有形式和文脉在内的整体。

2. 如何才能找到一种使设计问题的形式与之文脉达到良好适合的来源呢?

C·亚历山大在《城市并非树形》一文中谈到，今天，人们越来越充分地认识到，在人造城市中总缺少着某些必不可少的成分。同那些充满生活情趣的古城相比。现代人为地创建城市的尝试，从人性的观点而言，是完全失败的。建筑师们自己也越来越坦率地承认，他们事实上更乐于生活在老的建筑中，而不是住在新大楼内。无艺术爱好的一般公众，非但没有感谢建筑师们的创造性活动，相反，而是把比比皆是的现代建筑和现代城市的冲击视为世界正在走向毁灭的一个不可避免、很可悲的巨大现实。[62]C·亚历山大从自然发生的原始文化入手进行了研究，他把原始朴素的文化称为自然文化，而把我们的文化称为人为文化。[3]432在这两种文化中，建筑的方法有着明显的差别。我们的文化对于它的建筑、艺术和工程具有强烈的自我意识，这有别于缺少自我意识的雏形文化。自然文化中没有“建筑”或“设计”这样的概念，建筑是每个人适应当时、当地文脉，缺少自我意识的自然发生的事情；人为文化中建筑开始变成一件人为从事的事情，人们开始意识到要去“建筑”、去“设计”，随之建立了建筑规则，出现了有个性的建筑师，建筑中很清晰的公式化的概念代替了以前自然的东西，人为文化中建筑开始具有强烈的自我意识，不再是自然发生的事情，有别于缺少自我意识的自然文化。

通过考察英国大学校园、意大利山城、希腊村庄、东方寺院等传统乡土建筑与随处可见的现代建筑，C·亚历山大发现：现在复杂约束条件下的人为文化中人为过程创造的建筑形式不如昔日简单约束条件下的自然文化中自然过程创造的建筑形式那么良好适合。

3. 为什么现在人为过程创造的建筑形式不如昔日自然过程创造的建筑形式那么良好适合呢?

粗略地说，原始形式之所以适合是因为它经历了一个逐渐适应的过程——这样的形式经历了数个世纪一系列断断续续却持久的校正而逐渐地适合于它的文化。[3]433也就是说，自然过程有一个自我调节、自我组织的结构，一旦出现不合适，人们便很快做出反应，加以改进，始终如一地创造出完整适合的形式。而在人为过程中，昔日自然文化中允许有充足时间做出择优和调整的过程已经严重地消失了，当一个调整刚刚开始，文化已经先行一步了，并且使调整又朝着一个新的方向，现在人为文化发展得如此迅速以至于使调整不能与之并驾齐驱。

4. 如何才能找到一种使人为过程创造的建筑形式与之文脉达到良好适合的方法呢?

C·亚历山大虚设形式创造过程中存在一个活跃的系统，它的变量是形式和文脉之间很好适合必须满足的条件，它的相互作用是将变量互相联结起来的因果联系。[3]433昔日简单约束条件下的自然文化中的变量少而简单，在简单条件下创造的建筑形式具有良好的质量；现在复杂约束条件下的人为文化中的变量要比自然文化中的变量数量多得多、复杂得多，在复杂条件下创造的建筑形式谬误百出。因此，认识在简单条件下如何产生具有完整如一的建筑形式的过程，有助于帮助我们解决如何在复杂条件下产生良好适合的建筑形式。

在人为文化中，我们可以把这种复杂的变量分解开来，把相互紧密关联的变量结合起来形成一个个相互关联，但却具有相对独立性的、能进行自身调节的子系统（也就是后来的“模式”），这每一个子系统类同于自然文化中的状态，即在简单条件下的设计问题容易解决，我们可以通过这一系列子系统的解决来合成最终的形式，这就是C·亚历山大的设计哲学思路（图3.2）。

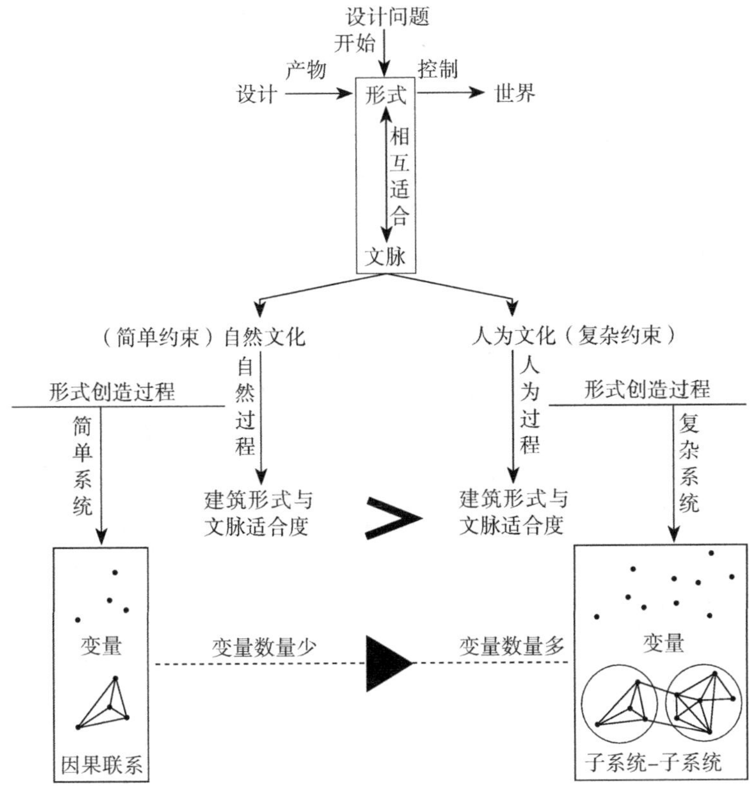

图3.2　C·亚历山大的设计哲学思路

3.2.3 解体的设计方法

C·亚历山大尝试通过理性的程序找到一种满足人类需求的复杂系统的建筑生成理论。他把现代数学的图式理论、集合理论以及计算机方法引介到建筑学研究中，将规划和设计的问题分解成一系列相互关联的但却具有相对独立性的子系统，通过既能解决设计问题，又能几何地概况设计变量物质内涵的建设性图解的方式将其完善，然后反过来将完善的子系统重新组合成基本“模式群”来合成形式（图3.3）。

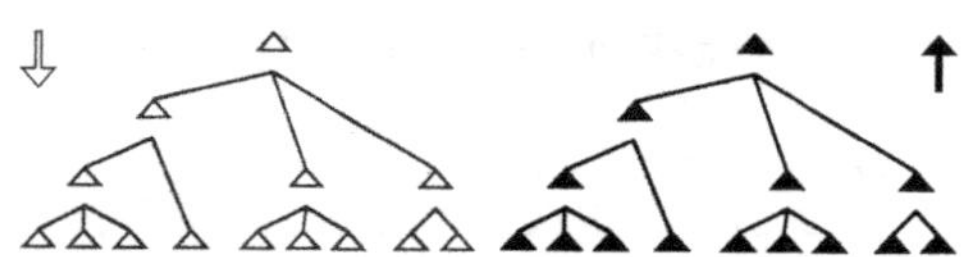

图3.3 文脉的分解与图解的综合

（来源：Christopher Alexander. Notes on the synthesis of Form. Harvard University Press, 1964:82.）

例如，在“印第安600人村落研究”中，C·亚历山大采用解体法把设计问题的变量结构分析清楚，再将之转化成设计图解就已经非常有助于解决设计问题了。首先，C·亚历山大通过观察问题文脉做出了一份详尽无遗的设计要求表，共列出了村落规划设计的141项基本需求，如“希望有庙宇”“相同种姓的人希望在一起并与其他种姓分开，不在一起吃喝”等，这些设计要求就是问题的最小组成部分，也就是设计变量；其次，C·亚历山大借用以图论为基础的计算机方法提出了一种评价设计变量组合方式的优劣标准的数学公式，根据村落规划设计的141项设计变量间的相互关系，将其分组成相对独立的12个组团，并将这12个组团分类成A、B、C、D四个更大的集合，这样，一个印第安600人村落的规划设计问题被解体为一种树状的设计要求等级结构；再次，从已知的树状结构中最小的组团开始，做出既能描述设计问题、设计文脉，又能几何地概况设计变量物质内涵的建设性图解，然后把这些最简单的图解根据树状结构次序进行组合调整以形成组团的图解；最后，将组团的图解综合做出整个村落的设计总图解（图3.4）。

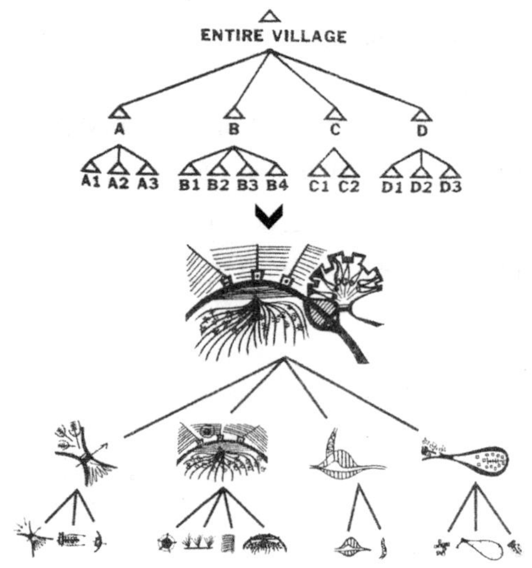

图3.4 印第安600人村落研究

（来源：Christopher Alexander. Notes on the synthesis of Form. Harvard University Press, 1964:151–153.）

3.2.4 模式语言的设计方法

C·亚历山大从几千年来使传统城镇和建筑美丽、充满活力的形成方法入手，结合现今的设计实践需求，企图对这一古老的、工业社会以前的、传统的方法作一现代的、后工业的解释，以形成规划和建筑的一种新的理论，改变使用现行方法创造的现代城市和建筑使人丧失了方向感、认同感和归属感的不良状况。

1．永恒之道

C·亚历山大指出，有一条永恒的建筑之道。以致靠了它，你可以在世界上建造能与你所看到的任何地方媲美的建筑；以致靠了它，许多人可以共同创造一个生机勃勃、悠闲自在的城市，一个与历史上任何城市一样美好的城市。[59]7永恒的建筑之道是C·亚历山大认为使传统城市和建筑充满生命力的、充满活力的、生气勃勃的内在基因，这一永恒的方法已存在千年，并适用于今天，以致于一旦受控于这条永恒的建筑之道，我们都将会有能力，通过我们极其普通的活动，使我们的城市和建筑美丽，并充满生机勃勃。

2．无名特质

C·亚历山大指出，为了探求永恒之道，我们首先必须认识无名特质。[59]15在我们自己的生活中，追寻这种特质是任何一个人的主要追求，是任何一个人经历的关键所在，它是对我们最有生气的那些时刻和情境的追求。[59]31C·亚历山大认为无名特质是一种无法用词语表达，但却客观存在于任何东西之中，使得动物或人都忠实于自己内在之力使之自身和谐的最基本的特质，因此，建造城市和建筑的最终目标就是要产生无名特质，而建造的过程就是追求无名特质的过程。C·亚历山大提供了其周围的七个名词作为媒介，希望能够有助于掌握这一特性，它们是，有生命力的、完整的、舒适的、自由的、严谨的、非主观的、永恒的。

3．模式

C·亚历山大通过一系列人文的和非人文的事件说明，我们生活的全部特征是由那些在那里不断重复发生的事件和情境的特质所赋予的，我们的生活没有一个方面不被这些事件和情境支配，因此，一座建筑物或城市的基本特质是由那些不断重复发生在那里的事件模式所赋予的。

活动和空间是不可分的，任一活动总是固定于空间之中，空间支撑了活动，因此，任何一个事件模式不能与它所发生的空间相分离。实际上，每一座建筑物或城市从根本上是由一些无尽重复的具有物理几何形式的空间模式而非其他所构成，这些模式是构成建筑或城市的原子和分子。

综上所述，一座建筑物或城市中支配生活的不断重复的事件模式总是同空间模式相连接的，事件模式决定空间模式，空间模式是允许事件模式出现的先决条件和必要条件。空间与发生在空间中的事件，即空间模式与事件模式是不可分割的，两者形成一个单元，组成一个模式——一个活动和空间的统一模式。

由此可见，一座建筑物或城市归根结底是一系列相互作用的，相关联的，包含空间模式和事件模式在内的模式的集合，它们都是具有深刻含义的建筑原型，深深扎根于事物的本质之中。

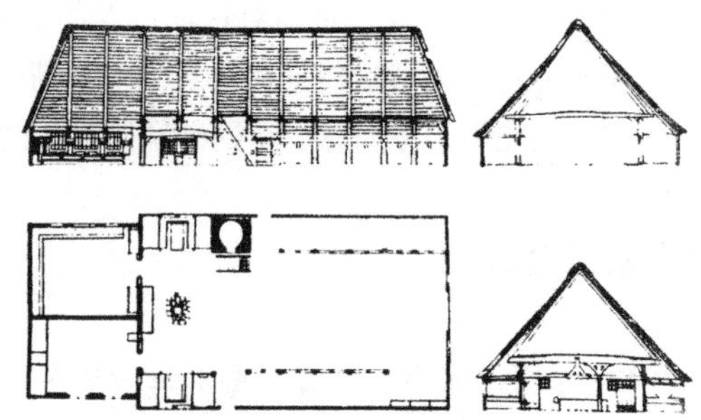

图3.5 奥斯登菲尔卡顿

（来源：[美]亚历山大著. 建筑的永恒之道[M]. 赵兵译. 北京：知识产权出版社，2002：197.）

C·亚历山大所谓的模式是用语言来描写在我们环境中一再反复发生的、与活动一致的场所形态，它同时包含了空间模式与事件模式（或者说形式模式与行为模式，在早期，C·亚历山大称为形式图式与需要图式）在内。模式的特点在于它既抓住了发生在那里的事件的特点，又抓住了承载这些事件发生的空间的物理几何形式。

每个模式通常由三部分构成：关联→作用力系统→图示。

以一个漂亮的旧丹麦住宅——奥斯登菲尔卡顿为例，这个住宅模式由三部分构成（图3.5）。

关联：凹间适应于美国和西欧所有大家庭住宅的起居室。[59]199

作用力系统：首先，家庭每一成员有自己的个人爱好——缝衣、木作、模型制作、家庭作业，这些活动要求某些常用的东西按照某些特定方式进行放置；其次，住房中公共场所必须保持整洁，不仅方便接待来客，还可以增加家庭的舒适和便利；最后，一家人做这些不同的事情时，会喜欢在一起。[59]198

图示：凹间敞向公共空间，凹间中有座位，各凹间足以容纳一两个家庭成员。[59]197

C·亚历山大归结的关联、作用力系统和图示可依次理解为模式的外部关联、问题的界限和对问题的解答。

4. 模式语言

C·亚历山大指出，为了达到无名特质，我们接着必须建立一种有活力的模式语言作为大门。[59]121人们可以使用那些我称作模式语言的语言来形成他们的建筑，而且行之已久。[59]131

从数学的观点看，最简单的语言是一个包括两个系列的系统。[59]144

1）一系列要素或符号；

2）组合这些符号的一系列规则。

基于由一系列符号和规则所构成的逻辑语言系统，参照由给定联系的语法和意义之规则组织的一系列若干词所实现的像英语一样的自然语言系统，它允许我们创造变化无穷的词的一维组合，即句子的系统。C·亚历山大提出城市和建筑的模式语言乃是由一系列模式按照指定模式间联系的规则组成的更为复杂的系统，它允许使用者创造那些我们称为城市和建筑模式的无尽的三维组合。

自然语言	模式语言
词	模式
给定联系的语法和意义之规则	指定模式间联系的模式
句子	城市和建筑

语言的结构通过单个模式相互联系的网状组织而产生。当语言在形态上和功能上完满的时候，当语言限定的模式系统能够充分允许所有内力自己解决时，当语言中所有单个模式完满时，它就是一个能够使某种东西完整的好的语言。例如，一个花园的"模式语言"可以呈现为以下网状结构，其中每一模式都有同其他模式相连的自己的位置（图3.6）。

一旦我们理解了如何发现单个有生命力的模式，便可以对那些我们面对的任一建筑任务制定我们自己的语言。语言的结构通过单个模式相互联系的网状组织而产生。从一系列相互联系并按照一定顺序排列的充满活力的单独的模式出发，整个富有自然特征的完整的建筑物会在你的思想中自然地形成，就像形成句子那么容易。以同样的方式，几组人可以通过遵循一个共同的模式语言设计一个大型的公共建筑。一旦建筑像这样被构想出，人们就可以再次运用这种共同的模式语言，在大地上标出一些简单的标记，不用图纸，直接地建造。最终，在共同模式语言的体系中，数百万计的单独建筑活动会合在一起，能够产生一个有生命力的、完整的和无法预言的城市。随着城市整体的形成，我

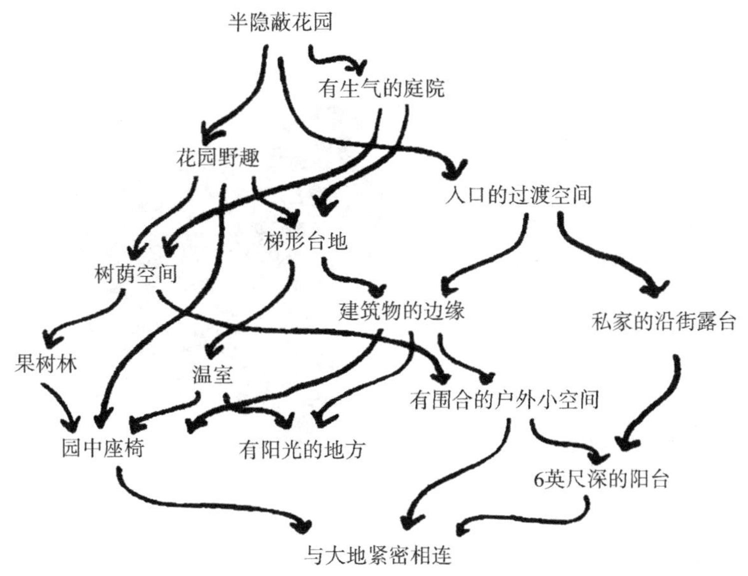

图3.6　一个花园的模式语言

（来源：［美］亚历山大著．建筑的永恒之道［M］．赵兵译．北京：知识产权出版社，2002：244.）

们将看到它具备了赋予永恒之道其名的那个超时代的特质。

C·亚历山大以意大利有活力的城市街区为例，按照从小到大的顺序列举出意大利南郊石屋的建筑模式语言、城市街区的城市模式语言，来说明模式语言不仅帮助人们使他们的住房成形，而且也帮助他们正确地使他们的街道和城市成形。

方形的主室，约3m×3m	主要圆形穹顶	两级踏步的主要入口
锥顶之中的小拱	主室分岔的小间	锥顶部的白粉饰
房间之间的拱	白粉饰的前坐（图3.7、图3.8）	

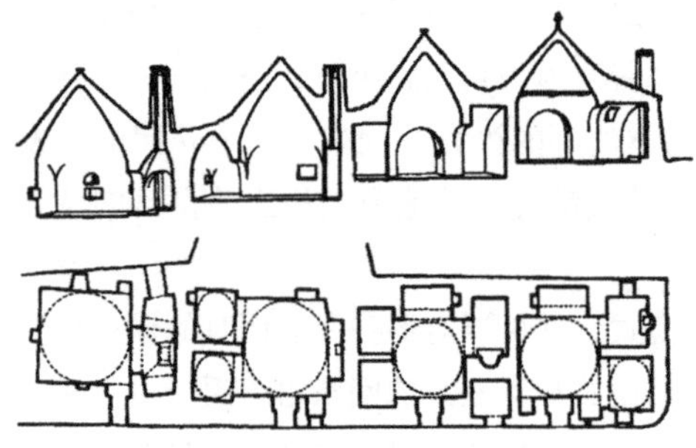

图3.7　建筑模式语言产生的简单的房子
（来源：[美]亚历山大著．建筑的永恒之道[M]．赵兵译．北京：知识产权出版社，2002：147.）

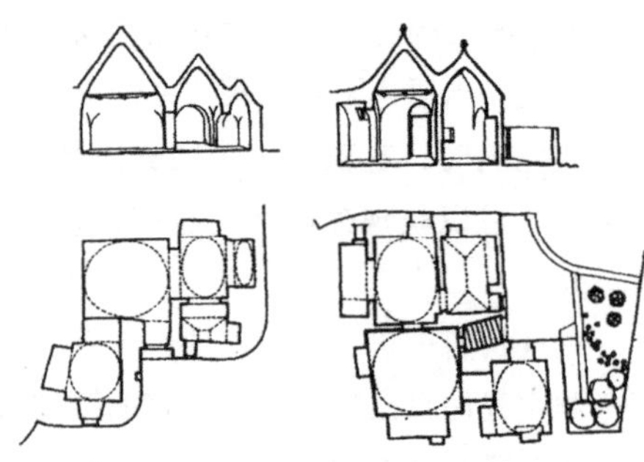

图3.8　建筑模式语言产生的复杂的房子
（来源：[美]亚历山大著．建筑的永恒之道[M]．赵兵译．北京：知识产权出版社，2002：148.）

窄街道	相连的建筑	街道的分支
交汇处的公用井	前门平台	街道中的台阶（图3.9）

5. C·亚历山大所建立的模式语言

C·亚历山大在《建筑模式语言》一书中总共提炼出253条模式，这些模式是按从大到小的顺序排列的，每一个模式与语言都与它上一级出现的某些较大的模式有关，同时又与语言中它下一级出现的较小的模式有关，它们是《建筑的永恒之道》所不可缺少的。

253条模式中每一模式都描述了一个在我们的环境中一次又一次发生的问题，然后描述了解决这一问题的核心。这些模式中，每一解答给出了解决问题所需要的基本结构关系。每一模式都是用语言来描写

图3.9　城市模式语言产生的有活力的城市
（来源：[美]亚历山大著．建筑的永恒之道[M]．赵兵译．北京：知识产权出版社，2002：148.）

与活动一致的场所形态，它同时包含了事件模式与空间模式在内。它们试图在每一解答中抓住成功解决这一问题的所有地方普遍存在的不变的特性，它们都是具有深刻含义、深深扎根于事物本质的建筑原型。253种模式针对的范围从大到小：最大的一些涉及区域的结构，像城市的分布和城市的内部结构等；中间范围的模式涉及建筑、花园、街道、房间的形状和活动；最小的模式讨论组成建筑必要的实际的物质材料及结构，如柱、穹顶、窗子、墙和窗台等的形式，甚至装饰的特征。这些模式按照从大到小的顺序被划分为"城镇模式"（94条）、"建筑模式"（110条）、"构造模式"（49条）。这种序列的最重要之处就在于它是以各模式间的相互关系作为基础的，每一模式有助于完善它上面那些较大的模式，同时它又被其下面那些较小的模式完成（图3.10）。

1）城镇模式

C·亚历山大提炼出的94条"城镇模式"是处理环境中的大尺度结构的：城镇和乡村的发展、各种道路的布置、工作与家庭之间的关系、邻里内合适的公共机构的建立以及支持这些公共机构所需的各种公共空间。这些模式绝不可能一下子"被设计"或"被建造"出来，而是由那些能够承担起逐步形成的"世界之一角"责任的建筑行为逐步地、有机地、自然而然地应运而生。

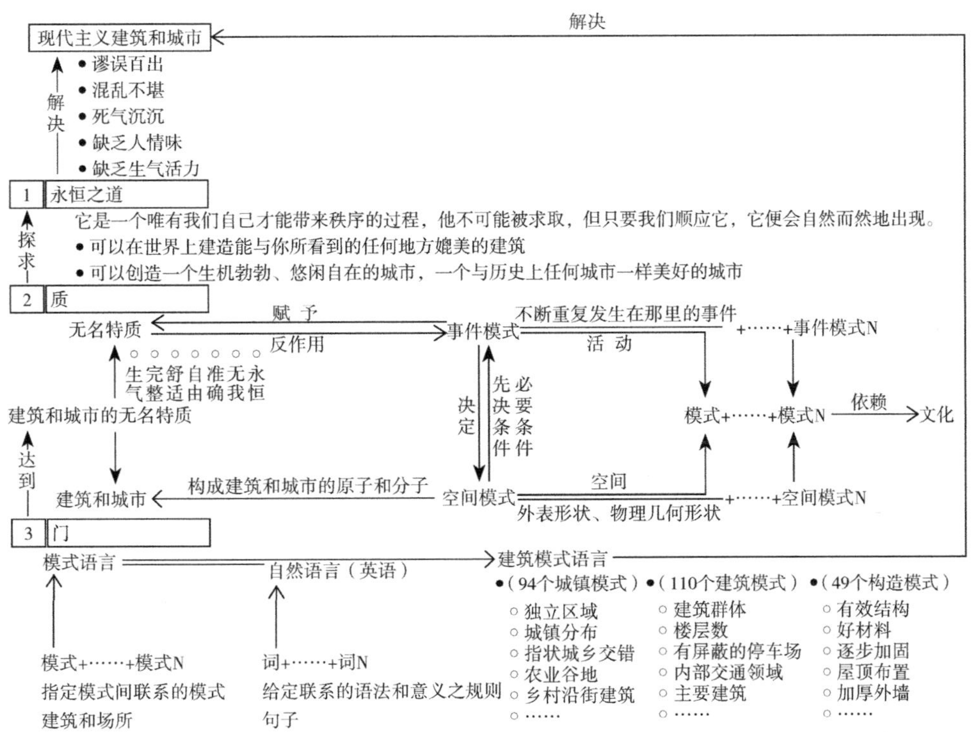

图3.10　建筑模式语言理论体系框架

2）建筑模式

C·亚历山大提炼出的110条“建筑模式”是从三度空间上赋予许多建筑群和个体建筑物以不同的形状。这是一些能够被“设计”或“建造”的模式，即规定个体建筑物与各建筑物之间空间的模式。如果你已遵循提供的模式，那么你就会有一副空间草图，或者是用桩在地面上标出的，或者是在纸上标出的，其精确性几乎分毫不差。你知道了房间的高度，门和窗的大致尺寸和位置；你也粗略地知道了房屋的屋顶是怎么一回事，以及花园是如何布置的。[57]37-39这些模式是个人或少数人能够支配的，这些人能迅速构建这些模式。

3）构造模式

C·亚历山大提炼出的49条“构造模式”意图是为那些已经成为机器时代和现代建筑遗产的专家主宰一切的、刻板的施工方式提供一种可供选择的途径，它们告诉我们如何直接建造一幢真实的住宅以及如何建成它的详见的细节。这部分的模式是模式语言中最激动人心的部分，它们比“城镇模式”“建筑模式”都要更具体，每一模式都阐述了结构的原理和材料的性质，语言的序列几乎可以完全符合在基地上实际施工的顺序，我们能够生动地看到在这些模式影响下呈现在我们面前的名副其实的建筑。

3.3

建筑模式语言理论的适应性分析

3.3.1 建筑模式语言理论的启示

1. 模式的提炼、语言的结构为我们提供了一种解决复杂系统建筑问题的设计方法

建筑模式语言理论是一套成熟的，具有完整性、系统性、一贯性的关于解决城市和建筑设计矛盾的现代理论体系；是一套错综复杂的，由众多相互联系且具有一定独立性的“模式”通过相互联系的网状组织形成的一套充满活力的模式集合的整体系统。著名建筑理论家C·詹克斯（Charies Jencks）曾在《现代建筑运动》一书中评论C·亚历山大“城市并非树形”：由于这一新的设计思维和设计方法的诞生，现在，至少在理论上已可能解决丰富而复杂的城市问题了。[63]著名建筑理论家T·伍德（Tony Ward）将《建筑模式语言》一书喻为建筑设计领域中的“圣经”：该理论不仅为设计提供了一个理性的基础，而且也为历史与传统的研究提供了一种新的途径与方法——即将人类学的研究成果整合为模式（建筑物或场所的元素）的方法。[64]美国的《建筑设计》（Architectural Design）杂志宣称：每个图书馆、每所学校、每个环境设计组织、每个建筑师、每个一年级的学生，都应该拥有一本。[65]堪萨斯州立大学格次及西蒙认为，“模式语言”增加了建筑系学生的理解能力，其空间、活动和形式的“模式”帮助学生看清了环境，他们的学生运用“模式语言”在阿肯色设计建造了称作“草地湾”的环境教育中心，学生们认为，“模式语言”易于甲方理解，允许讨论需要及价值，特别有助于拟定任务书，并提供检查设计满足使用者要求与否的好办法。[66]

C·亚历山大尝试将复杂的人居环境体系分解成一个个相互联系但却又具有相对独立性的有生命力的模式——即某一特定的行为系统和某一特定的物质环境的关系存在一种理性状态或终极，也就是说，每一个模式都是用语言来描写与行为一致的物质空间形

态，它同时包含了事件模式与空间模式在内。众多单个有生命力的模式相互联系的网状组织形成一套充满活力的模式语言，其聚居而成的建成环境是对自下而上聚落生长模式的模拟和再现，能够引导我们自然而然地去实践人居环境的永恒之道。

模式作为语言的构成单位，作为永恒之道中重要概念“门”的具体存在状态，当我们有了正确的语言秩序时，我们可以一次一个、独自集中于每一个模式，并给予每个模式令人惊奇的、富有活力的强度。从一系列单独的模式出发，整个富有自然特色的完整的建筑物会在你的思想中形成，就像句子一样简单地自我形成。模式本身是非常重要的，是解决问题的基础。

因此，我们可以通过模式语言这一理性的方法将土族复杂系统的建筑问题分解成一个个相互联系却具有相对独立性的人们容易掌握突破、可以运用自如的众多模式，通过每个简单模式设计问题的突破以解决土族建筑的在文化传承问题、质量问题、生态问题等方面的困境，模式缩小了设计者有限能力与他所面临的复杂任务之间的鸿沟。

2．历史与传统的研究有助于我们抓住复杂系统建筑问题的本质，能够帮助我们掌握具有深刻含义的建筑原型

面对现代城市和建筑谬误百出的情况，C·亚历山大选择从历史与传统入手进行分析、研究，通过寻找使传统城镇和建筑美丽、充满活力的形成方法，找到一种满足人类行为的复杂系统的建筑生成理论，为现代的规划和建筑设计思想提供一种新的设计思维，以达到改变现代建筑不良状况的目的。

《建筑模式语言》一书中所提出的253条模式汇编成的建筑模式语言，是一套基本设计图汇编，每一个模式都是在历史性的、地方性的原型环境的基础上提炼而成的各类物质环境的具体形式，饱含着深刻含义的建筑原型。充分地掌握并运用它们，不仅有助于人们站在已有建筑文化高度的台阶上起步，而且能够帮助人们有能力创造出千千万万种形式的这样的区域，并在所有的建筑细节上，使之呈现出无穷的多样性，大大提高了人们的思维效率，有利于创新与突破。

因此，清晰地、准确地掌握传统的形制，深知其产生过程的内在逻辑，同时总结优秀的传统模式，有助于帮助我们抓住良好设计的本质，正确指导我们处理复杂系统建筑问题中历史、传统的保护和继承。

3．时代特征的研究有助于我们解决建筑的时代适应性问题

有必要根据实际发生在那里的真实事件随时改变建筑[59]367。在任何环境的生活中，每一阶段都有一个特定于那个生活时刻的整体；修整的概念既解释了我们如何弥补过去的缺陷，同时也解释了如何可能创造和重新创造世界，以便许多建造行为的合作在其每一历史时期按顺序也创造完整、生动的整体——这一整体在修整过程中，总是被一个再

次在下个修整阶段重新修整的更新的整体所代替。[59]372

C·亚历山大认为，每个设计问题都是从努力使问题的形式和它的文脉之间达到相互适合开始的。工业社会以前的传统建筑物和城镇之所以是美丽的，充满生命力的，是因为它经历了一个逐渐适应的过程——这样的形式经历了数个世纪一系列断断续续却持久的校正而逐渐地适合于它的文化的过程。

结合现今的设计实践需求，C·亚历山大企图对这一传统的方法作一现代的解释，即构成建筑模式语言的众多"模式"中的空间模式需要努力去适应文化限定了的事件模式。也就是说，当文化伴随时代的变化而发生变化的时候，我们需要对不再适应因时代发展、变化而产生的新的事件模式的传统空间模式进行必要的修整和改进，以使更新过的传统空间模式适应新的事件模式，由此可见，C·亚历山大建立的"模式"具有时代特征。

因此，恰当、合适地了解时代的特征，合理、有效地修整不再适合新时代需求的传统模式，探索符合新时代需求的现代模式，两者有效结合，有助于帮助我们正确应对复杂系统建筑问题的发展、创新。

3.3.2 建筑模式语言理论的反思

1. C·亚历山大的建筑模式语言是基于西方的自然环境、人文环境和建筑体系背景下产生的，因此，它们并不完全适合于在地理、历史、文化、传统等方面相左的土族地区的人居环境建设。如1981年11月至1985年4月间，C·亚历山大在日本设计建造的盈进学院东野高中，带有强烈的异国情调，其单体建筑的形式唤起了人们对德国以及北欧木制建筑的回忆，其中让人疑点较多的是那些紧收的屋檐：在日本，炎热、潮湿和多雨的气候要求有大的遮蔽起来的开口，这也是传统日本建筑的特点。亚历山大却忽视了这一最基本的自然特征。

由此可见，借鉴C·亚历山大的设计思维和设计方法，结合土族地区的自然环境、人文环境和建筑体系，探索符合土族文化环境下的土族建筑模式语言，至少在理论上已可能解决丰富而又复杂的土族建筑问题了。

2. C·亚历山大认为世界上大多美妙的场所不是出自建筑师之手，而是来自公众。C·亚历山大及其同事相信，如果城镇和建筑没有使用共同的模式语言，如果这些共同的模式语言本身不是充满活力的，如果城镇和建筑不由社会全体成员共同参与建造，那么城镇和建筑就不可能充满活力。C·亚历山大的建筑模式语言理论在设计应用的过程中否认建筑师的工作，他以公共伦理上的借口作为城镇和建筑充满活力的必要条件是一种空想，一种乌托邦，所以，建筑模式语言理论只在学术界更多受到推崇，而在实践中应用遇到了许多困难。正如A·拉本奈克（Andrew Rabeneck）的评论：模式语言不会像它应是的那样有效，它会被真正需要它的人避开。[67]迄今为止，除一些实验性工程外，如印第安600人村落研究、利马1500组团居住区规划设计竞赛、俄勒冈实验等，C·亚历山大的建筑模式语言理论并未广泛运用于实际工程。正因为此，许多反面意见都是针对C·亚历山大的建筑理论带有某种程度的理想化色彩的“乌托邦”思想，无法成为一种理想的、实用的设计方法。

从土族地区的实际情况不难发现，大量乡村社会中人们的文化水平有限，让他们潜下心来领会模式语言的精神是很难的，他们宁愿找一个现成的模子，交由技术成熟的工匠先盖起来，然后再修修补补。因此，由建筑师根据土族地区实际情况创造的土族建筑模式语言，传递给承担土族地区绝大部分乡村建设任务的工匠，由他们将其推广、普及，在很大程度上能够有效解决土族地区复杂系统的建筑问题。

3. C·亚历山大基于现代环境心理学中环境对人的行为的影响，强调人的需要，着重研究环境、行为、心理学等对建筑和场所中使人感到愉快的体验和令人感到痛苦的体验的因素，并且对将来如何再现令人愉快的体验和避免令人感到痛苦的体验提出了实际的建议。由此可见，C·亚历山大重点研究承载人们行为活动的物质空间环境，试图通过模式语言找到人们的体验与建筑的解决方法之间的协调，具有重大的进步意义。

然而，空间的形成离不开人们应用建筑材料并将之构筑成整体的创作过程和方法。结合土族建筑越来越凸显的民族文化传承问题、质量问题和生态问题可以看出，建筑材料、结构体系、建造技术的发展与变化是造成土族建筑发展过程中诸多问题的根本所在。因此，深入了解建筑材料的物理属性和感官属性，挖掘使之实现基本功能作用，并表达一定艺术和文化内涵的建造方式，是本书研究的重点。

4. C·亚历山大在《建筑模式语言》一书中提炼的253条模式，自始至终没有谈及经济因素，关于此，亚历山大认为相较于经济因素，对建筑本身基本构成方面的研究更为重要。然而，经济因素是制约建筑设计的一个重要方面，尤其在解决经济条件受限较严重的土族地区的建筑问题时，经济因素占有很重要的比重，直接影响建筑的落地。

3.4

建筑模式语言理论的土族化

3.4.1 土族建筑的语言系统

由文字、词汇、句子、语段、章节、文本组成的自然语言是一个发生系统，通过给定联系的语法、章法和意义之规则，指导我们如何将简单的文字组合成有意义的、千变万化的文本。因而，它不仅限定了确定情形中有意义的文本，而且给了我们需要创造这些文本的机制。换句话说，自然语言像种子一样，是一个生长系统，从一系列单独的文字出发，允许我们创造变化无穷的字的一维组合，产生适合于任一给定情形的文本。

类似于自然语言系统，土族庄廓的形成遵循自下而上语言组织的结构，由建筑材料、构造、构件、要素、单体、群落组成的庄廓语言系统，通过给定联系的构造方法、功能要求、艺术和文化之规则，指导土族人民如何将简单的建筑材料建造成具有一定民族性、时代性的庄廓群落（图3.11、图3.12）。

1．文字——建筑材料

建筑材料是庄廓得以实现的物质基础。通过对比土族传统庄廓、现代庄廓的建筑材料构成可以看出，土族传统庄廓由传统建筑材料——木材、黄土、土坯砖、麦秸秆、草泥和白棉纸所组成；土族现代庄廓由现代建筑材料——木材、红砖、水泥砂浆、瓷砖、涂料、钢筋混凝土楼板、黏土平瓦、水泥瓦、琉璃瓦、塑料薄膜、油毡、铝合金、玻璃、生铁所组成。

2．词汇——建筑构造

建筑构造是以建筑性能为目标，以材料性能和连接方式、过程为出发点，通过材料的连接、组合等手段完成建筑物的材料选择、构件组合、建造工艺、细部设计与艺术表现的全部过程，它解决建造的基础问题，为建筑创作的物化和细化提供依据和支撑。建筑构造的基本任务是根据建筑物的使用要求、空间尺度和客观条件，综合各种因素，正确选用建筑材料，然后提出符合经济、适用、美观、坚固和合理的最佳构造方案，以便提高建筑物抵御自然界各种影响的能力，延长建筑物的使用年限。土族传统庄廓的建筑构造由梁架承重结构构造、平土屋面构造、夯土院墙构造、土坯外墙构造、隔扇木门构造、板门构造、平开木窗构造组成；土族现代庄廓的建筑构造由屋顶承重结构构造、屋顶屋面构造、砖墙构造、铝合金门构造、铝合金窗构造、附加阳光间构造、生铁大门构造组成。

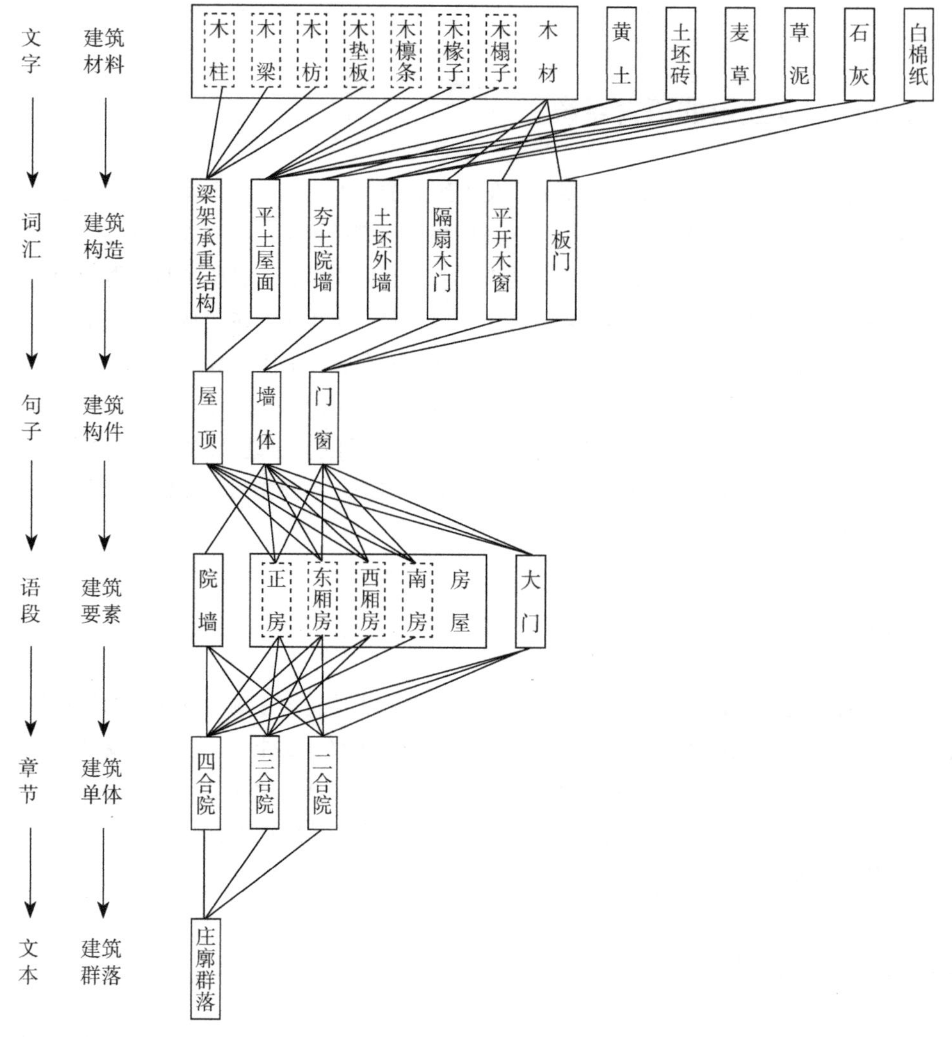

图3.11　土族传统庄廓的语言系统

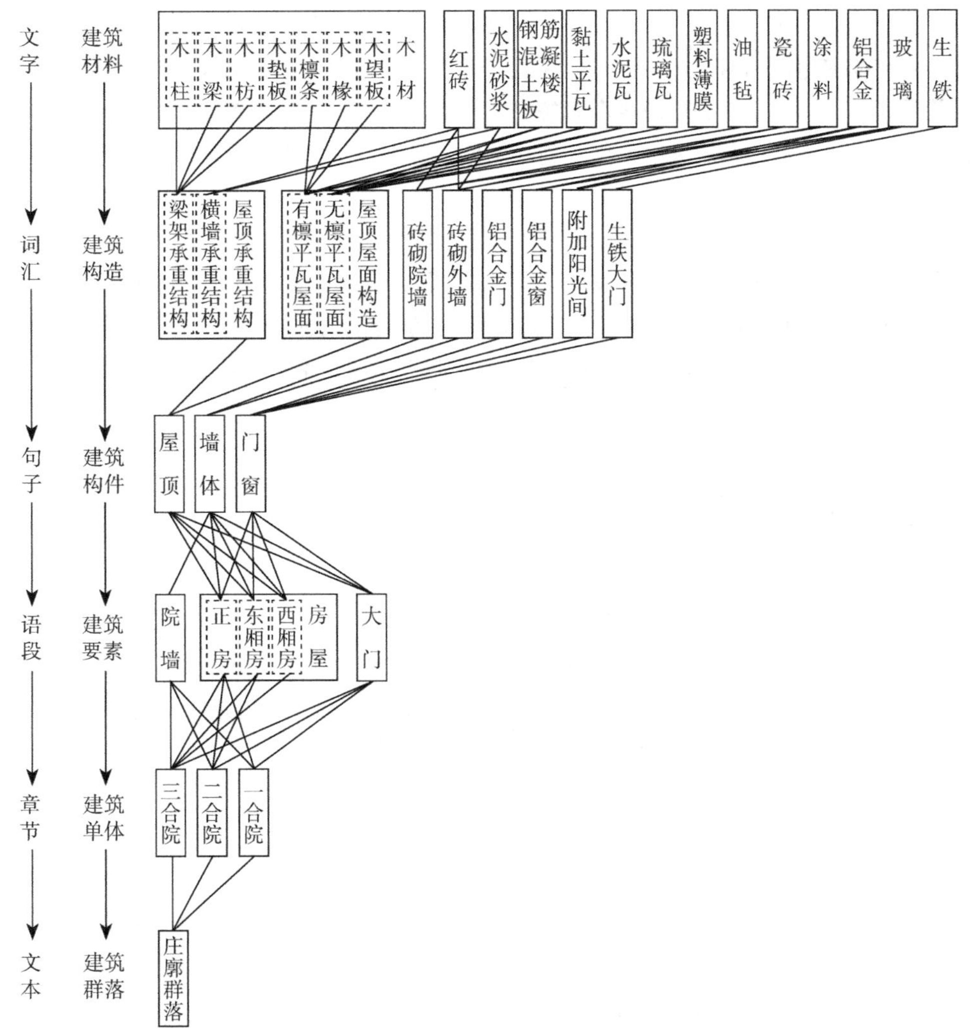

图3.12　土族现代装廓的语言系统

3．句子——建筑构件

通过解剖土族传统庄廓、现代庄廓的构成可以看出，它主要是由屋顶、墙体和门窗三大构件组成，这些构件依所处部位不同又有着不同的作用和要求。

1）屋顶——屋顶是庄廓水平方向的承重构件、围护构件和分隔构件。它由承重结构和屋面构造两部分所组成：承重结构部分主要承受庄廓屋顶的竖向荷载，并将这些荷载传递给木柱或墙体；屋面构造部分起着抵御、减少和延缓严寒、风沙、雨雪、日晒等外界自然因素对室内的侵袭和干扰。因此，屋顶必须具有足够的强度、刚度和防水、保温等能力。

2）墙体——墙体是庄廓垂直方向的承重构件、围护构件和分隔构件。作为承重构件，它承受着由庄廓屋顶传来的竖向荷载，并将这些荷载传递给基础；作为围护和分隔构件，墙体一方面抵御、减少和延缓严寒、风沙、雨雪、日晒等外界自然因素对室内的侵扰，另一方面起着分隔空间、组成空间、隔声、遮挡视线以及保证舒适环境的作用。

3）门窗——门、窗和附加阳光间是庄廓的围护构件、分隔构件。门主要供人们内外交通和分隔房间之用，并兼有采光、通风的作用；窗则主要起采光、通风以及围护、分隔作用；附加阳光间通过被动式太阳能技术，能够有效地抵御、减少和延缓严寒、风沙、雨雪等外界自然因素对室内的侵袭和干扰，提升房屋冬季的热舒适性，解决房屋冬季采暖保温的问题。

4．语段——建筑要素

土族人民以家庭为单元拥有属于自家的庄廓院，每户庄廓用院墙作为所属宅基地的边界。整个庄廓除入口大门外，院墙四周没有任何门窗洞口，院墙打好后，土族人民沿方形、封闭围合的院墙内部四面建房屋。院墙强调了私有空间的范围，周围的房屋衬托出“空”的院落。因此，土族人民建造庄廓的过程，实则就是利用院墙、房屋（正房、东厢房、西厢房、南房）、大门三个基本要素按照一定规律组合的过程。

5．章节——建筑单体

土族人民依据自家的经济条件、人口组成、使用功能等多方面的需求，结合传统风水信仰，遵循传统礼制等级思想，建造出的传统庄廓呈现出以下三种基本类型：四合院、三合院、二合院。

基于提升土族人居环境品质、改善居住生活质量的普遍的、强烈的物质诉求，土族人民偏爱使用现代建筑材料、建筑结构、建造技术的优势，对庄廓进行了现代化、城镇化更新，虽然在建筑构件、建筑要素方面发生了颠覆性的变化，但现代庄廓的形式基本延续了土族传统庄廓的合院式布局方式。随着现代生活功能空间向正房集中化的趋势，土族传统典型的四合院逐渐消失，三合院、二合院、一合院成为土族现代庄廓的普遍形式。

6．文本——建筑群落

土族每户人家都有自己独门独户的庄廓院，随地形变化而随高就低，若干个庄廓院共用围墙或毗邻而建形成庄廓群，若干个庄廓群通过户前主次巷道与打麦场、寺庙、宗教信仰标志相连成片，形成群落。

3.4.2 土族建筑的模式内涵

通过C·亚历山大建筑模式语言理论可知，每一模式都是用语言描述我们环境中一次又一次发生的某个问题的形式和它的文脉达到相互适合的过程，它同时包含了事件模式与空间模式在内。

通过对土族传统庄廓、现代庄廓的对比分析可以看出，以黄土、木材、草泥作为主要建筑材料的传统庄廓，随着红砖、预制钢筋混凝土楼板、黏土平瓦、铝合金、玻璃等现代建筑材料的推广普及，庄廓形式发生了颠覆性的变化。因此，建筑材料对于庄廓形式的发展有着重大的作用以及丰富的文化含义，在不同的历史时期，建筑材料都扮演着非常重要的角色，不同的建筑材料构成使庄廓呈现出各自鲜明的特色，反映出庄廓所承载的地域性、时代性特征，建筑材料是庄廓的物质组成，庄廓是建筑材料的诗意成果。因此，庄廓的地域性、时代性特质是由构成庄廓的材料模式所赋予的。

然而，建筑材料只有通过特定的建造方式实现某种基本的功能需求，并表达一定的艺术和文化内涵的构造形式才有其价值与意义，所以，每一庄廓根本上是由一些无尽重复的几何形式的构造形式之间相互联系的网状组织构成，而不是别的东西，构造模式是构成庄廓的原子和分子。

因此，庄廓中决定其地域性、时代性特质的材料模式总是同构造形式中一定几何形式的构造模式相连接的，材料模式决定构造模式，构造模式是允许材料模式出现的先决条件和必要条件。建筑材料与基于建筑材料实现的构造形式，即材料模式与构造模式是不可分割的，两者形成一个单元，组成一个模式——一个材料和构造的统一模式。它们都是具有深刻含义的建筑原型，深深扎根于庄廓的本质之中。

3.4.3 土族建筑模式语言的构成

土族庄廓归根结底是由一次又一次重复发生的，一系列相互作用的、相关联的模式的集合。语言作为一个发生系统，它给予众多模式以形成整体的力量。建筑模式语言的结构是由单个模式并不独立这样的事实产生的，它是以单个模式相互联系的网状结构作为基础的，到一定程度，这些模式就形成一个有机的整体。每一个模式既与语言中它前面的某些较小的模式相联系，又与语言中它后面的某些较大的模式有关。

本书将土族建筑模式语言分为建筑构件建构模式、院落空间组织模式和群落空间结构模式三种模式，它们是将土族庄廓一次又一次重复发生的建构问题以及解决该类建构问题核心的设计方法，通过形式图示按照从小到大的顺序总结成一套系统的语言体系，以便遇到此类问题时我们可以直接使用已经总结好的解决方法。土族人民从一系列相互联系的单独建筑构件建构模式出发，并按照一定的语言顺序组织它们，整个庄廓就像形成句子那样容易地产生，以同样的方式，成群的人通过遵循一个共同的模式语言，能够在大地上得到较大空间尺度环境下的庄廓群落（图3.13）。

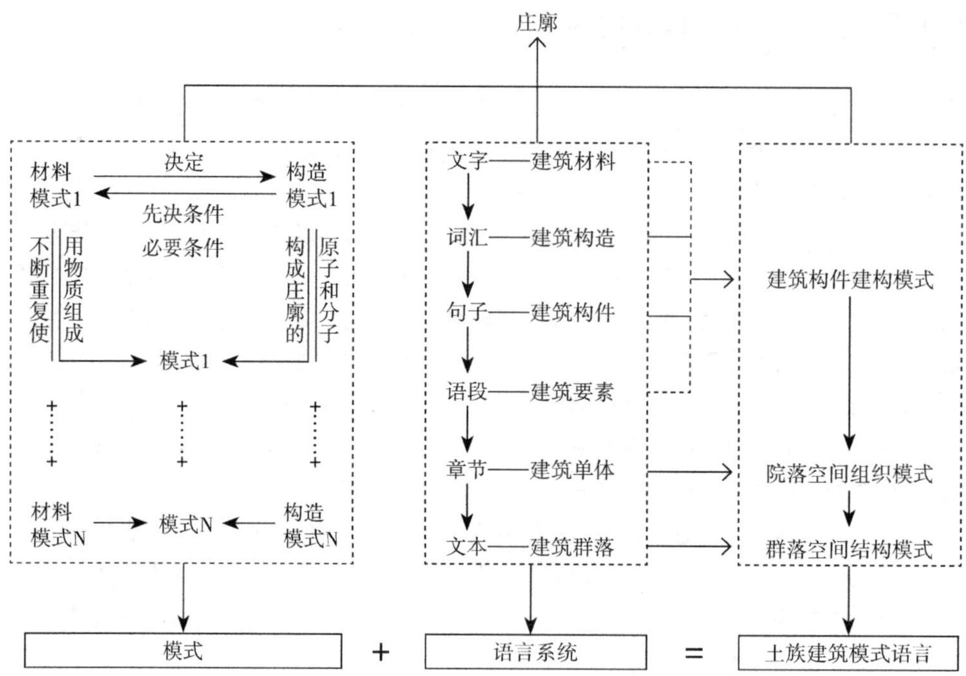

图3.13　土族建筑模式语言的内涵

1. 建筑构件建构模式

土族庄廓根本上是由屋顶、墙体、门窗等主要建筑构件建构模式组合而成的，每一建筑构件建构模式都阐述了材料的特性和构造的具体方法，构件的形式不仅满足基本的功能要求，而且体现了土族的艺术和文化内涵。在这部分模式的影响下，庄廓可以在你眼前慢慢地生长出来。

2. 院落空间组织模式

院落空间组织模式是从三度空间上赋予组成庄廓的院墙、房屋、大门三个基本要素的建筑形式，然后描述了在功能需求、生态经验、信仰文化等方面作用下，三个基本要素之间的空间组织规律、形式。

3. 群落空间结构模式

群落空间结构模式是处理土族聚居区大尺度空间环境下众多庄廓组织结构关系的，它提供了土族众多庄廓在特定自然环境条件下，满足生产、生活、宗教信仰等方面功能需求的相互组织的原则、方法。

3.4.4 土族建筑模式语言未来发展的关键问题

1．原型建筑模式语言

原型建筑模式语言产生于传统的农耕文化，它是土族人民经过数百年一系列断断续续却持久的试错、校正过程而逐渐形成的，它们是以满足土族人民生活环境中一再重复发生的切身需求为基础的，是对具有地方风格、民族特色的传统建构智慧、传统生态智慧的总结与重复，整个过程中没有“建筑”或“设计”这样的概念，只有建造房屋的正确方法与错误方法。因此，基于原型建筑模式语言产生的土族传统庄廓形式良好适合于它所处的自然、文化环境。

2．现型建筑模式语言

然而，随着现代化、城镇化的快速发展，传统的庄廓因其在结构安全性、耐久性、防水性等方面的固有缺陷，加之经济成本较高、施工工期较长、室内外环境质量较差，以及施工工艺技术和质量难以控制等问题，已难满足现代土族人民改善房屋安全性、居住生活质量的迫切需求。因此，现型建筑模式语言是土族人民针对土族传统庄廓不再满足现代化生活需求的背景下产生的，它是盲目借鉴、抄袭现代城市建筑形式而形成的，它们不再认真分析使用人的原始要求，仅处理所有人们共有的一般作用力，而不处理那些使一个具体的人独特和有人情的特定的作用力，结果忘记了具体的情境，使得现型建筑模式语言变得越来越平庸、越来越缺乏人情味、越来越缺乏生气活力。因此，基于现型建筑模式语言产生的土族现代庄廓形式表现为千篇一律的、随处可见的、大同小异的城市型方盒子建筑，不再适合于它所处的自然、文化环境。

3．新型建筑模式语言

针对土族现代庄廓遇到的地域文化传承问题、质量问题和生态问题，建立一种既能满足时代需求，又能回应土族地方风格、民族特色的新型建筑模式语言，能够有效地帮助我们解决当前遇到的现实问题。

急剧的现代化、城镇化进程，在很大程度上改变了土族人民的经济条件、生活观念和生活方式，现代建筑材料、结构体系、建造技术的推广与普及引起土族传统庄廓发生了颠覆性的变化。然而，由于土族聚居区的气候、地形、地貌、水文等自然地理环境未曾发生任何变化，同时土族人民的基本生产文化活动、宗教信仰文化还具有鲜活的生命力，所以，基于本土自然环境、传统生态经验、传统民俗文化及传统信仰文化作用下形成的土族传统群落空间结构模式和院落空间组织模式仍然适合于现代的自然和人文环境。因此，基于现型建筑模式语言形成的土族庄廓在群落空间结构、院落空间组织方面基本传承了土族传统庄廓的空间格局。

由此可见，造成土族现代庄廓传统建筑风貌、结构安全性能、生态节能效率、房屋建设品质等问题越来越凸显的根本在于：组成庄廓的传统建筑构件建构模式A（屋顶）、B（墙体）和C（门窗）被无视地方风格、民族特色的现代化、城镇化特征明显的现代建筑构件建构模式a（屋顶）、b（墙体）和c（门窗）所取代，即传统建筑材料与基于传统建筑材料实现的传统构造模式发生了颠覆性的变化。因此，在现代化、城镇化快速发展的时代背景下，研究优秀传统建筑构件建构模式的现代化以提升建造质量，探索典型现代建筑构件建构模式的土族化转译以提升民族特色表达，从而形成新型的建筑构件建构模式Ⅰ（屋顶）、Ⅱ（墙体）和Ⅲ（门窗）是建立新型建筑模式语言的关键（图3.14）。

1）优秀传统构造模式的现代性能提升

土族传统庄廓主要由和A（屋顶）、B（墙体）和C（门窗）三部分传统建筑构件建构模式组合而成，它们依所处部位不同有着不同的功能作用，同时表达一定的艺术和文化内涵。这些传统建筑构件建构模式是土族人民结合当地的自然气候条件，通过适宜的、经济的传统建构经验，将传统建筑材料转化为具有一定几何形式的传统构造模式组合而成的：A（传统屋顶建筑构件建构模式）由A1（梁架承重结构构造模式）、A2（平土屋面构造模式）组成；B（传统墙体建筑构件建构模式）由B1（夯土院墙构造模式）、B2（土坯外墙构造模式）组成；C（传统门窗建筑构件建构模式）由C1（隔扇木门构造模式）、C2（平开木窗构造模式）组成。通过它们产生的传统庄廓既实用、朴素，又经济、美观，而且富有地方风格和民族特色。

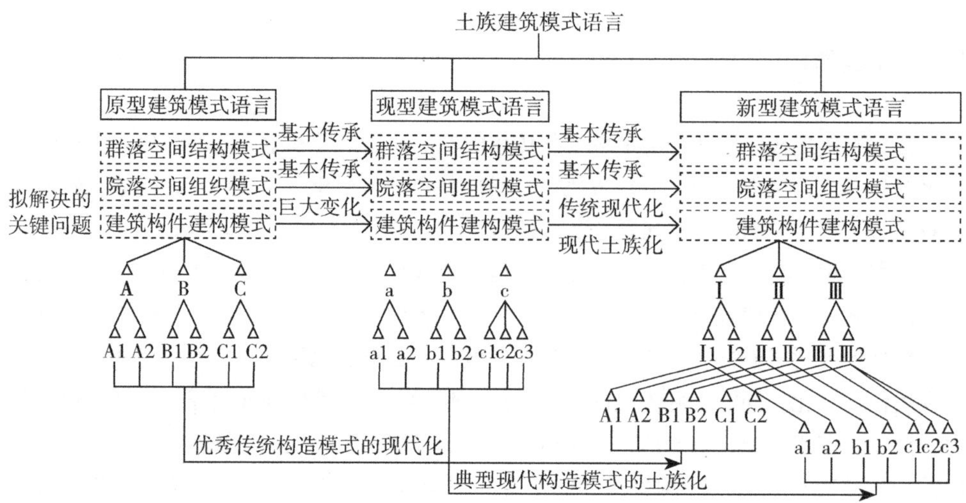

图3.14　土族建筑模式语言未来发展的关键问题

由此可见，这些传统构造模式不仅具有独特的历史、文化价值，而且富有个性鲜明的艺术、技术价值，一方面反映了深刻含义的建筑原型，另一方面为传统建筑文化的保护、继承、发展和创新提供了坚实的历史基础。因此，在土族庄廓的现代化转型过程中，采取全部否定的态度是极其错误的，我们应该从中挖掘、梳理、提炼具有民族典型特征的、富有生命力的传统构造模式，结合土族人民现代化的生活需求对其进行必要的修整和改进，提升它们的物理属性，探索它们的现代化表达。

2）典型现代构造模式的土族特色表达

土族现代庄廓主要由a（屋顶）、b（墙体）和c（门窗）三部分现代建筑构件建构模式组合而成，它们是土族人民引进现代建筑材料，通过现代结构体系和建造技术产生的现代构造模式组合而成的：a（现代屋顶建筑构件建构模式）由a1（屋顶承重结构构造模式）、a2（屋顶屋面构造模式）组成；b（现代墙体建筑构件建构模式）由b1（砖砌院墙构造模式）、b2（砖砌外墙构造模式）组成；c（现代门窗建筑构件建构模式）由c1（铝合金门构造模式）、c2（铝合金窗构造模式）和c3（附加阳光间构造模式）组成。它们的应用在一定程度上提升了土族的人居环境品质、改善了土族人民的居住生活质量，是时代发展的必然选择。但由于缺乏相关的理论指导和技术支持，现代构造模式更多表现为低效的结构体系、粗糙的建造工艺、混乱的构造形式，通过它们产生的现代庄廓呈现出随处所见大同小异的、僵化了的、泛滥了的城市型方盒子建筑，表现效果极度贫乏，缺乏生活气息，使人感到枯燥乏味。

因此，面对土族庄廓的现代化命题，我们应该从中挖掘、梳理、提炼具有时代典型特征的现代构造模式，结合土族人民的切实需求对其进行必要的修整和改进，探索它们的地方风格和民族特色的表达，以提升它们的文化内涵。

3.5
本章小结

本章采用文献研究的方法，梳理、分析、解读C·亚历山大建筑模式语言理论产生的时代背景、学术思想发展历程，挖掘建筑模式语言的设计哲学思想、设计方法内涵，并从中得到启示和反思。以此结合日益凸显的土族民族风貌传承问题、结构安全性能问题、生态节能效率问题、房屋建设品质问题，借鉴C·亚历山大建筑模式语言的设计哲学思想和设计方法，试图探索包含材料模式和构造模式在内的新的模式内涵，建立基于建筑材料、构造、构件、要素、单体、群落构成的语言系统组合而成的土族建筑模式语言，以期形成解决乡土建筑现代化、现代建筑土族化问题的理论和方法。

土族原型建筑模式语言挖掘及其建筑构件建构模式的发展

4.1　土族传统群落空间结构模式

4.2　土族传统院落空间组织模式

4.3　土族传统建筑构件建构模式

4.4　土族传统建筑构件建构模式未来发展的设计思路

4.5　本章小结

4.1

土族传统群落空间结构模式

4.1.1 传统民俗文化作用下的群落空间结构

以农业生活方式为主的土族传统群落呈现出三重的同心圆空间结构：第一层——满足土族人民居住生活需求的定居点的领域；第二层——围绕定居点作为生产地带的土族人民赖以生存的耕作区；第三层——土族人民从中采取各种各样的用于生产和生活资材的外围的林区（图4.1）。

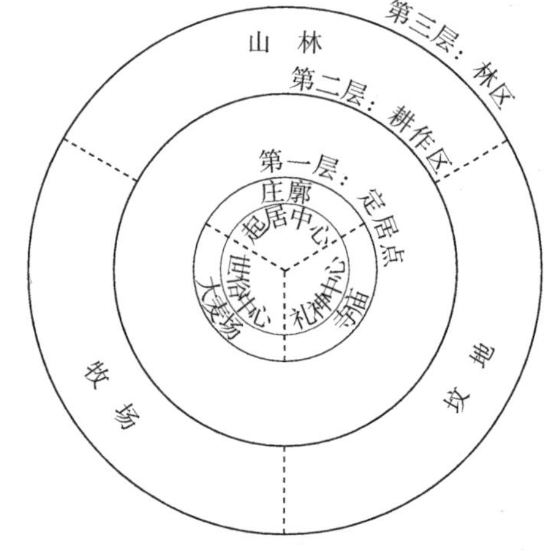

图4.1 土族传统群落的三重同心圆空间结构

1. 定居点

土族人民居住的定居点作为土族传统群落空间结构的第一层，为土族人民提供了赖以生存发展的生活空间，承载着土族人民日常生活的点点滴滴，由与土族传统社会生活密切相关的重要“空间”组成，是土族人民应对自然条件、展现本民族人文特色的综合的物化表现，是土族传统群落空间结构的核心层。每户人家都有自己独门独院的庄廓，随地形变化而随高就低，若干个庄廓围墙相互共用或毗邻而形成庄廓群，若干个庄廓群通过户前主次巷道与打麦场、寺庙相连成片，在有限的土地资源条件下庄廓布局紧凑，形成定居点。

土族群落中除日常生产、生活起居的基本活动场景外，传统节日如春节、元宵节、清明节、端午节和中秋节等，以及土族自身的宗教活动、民俗活动为群落增添了更多的活力，丰富了群落的生活气息，它们或在各自的庄廓进行，或在群落中的寺庙、打麦场公共场所进行，是土族群众文化形态的物化表现。

庄廓作为土族群落的起居中心，承载着以家庭为单元的土族人民日常生活起居的活动，如闲话桑麻、日常礼拜、土族婚礼等；土族人民绝大部分集体性民间信仰活动都以本群落寺庙为主要场所，岁时节日，土族人民前往寺庙烧香、磕头、许愿、给布施，或请喇嘛念经，向神佛祈祷，如於菟、梆梆会等都是以寺庙为中心而展开的宗教活动；打麦场作为土族群落的世俗中心，一般设置在群落交通便利的地方，甚至设置在群落的中心，其不仅是生产设施，更是土族人民进行集体民俗活动、公共聚会的主要场所，逢年过节、宗族节庆、农闲时节，土族人民都会集聚于此，开展集体文娱、表演活动，如纳顿民俗活动、安昭舞、轮子秋等。

2. 耕作区

耕作区作为土族传统群落空间结构的第二层，是作为生产地带的领域，它为土族人民提供了赖以生存发展所需要的基本的粮食来源，其围绕定居点占据外围，与庄廓保持一定的距离，主要种植小麦、土豆、玉米等粮食作物和菜籽等油料。耕作区除道路、水渠等公共用地属村民共有，其他土地分属不同的家庭单元，归属界限十分清晰、明确。

3. 林区

耕作区之外，是土族传统群落空间结构的第三层，人们可以从中采取各种各样的用于生产和生活的资材，这部分领域距离庄廓最远，处于群落的最外层，除了坟地有明确归属外，山林、牧场基本上都是全群落公用的，牛羊可以自由进入。

4.1.2 传统宗教信仰作用下的群落空间结构

土族是以藏传佛教格鲁派为主体信仰的多元宗教和多神崇拜体系，浓厚的宗教色彩是土族传统群落文化的一大特点：寺庙、“崩康”[①]“雷台”（外形为一小土台），群落四周山头的峨博[②]及嘛呢石堆、苏克斗[③]等宗教标志在群落中随处可见。群落内讲经传法、朝圣礼拜、诵经祈祷等宗教活动时映眼帘，随处弥漫着浓厚的、肃穆的、神秘的宗教色彩，在祥和的祈祷声里，伴随着袅袅升腾的桑烟，土族人所有的希冀、所有的梦想，还有那最质朴的夙愿，都随着升腾的桑烟飘向遥远的天空。土族传统群落形成以宗教文化

① 供奉“十万佛”泥塑佛像的四方形土亭。

② “峨博”多用木桩围成正方形，栏内置石块；上插木制“神剑”、树枝等物，再饰以红布或印有经文的白布。它被认为具有“神”的法力，犹如拱卫山门的韦驮，是镇守和护佑一方村寨的标志。

③ 高约数丈、成方塔形、外观像古代烽火台，据称它可为村寨抵御冰雹或其他邪疫灾害，保佑人丁兴旺。

为群落精神核心，以宗教寺庙为群落结构核心的聚居模式。

浓厚的宗教信仰活动在土族人民日常的生产、生活当中无处不在，承载宗教信仰活动的物质实体空间构成了土族传统群落基于信仰的不可见的空间结构：第一层——承载土族人民日常诵经祈祷的个人宗教活动的庄廓；第二层——承载土族人民岁时节日集聚一起诵经祈祷的集体宗教活动的群落所属寺庙；第三层——承载土族人民在重大宗教节庆聚集一起朝圣礼拜活动的多个群落共同公用的寺院（图4.2）。

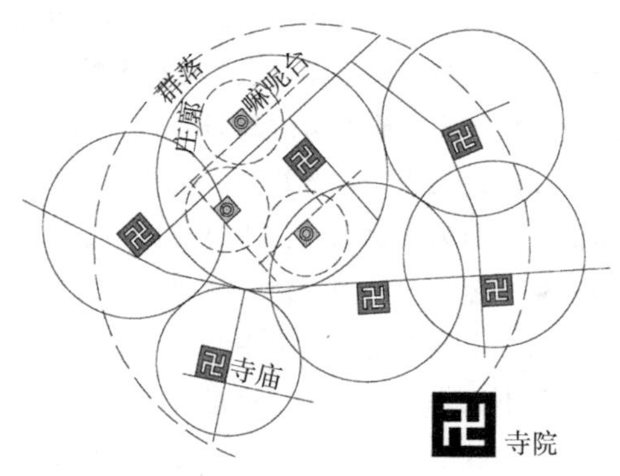

图4.2　土族传统群落的不可见的空间结构

1．庄廓

庄廓作为土族传统群落承载土族人民日常宗教信仰活动的最小单元，通过设置于正房堂屋的佛室，二层独立的佛堂，庭院内的嘛呢台、小煨桑炉、嘛呢旗杆以及大门门顶上方一根较低的嘛呢旗杆，共同构成土族家庭内部宗教信仰及其对美好生活祈盼的物质实体标志，高耸的嘛呢旗杆打破了庄廓平整的天际轮廓线，伴随地形高低起伏分布，与群落中众多的宗教标志相呼应，使得土族人民生产、生活环境中充满了浓厚的、神秘的、鲜明的宗教色彩。

2．寺庙

土族传统群落所属的寺庙，是一个群落及其土族人民拥有的相对独立的信仰空间，具有相对明确的群落边界的独立“统治”区域，是土族人民与神灵或者超自然力量联结的地方，是神灵的外在物化形式，常常作为群落的“祭祀圈”或“信仰圈”中心。其遵循“上寺下村”的分布原则，大都位于群落周边比较高的山头位置，少见于群落中间，以此强调宗教信仰的至高无上。一年中随岁时展开的各种民间信仰活动都在寺庙中进行，是群落中排头等组织民众进行地方神祭祀、祈求神灵保佑群落人畜平安、风调雨顺的活动，同样也是排头们商议群落公共事务，做出有关决议的机构。

3．寺院

土族人民除日常在自家庄廓进行诵经祈祷的个人宗教活动，以及随岁节日聚集群落寺庙进行集体宗教活动外，每逢重大宗教节庆活动，土族人民都会集聚于其所属区域更大的寺院朝圣礼拜，以一种无形的形式（诸如信仰组织体系、信仰观念、信仰范围等）实现土族人民特定范围的整合。例如，位于互助县被誉为“湟北诸寺之母”的佑宁寺，每逢正月祈愿大法会、辩经会、六月观经法会、夏合多勒经会等重大宗教法会活动，不同地方的土族人民都会长途跋涉聚集于此举行重大的集宗教、花儿、物资交流为一体的综合民间盛会。

4.1.3 本土自然环境作用下的群落空间结构

土族传统群落大多分布于青海河湟地区的川水、浅山、脑山地区，地处我国黄土高原向青藏高原的过渡镶嵌地带，此地群山起伏，河流广布，地形复杂多样。土族传统群落的选址与布局依托自然环境的特点，借助山水之势和地形地貌条件，以利于生活、方便生产、抵御严寒和风沙、节约土地为主要原则，大都依山傍水，建于山脚向阳缓坡或阶地过渡地带。背山布局便于地面排水，前方开阔利于通风，可以得到良好的日照，有利于阻挡冬季的寒风；近水以保障生活用水来源及发展农牧业生产需求（图4.3）。

分布在川水地区、浅山地区、脑山地区的土族传统群落，依据地形地貌的特点空间形态各异：呈现出团状群落空间形态、阶梯状群落空间形态、带状群落空间形态，布局自由而灵活，与自然环境融为一体（图4.4）。

1. 川水地区

川水地区是依附于水系呈树枝状分布于低山丘陵之间的河谷阶地，地形坡度较为平缓，平整场地资源相对充足。分布于川水地区的土族传统群落一般坐落于近水之处，采取水平方向伸展的布局方式为主，群落规模较大，上百户组成一个自然群落，人口数量

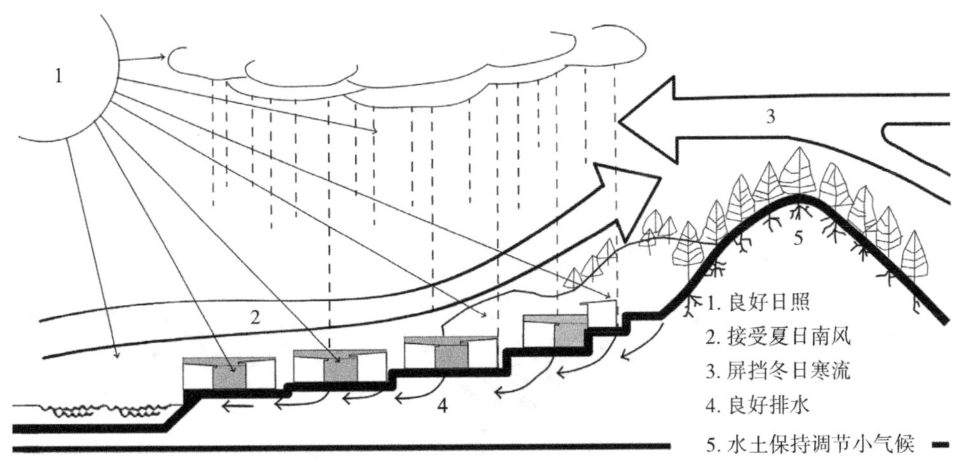

图4.3 土族传统群落的分布特点

较多，整个群落布局紧凑，整体感强。庄廓选址自由灵活，户户毗邻、夹道布置，群落由内向外发射几条骨干巷道，内部道路纵横交错，复杂多变，连接每户庄廓，成片而居，整个群落表现为团状群落空间形态。

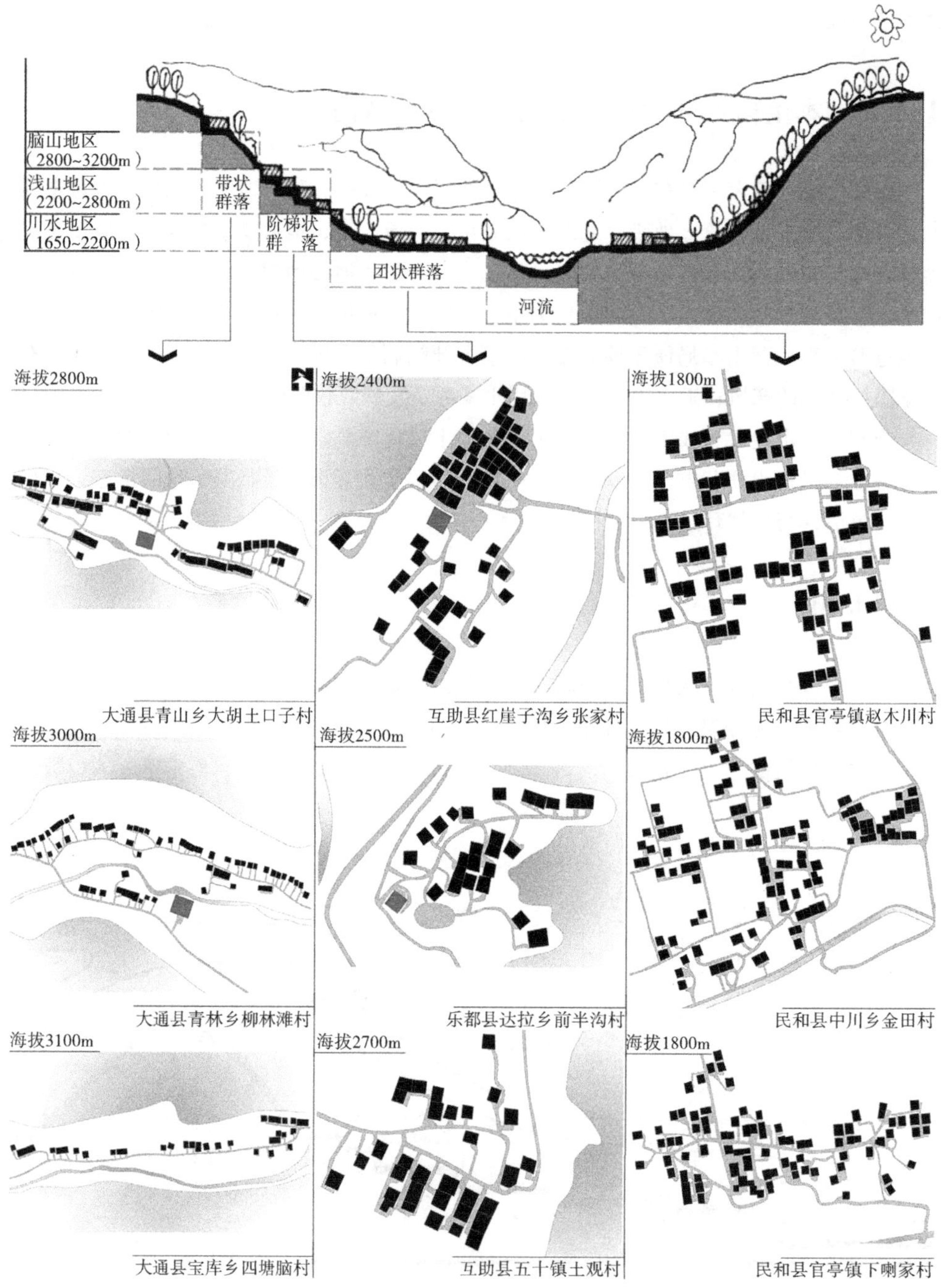

图4.4　川水、浅山、脑山地区土族传统群落的空间形态

2．浅山地区

浅山地区属黄土高原低山梁峁丘陵区，千沟万壑，梁峁起伏，谷坡坡陡（30°～60°），冲沟横断面多呈“V”字形，平整场地资源紧缺。分布于浅山地区的土族传统群落大都靠山修筑于山脚邻水的向阳的缓坡上，采取顺应地形等高线阶梯状横向展开的方式为主，群落规模较小，几十户组成一个自然群落，整个群落布局分散，高低错落，与周围山形地势美妙结合。庄廓选址受地形因素限制，依托不同高程的稀缺平整场地资源，分散布局，群落主、次巷道蜿蜒曲折，连接每户庄廓，整个群落表现为阶梯状群落空间形态。

3．脑山地区

脑山地区是谷宽沟浅的低山丘陵区，谷坡平缓（10°～20°），沟谷横断面积呈“U”形和半弧形，沟底较平坦。分布于脑山地区的土族传统群落大都分布于沟底河流两侧的缓坡上，采取顺应河流方向顺势延伸的布局方式为主，群落规模较小，十几户、几十户组成一个自然群落，人口数量稀少，整个群落布局松散，呈随河流方向顺势延伸布局的带状空间。庄廓选址受地形因素制约，大都利用沟底河流两侧平坦的场地，户户毗邻而居，通过沿河流方向主要村道的鱼骨式道路系统连接每户庄廓，为线型扩张发展模式，整个群落表现为带状群落空间形态。

4.2

土族传统院落空间组织模式

4.2.1 土族传统庄廓空间组成要素挖掘

土族人民以家庭为单元拥有属于自家的庄廓，每户庄廓用院墙作为所属宅基地的边界。土族传统庄廓在建造时先夯筑四周的院墙，俗称“打庄廓”，庄墙打好后，沿方形、封闭围合的夯土院墙内部以合院为中心四面建造房屋，待房屋建成后在院墙东南角立大门，至此，一户庄廓的建造就基本完成了。院墙强调了私有空间的范围，周围的房屋衬托出“空”的院落，由此可见，土族人民建造传统庄廓的过程，实则就是利用院墙、房屋、大门三个基本要素按照一定空间规律组合的过程。

1. 院墙

夯土院墙作为土族传统庄廓外围护结构的必要组成部分，限定了庄廓的空间和边界。院墙材料的选择、建造工艺的探索和院墙形式的塑造都是土族人民适应当地自然环境而采取的应变，是土族人民在过去数百年因循当地气候、地理、资源等自然生态要素条件，探索出的因地制宜、就地取材、因材致用、就料施工的传统构造方法，是充分利用地域资源，解决居住问题最为有效的技术手段。粗犷厚重、高大坚固、封闭严整的夯土院墙体现出其抵御高原寒冷气候的应变措施。

土族聚居区属于我国建筑热工设计区中的严寒地区，冬季长逾半年，严寒而漫长。为适应当地严酷的气候条件，抵御严寒的侵袭成为土族传统庄廓必须要解决的首要问题。

土族聚居区地处黄土高原向青藏高原的过渡镶嵌地带，黄土资源丰富，土质细腻。土族人民就地取材，使用随处可见的黄土作为主要建筑材料，在村民的帮助下采用夯土椽筑技术打筑厚达1米左右的高大厚重的院墙，可数辈传承，坚固实用，经久不坏。厚重的夯土院墙导热系数小，热容量大，具有很好的热稳定性和良好的蓄热性能，非常有利于房屋的御寒保温，能够有效地抵御、减少和延缓严寒的气候环境对于室内使用空间的影响，具有很强的生态理念。

2．房屋

房屋是构成土族传统庄廓的基本居住生活单元，有带檐廊与不带檐廊两种形式。

正房均带檐廊，它是土族传统庄廓房屋室内空间的外部延伸，是室内与合院之间的一种过渡空间，是一个半开敞的遮阳避雨、充满日照的家庭活动空间。夏季太阳高度角大，檐廊下有阴影覆盖，土族人民待客，在檐廊下置一大板床，上摆小炕桌，请客上座，遮阳避暑，是一家人夏季歇凉闲谈的场所；冬季阳光斜照，檐廊下受到很好的太阳光照，温暖明亮，给土族人民提供了晒阳、手工劳作、儿童玩耍的场所。同时，檐廊增加了土族传统庄廓合院的空间层次感，形成丰富的光影变化，能够缓解人的视线从外部刺眼的阳光至灰暗室内之间的突然转变而产生的不适感。

土族人民结合房屋开间、进深的大小，依据使用需求的不同，自由灵活地分隔房屋的内部空间，形成以下三种平面类型："一"字形、"┌┐"形（虎抱头）、"┌—"形（钥匙头）；厢房、南房一般不带檐廊，平面类型表现为"一"字形（图4.5）。

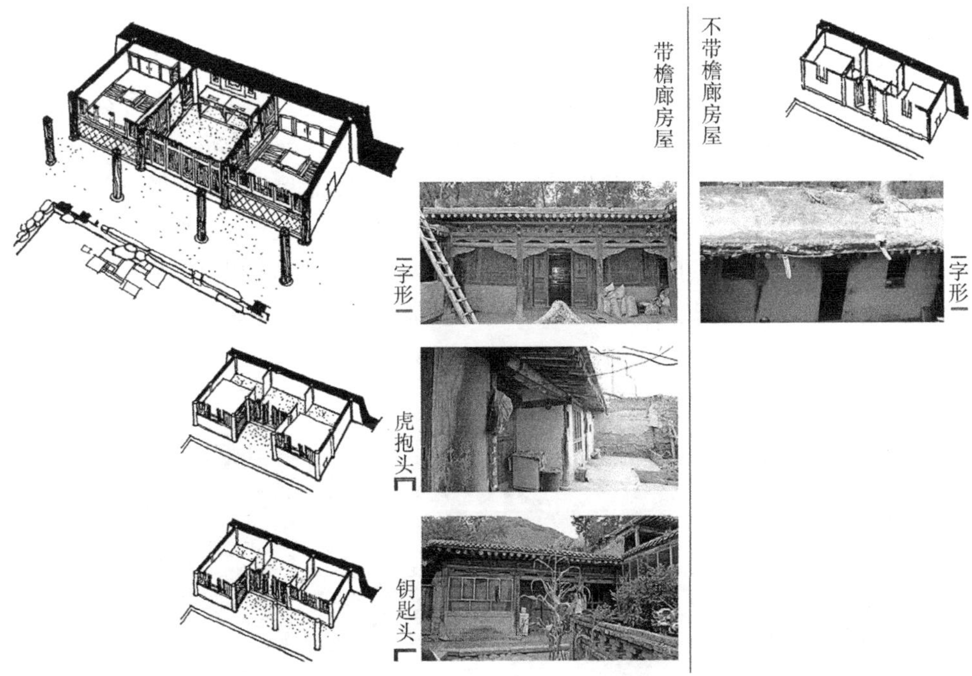

图4.5　土族传统庄廓房屋单元平面类型

（来源：照片为自摄，线图改绘自崔树稼．青海东部民居一庄窠［J］．建筑学报，1963，01：12.）

典型的土族传统庄廓由正房、东西厢房、南房以合院为中心沿院墙组合而成，每侧房屋均由三间相互联系的居室成组配置：中间堂屋，两侧卧室。

1）堂屋

位于正房的堂屋作为土族人民自家的佛室，沿庄墙布置通长的供案，上面摆着各种敬神的设施和贡品，供案之上的墙体为“中壁”，是天地财神之位，放置佛像“唐卡”、中堂条幅等，供家人日常礼拜之用；位于厢房的堂屋，沿庄墙摆条儿，条儿上置古瓶、镜架和铜质供器等，墙面挂古训字画，条儿前对称布置桌椅，简单朴素，显得古色古香（图4.6）。

图4.6　堂屋

2）卧室

卧室作为土族人民日常起居活动最为频繁的空间，与堂屋用木制隔断隔开，火炕根据卧室空间大小灵活顺窗或顺山墙布置，炕中间摆炕桌，炕头置火盆，冬季火炕煨热，火盆烧起木炭火，围其而坐，温酒煮茶，闲话桑麻，十分暖和，是家人聚会、款待来客、妇女活动、幼童玩耍的重要场所。在“一”字形方式的房屋布局中，卧室内多顺山墙做满间炕，炕侧靠后墙置炕柜和门箱放置衣物被褥；在“┌┐”形（虎抱头）方式的房屋布局中，卧室突出堂屋一部分而空间变大，火炕多占满卧室的开间顺窗布置，炕侧靠山墙置炕柜和门箱放置衣物被褥，火炕对面沿庄墙常常布置桌椅、柜子等家具；在“┌—”形（钥匙头）方式的房屋布局中，突出堂屋部分的卧室采用虎抱头方式房屋中的卧室的布局方式布置火炕的位置及家具，未突出堂屋部分的卧室采用“一”字形方式房屋中卧室的布局方式布置火炕的位置及家具（图4.7）。

图4.7　卧室

3．大门

土族传统庄廓规整方正，使用黄土夯筑成封闭围合的实心院墙，除大门外，墙上不开任何门窗洞口，封闭的界面、敦厚的造型、朴素的黄土色以及粗犷的肌理成为土族传统庄廓留给我们最直接的外观印象。

大门作为土族传统庄廓院落门户空间的重要组成部分，不仅具有出入口、安全防卫、管理的基本功能，而且是一户人家经济水平、阶级地位、文化喜好的反映，同时也是土族人民宗教信仰及生活美好愿景的物质载体，譬如：大门屋顶上的嘛呢杆、门头上挂的经幡等成为纳福迎瑞的象征；在民俗土族婚礼中（第一批国家级非物质文化遗产）：男方到女方家娶亲时，女方家故意不给“纳什金”（即娶亲者）开门，并由阿姑（年轻女子）唱起悦耳的“花儿”，让纳什金对歌，还从门顶上向纳什金身上泼水，以示吉祥，直到阿姑们被唱得无歌以对或者是娶亲人词穷时，女方才肯开启大门将纳什金邀至家中[68]。尤其在农耕文化中，家家户户更是尽其所能，建造比别人家更高、更大、更气派的大门，以此体现自己的“门面”。

4.2.2 传统功能需求作用下的空间组织形式

1．合院功能需求作用下的空间组织形式

土族传统庄廓以合院为中心组织东、西、南、北四个方向的房屋，根据房屋与房屋的空间组合关系，土族传统庄廓呈现出以下三种基本的合院类型：二合院（图4.8）、三合院（图4.9）、四合院（图4.10）。

土族传统庄廓合院规整方正，宽敞开阔，是庄廓内部空间与庄廓外部自然空间的过渡空间，相对于内部空间，它是外部空间，而相对于庄廓外部的自然空间，它又成为内

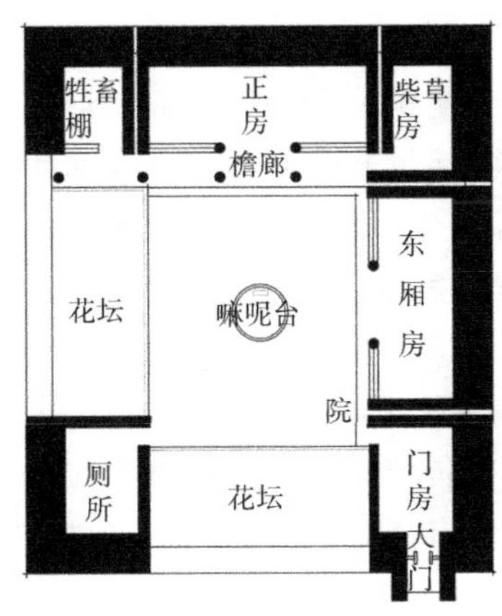

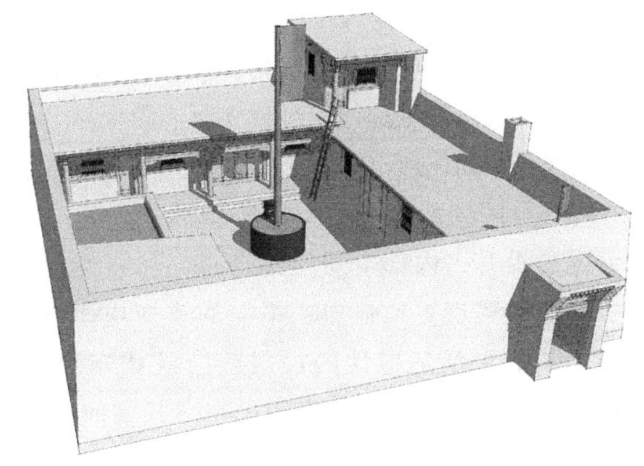

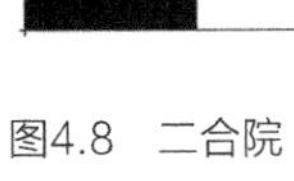

图4.8　二合院

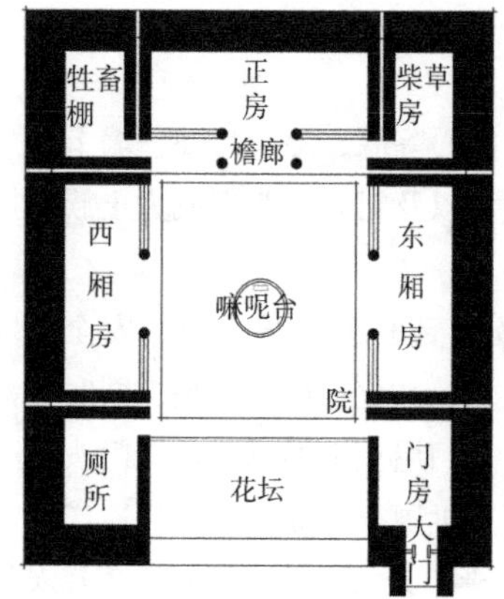

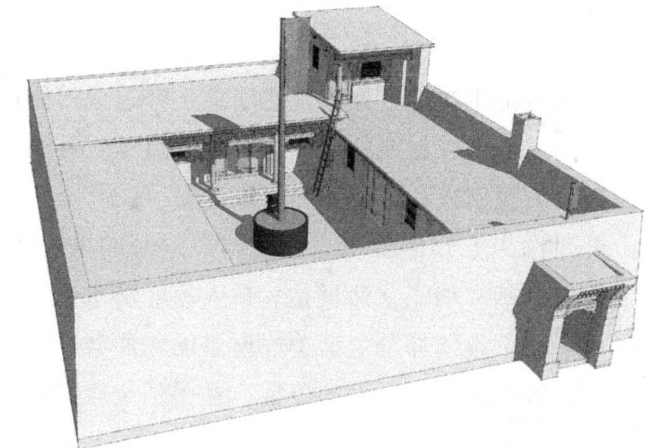

图4.9　三合院

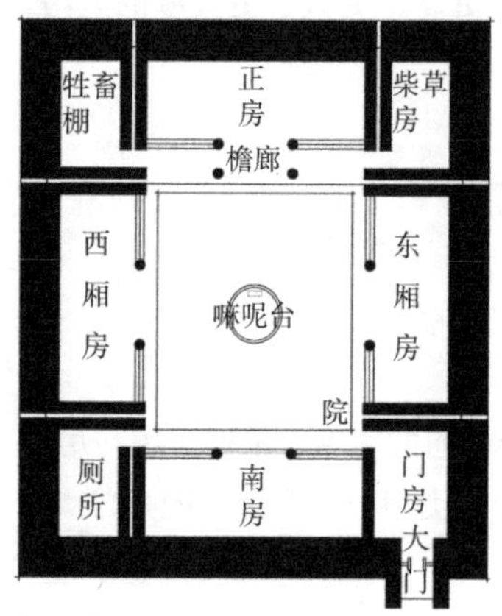

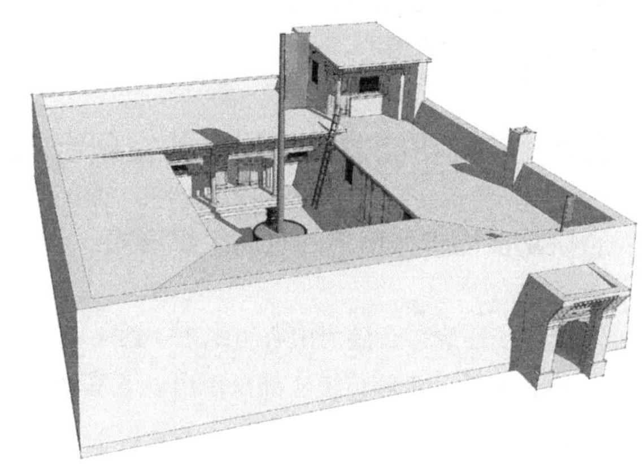

图4.10　四合院

部空间，是庄廓内部与外部的中介空间，是庄廓内部的露天空间。合院作为土族人民家庭中的公共活动中心，其不仅是各个房屋、各个空间进行交流和联系的联结空间，同时也为土族人民提供了进行相对独立而不受外界干扰的日常生活起居活动、宗教信仰活动的空间场所，如休息、娱乐、交流、洗晒、礼拜等。

从二合院到四合院的空间组织形式变化中，庄廓满足家庭人口增长的空间需求能力逐步提升，内部空间的围合感、私密性逐渐加强，以合院作为整个家庭起居中心的功能性表现更加强烈，平面的演变规律体现了土族传统庄廓是一种对人口的多少和增长有灵活适应性的民居。合院式布局形式在土族传统庄廓中有着重要的作用，无论庄廓面积大小、房屋排布方式如何，都会尽量做出合院，有“无院不成户”之感。

2. 不同房屋功能需求作用下的空间组织形式

庄廓的大门开于庄廓的一角。进门后穿过一处角房进入内院，大门不正对内院，且通过一处角房作为过渡，较好地避免了风沙和视线对内院中家庭活动的直接干扰，并针对外土内木、外粗内精的建筑形式起到了欲扬先抑的作用，达到了放—收—放的空间效果[69]。正房作为庄廓的核心部分——主体建筑，布置在合院的中轴线上，坐北朝南，台基高于其他三侧的房屋，南侧设有檐廊，拥有良好的日照采光，是家中长辈居住及接待客人的场所；正房东侧二层一般设置一间佛堂供家人在重要时刻祭祀祈福；东、西两侧的厢房沿轴线分列两侧，是晚辈们生活居住的场所，厨房一般在东厢房设置；南房终日不见日照，房间阴凉，常作为储存较为重要物品的仓廪用房，如粮食、农具等，有时也兼作卧室；四角上的角房是庄廓四边房屋的连接体，其功能用途一般西南方为厕所、东南方为门房、西北方为牲畜棚、东北方为柴草房，其作为附属用房不仅增强了各个房屋之间的连接性，而且由于其所处位置偏僻，大大地减少了其对内庭院及各主要功能房屋的干扰（图4.11～图4.13）。

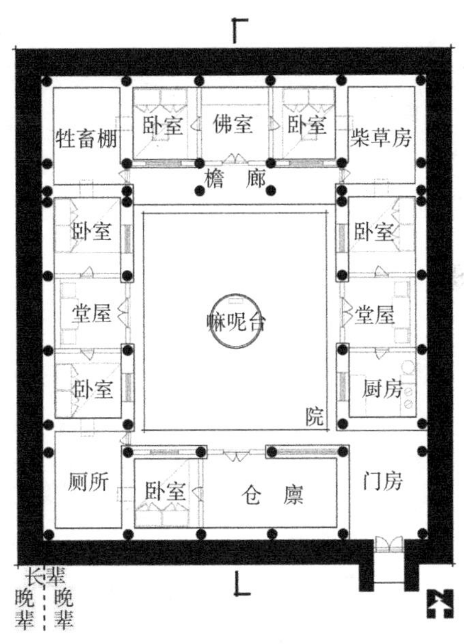

图4.11 土族传统庄廓1层平面示意图

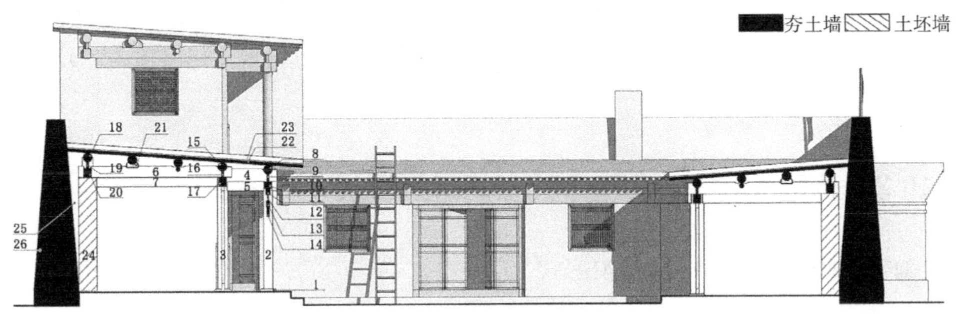

1-柱顶石；2-檐柱；3-金柱；4-扎梁；5-随扎梁；6-大梁；7-随梁枋；8-檐檩；9-扎口板；10-平板枋；11-扎牵；12-荷叶墩；13-悬牵；14-花牙子；15-金檩；16-金垫板；17-金枋；18-后檐檩；19-后檐垫板；20-后檐枋；21-垫墩；22-椽子；23-榻子；24-土坯后墙；25-空气夹层；26-夯土院墙。

图4.12 剖面示意图（正房主体一层）

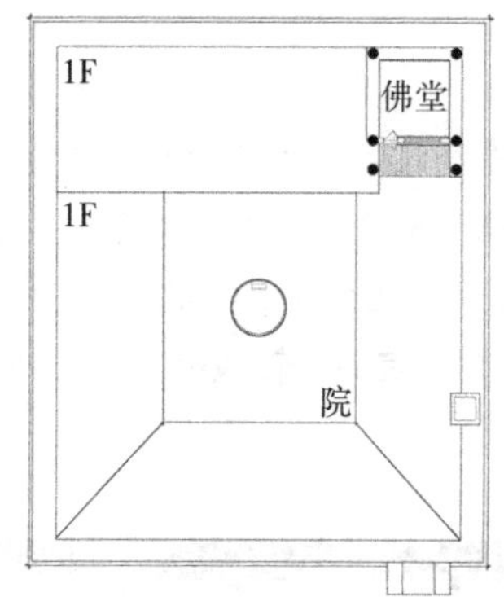

图4.13　2层示意图

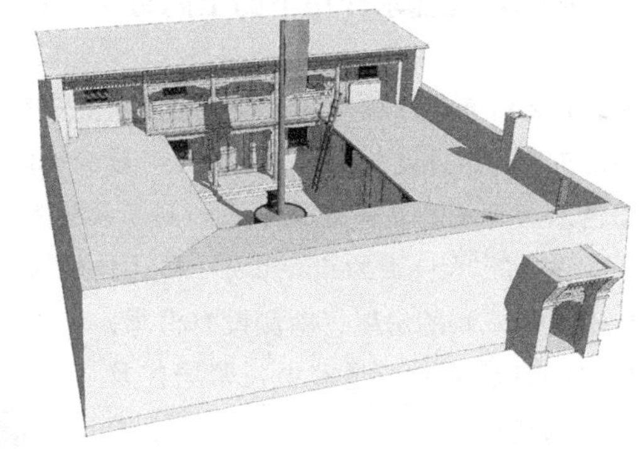

图4.14　正房主体二层四合院

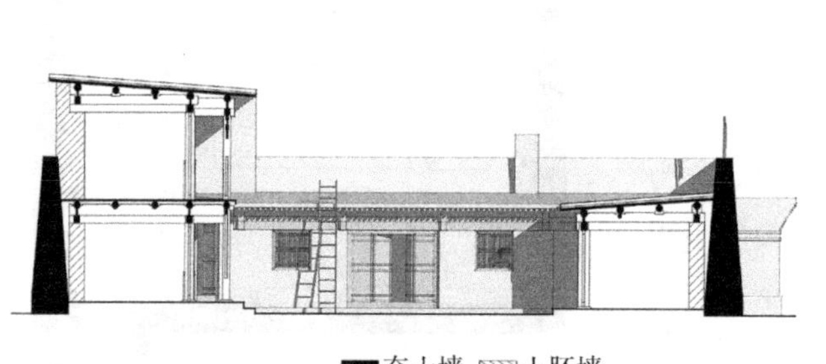

图4.15　剖面示意图（正房主体二层）

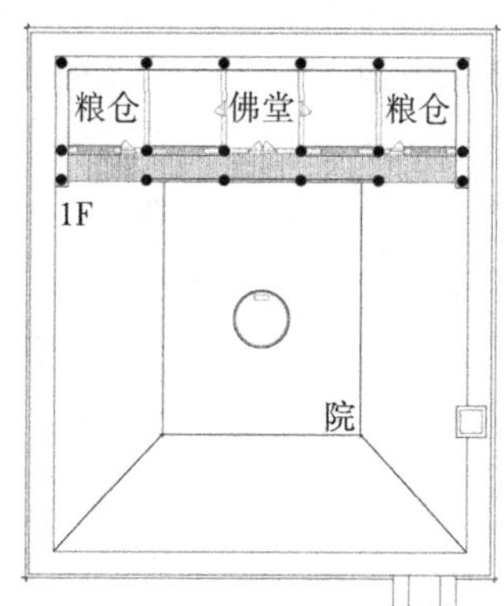

图4.16　2F示意图

有一部分经济条件好的土族人民，将正房建成两层，中间作为佛堂，其他房间用作粮仓储藏粮食，一方面能够方便在一层屋面晾晒粮食，另一方面有利于防鼠和防潮。一般上二层没有固定的楼梯，只要备一架木梯子即能方便地使用屋顶（图4.14～图4.16）。

4.2.3　传统生态经验作用下的空间组织形式

1．御寒经验作用下的空间组织形式

1）合院利于院内形成稳定的热环境

土族传统庄廓合院式的空间组织形式不仅能够满足各个房屋在冬季获取充分的采光、日照的需求，而且有利于改善调节庄廓内部的微气候环境。

（1）土族传统庄廓合院的长宽比例近似于1∶1，宽敞方正便于纳阳，并且房屋一般都是单层低矮的平房，以极力避免建筑间的遮挡，每个房屋都可以完全暴露在阳光下，能够获得充足的采光，充分接收日照，能够接受较多的太阳辐射热。

土族传统庄廓院墙封闭围合，除大门外院墙四周没有任何门窗洞口，所有房屋的门窗均开向合院，冬季门窗上设毯子等材料做成的保温帘子或窗板，白天卷起帘子或窗板，接受阳光照射，房屋吸收热量，夜晚放下帘子或窗板储存热量，整体保温效果很明显。封闭围合的界面有利于房屋内热量的储存，整个庄廓就像一个大的蓄热器，非常有利于房屋的御寒保温。

（2）合院式的空间组织形式将庄廓内部与外部分隔开来，合院内可以种植花草树木，将自然生态要素引入庄廓内部，改善调节庄廓内部的微气候环境，有利于营造庄廓内部舒适的居住环境。

2）附属用房形成温度阻尼区

典型的土族传统庄廓在平面组合上，都是沿院墙利用东、西、南、北四面房屋围合而成，正房、东西厢房、南房是土族人民使用的主要空间，然后通过布置于房屋边跨的附属用房（牲畜棚、柴草房、厕所、门房）进行连接，附属用房作为房屋的“温度阻尼区”，减少了房屋围护结构与外界空气的接触面积，成为一个热缓冲区，不仅使外部的低温不至于很快引起室温的降低，可以有效抑制室内外温差的剧烈波动，而且减缓房间内热量的损失，保持室内的热环境相对稳定，非常有利于房屋的御寒保温（图4.17）。

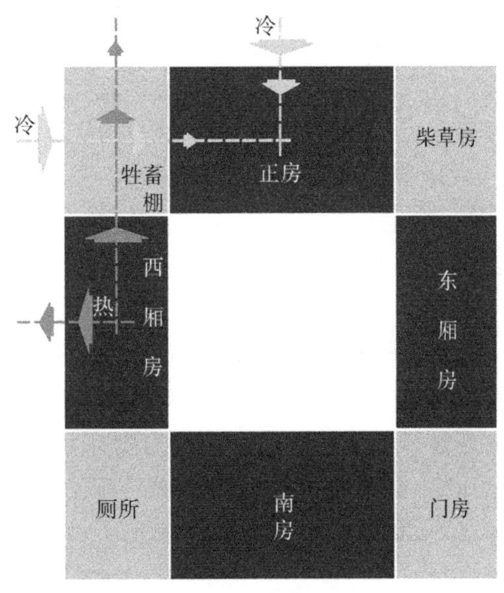

图4.17　附属用房形成温度阻尼区

2．防风经验作用下的空间组织形式

1）高院墙矮房屋

土族传统庄廓四周为底宽0.8 ~ 1m、总高4 ~ 5m用土夯筑而成的封闭实心院墙，且高出庄廓院内房屋屋面0.5 ~ 1m，外形封闭、厚实坚固的夯土庄廓院墙，除大门外院墙四周没有任何门窗洞口，所有房屋的门窗均开向合院，这样做有利于防止春季的风沙和冬

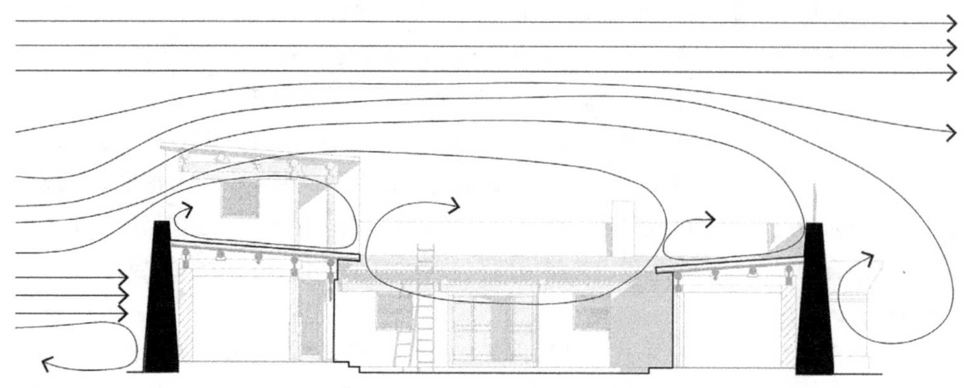

图4.18　风对传统庄廓的影响及其关系示意图

季的寒风对合院的侵袭：四周封闭且高出屋面的庄廓院墙，在刮风时使得庄廓内形成负压区，保证了合院内空气的相对稳定，虽然外部风沙很大，但庄廓内部却很干净整洁（图4.18）。

2）防风作用下大门的空间布局

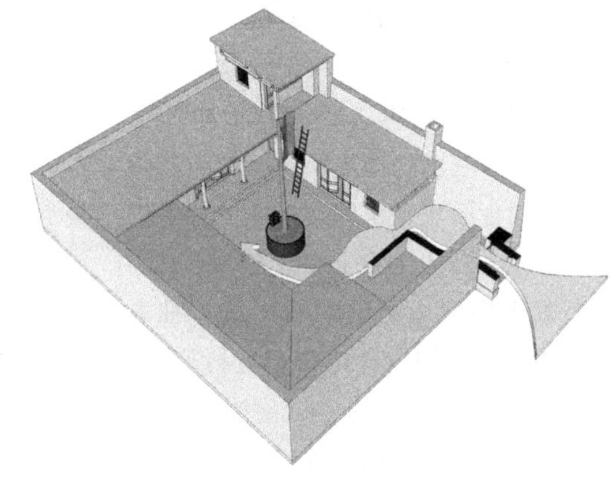

图4.19　大门位置对庄廓风环境的影响

土族传统庄廓大门大多位于院墙东南角。进门后需穿过一处角房才能进入内院，大门不正对内院，且通过一处角房作为过渡，较好地避免了大门开启时春季的风沙和冬季的寒风对内院中家庭活动的直接侵袭，有利于营造庄廓内部相对稳定的风环境（图4.19）。

4.2.4　传统信仰文化作用下的空间组织形式

1. 传统宗教信仰作用下的空间组织形式

受藏传佛教信仰的影响，土族庄廓东北角二层一般建带前檐廊、平土屋顶的土木佛堂，以供奉神佛；正房堂屋作为日常礼拜的佛室，沿庄墙布置通长的供案，上面摆着各种敬神的设施和贡品，供案之上的墙体为“中壁”，是天地财神之位，佛像唐卡、中堂条幅挂于其上；合院正中砌圆形嘛呢台，直径近2m，高1m左右，黄土筑成，其下埋有宝瓶[①]，台上正中竖有一根高达数米的嘛呢旗杆，杆上悬挂印有六字真言或平安经的蓝白布经幡，靠正房一侧设一尊煨桑炉，每逢初一、初八、十五的清晨，洗漱后点燃柏树叶、乳香等敬佛，香烟缭绕，满院飘香；大门屋顶上立一根较低的嘛呢旗杆并带有经幡。整个庄廓院弥漫着庄严、肃穆、神秘而浓郁的宗教气息。

2．传统礼制等级思想作用下的空间组织形式

“北屋为尊、两厢次之、杂屋为附”的住房安排反映了土族传统庄廓的平面布局遵循我国传统礼制等级思想中尊卑长幼的道德观念，以空间的等级区分了长幼的等级，以建筑的秩序展示了伦理的秩序。不同房屋根据其所处的不同位置和地位采取不同的形制和做法，表现出不同房屋的主次关系，是土族家庭长幼有序、尊卑有别的又一反映：正房作为整个庄廓等级最高的房屋，在建造时台基略高于其他三面的房基，以突出其重要地位，在形制、装修方面格外讲究，木雕精美，门窗样式考究；其他房屋简洁朴实，不做装饰，仅体现合理的结构逻辑关系及满足房间功能用途即可。

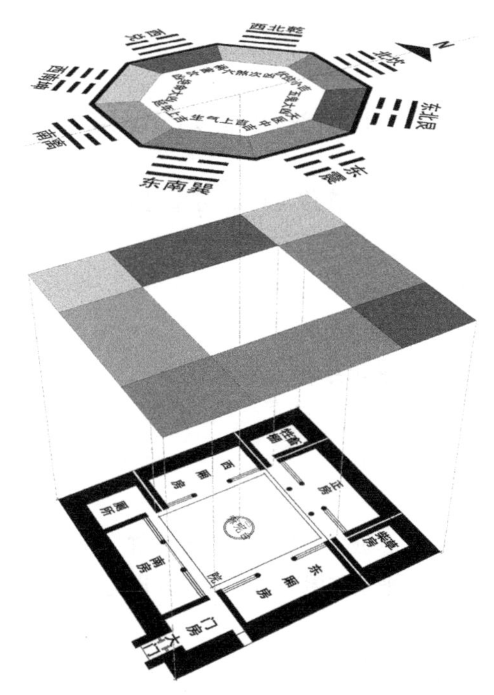

图4.20　传统“风水”理学的空间落位

3．传统风水信仰作用下的空间组织形式

土族以藏传佛教格鲁派为主体信仰，还深受汉族的阴阳和风水信仰的影响。其在民居建筑中的表现为：土族传统庄廓各功能用房的分布符合传统“风水”信仰的说法（图4.20）。

① 打庄廓即筑外围土墙前，按当地习俗先要请“阴阳先生”或喇嘛占卜，择定吉日，燃香点烛，焚烧纸钱，在一只陶罐（即镇宅“宝瓶”，民和三川地区土族称“崩巴”）内先倒入少许水，再放活鱼、青蛙、蜈蚣、穿山甲、石燕等“五腥”；麦、豆、青稞、菜籽等五色粮食；金、银、铜、铁、锡、珊瑚、珍珠、玛瑙“八珍”；海龙、海马、天南星、地南星等十二味“金药”；以及佛经、符箓等物，安置在预先挖好的庄廓“中宫”穴中。“中宫”指庄廓的正中方位，互助地区土族称为“中宫院槽”。[69]

4.3

土族传统建筑构件建构模式

4.3.1　传统平土屋顶的建构形式

屋顶是土族传统庄廓房屋必要的承重构件和最上层起覆盖遮蔽作用的水平围护构件，它由梁架承重结构和屋面构造两部分组成，它们各处在不同的部位，发挥各自的作用。

1．梁架承重结构的建构形式

1）功能作用

梁架承重结构是土族传统庄廓房屋必要的承重构件，是由木柱、木梁、木枋等构件形成框架来承受屋面的荷载以及风力、地震力，并将这些荷载传递给基础。

2）建筑材料

木材（图4.21）。

图4.21　木材
（来源：百度图片）

3）建造经验

土族传统庄廓房屋梁架承重结构的基本形式是抬梁式木构架，由柱、梁、枋、垫板等通过榫卯方式组合而成。榫卯的功能，在于使千百件独立、松散的构件紧密结合成为一个符合设计要求和使用要求的，具有承受各种荷载能力的完整

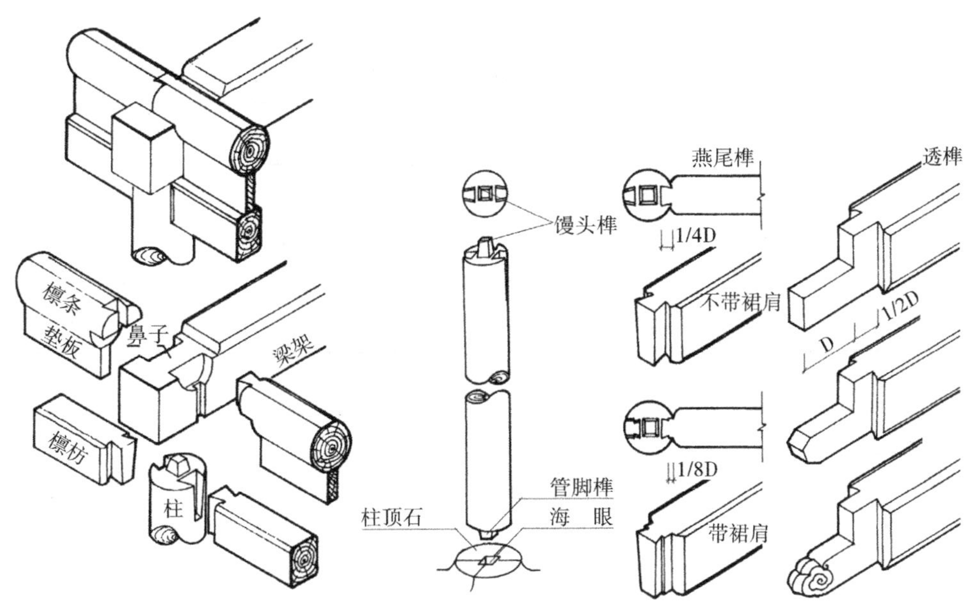

图4.22 柱、梁、枋、垫板节点榫卯
（来源：马炳坚. 中国古建筑木作营造技术［M］. 北京：科学出版社，2003：121-122.）

的结构体系[70]。总体来说，土族传统庄廓房屋梁架承重结构体系中主要有以下四种类型的榫卯：管脚榫、馒头榫、燕尾榫和透榫（图4.22）。

柱下设置柱顶石作柱础，上部承梁，梁上托檩排椽。房屋各部位及构件之间的比例关系构成了庄廓房屋设计和施工的固定法则，开间面宽与柱高的比例约为10∶8，开间面宽与柱径的比例约为100∶7，符合清工部《工程做法则例》规定做法："凡檐柱以面阔十分之八定高，以十分之七（应为百分之七——著者）定径寸。如面阔一丈一尺，得柱高八尺八寸，径七寸七分。"其他各部件尺寸均以檐柱径"D"为参照，与之形成一定的比例关系（表4.1）。

小式建筑各件权衡尺寸表

表 4.1

（单位：柱径 D）

类别	构件名称	长	宽	高	厚（或进深）	径
柱类	檐柱			8/10 明间面宽		D
	金柱					D+1 寸
梁类	扎梁	廊步架加柱径一份		1.4D	1.1D	
	大梁	一步架 +2D		1.25D	0.95D	

续表

类别	构件名称	长	宽	高	厚（或进深）	径
梁类	随梁	一步架 +D		D	0.8D	
	随扎梁	廊步架 +D		D	0.8D	
枋类	檐枋	随面宽		D	0.8D	
	金枋	随面宽		D	0.8D	
檩类	檐、金檩					D
垫板柱瓜	檐垫板			0.8D	0.25D	
	金垫板			0.65D	0.25D	
	垫墩	2D		按实际		
	柱顶石		2D		D	
	花牙子	净面宽 1/4		D	3/10D	

来源：马炳坚．中国古建筑木作营造技术［M］．北京：科学出版社，2003：12～14，305.

土族传统庄廓房屋的基本单元一般由六柱或四柱组成一开间，开间尺寸为2.7～3.2m，进深尺寸为3～4.5m，木柱一般都为圆断面，直径20cm左右不等，立于柱顶石之上，柱头承担梁架，后檐柱升高，在大梁之上放置垫墩，承担四路檩条，檩条下垫墩由前向后依次递增高度，取走水，形成单坡平顶。

①正房

正房作为整个庄廓等级最高的房屋，一般为六柱组成一开间作为房屋的基本单元，采用“五檩前檐廊构造法”，朝向合院的一侧带前檐廊，进深尺寸为1～2m。

在房屋横向构件中，大梁前檐搭接在金柱之上，后端插入后檐柱之中，其下有随梁枋拉结金柱与后檐柱以保持稳定。在房屋纵向构件中，在金檩木下做金垫板，再下是金枋，下部安装门窗装修。

前檐廊木构架的构造方式精细考究、结构复杂、层次丰富，檐柱顶承接平板枋，平板枋上檐廊的横向构件——檐柱和金柱之间的横梁叫扎梁，扎梁头做雕饰穿插于平板枋之上，后尾穿插于金柱柱头中，为使檐柱和金柱拉紧，扎梁下用随扎梁的做法。扎梁上承接檐檩，檐檩下做扎口板，每间有插卯头将扎口板分为三段。平板枋下木结构的做法分为两种方式（图4.23）：

a）平板枋下做扎牵，为圆弧状，雕各种叶纹图案，或梅花透雕；扎牵下做荷叶墩，荷叶墩下为悬牵，最下面是花牙子雀替。前檐构造自上而下依次为：檐檩、扎口板、平板枋、扎牵、荷叶墩、悬牵、花牙子雀替。

b）平板枋下直接做悬牵，悬牵下面是花牙子雀替。前檐构造自上而下依次为：檐檩、扎口板、平板枋、悬牵、花牙子雀替。

②厢房、南房

东厢房、西厢房、南房一般四柱组成一开间作为房屋的基本单元，采用“四檩无廊构造法”，不带檐廊，无金柱及金檩等，其开间、进深和层高相同，木结构简化，做法比较简单，便于施工。

在房屋横向构件中，大梁前檐搭接在檐柱之上，梁头伸出檐外，后端插入后檐柱之中，其下有随梁枋拉结檐柱与后檐柱以保持稳定。在房屋纵向构建中，在檐檩木下做檐垫板，再下是檐枋，下部安装门窗装修（图4.24）。

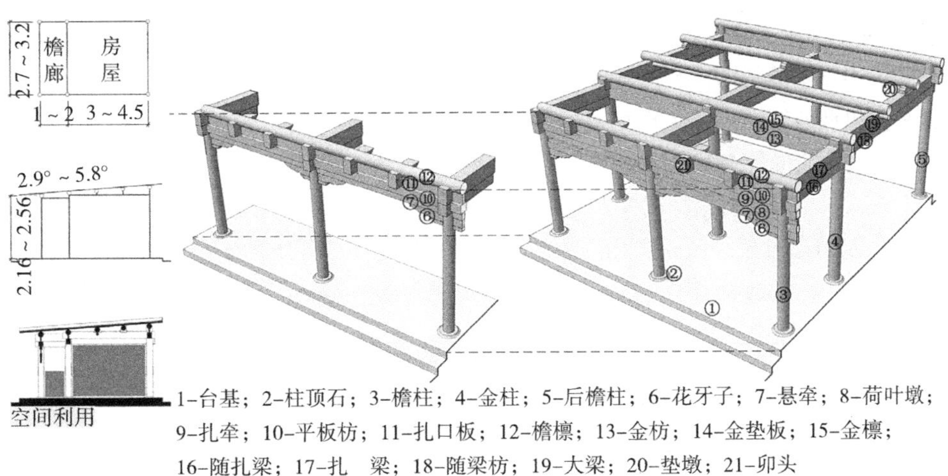

1–台基；2–柱顶石；3–檐柱；4–金柱；5–后檐柱；6–花牙子；7–悬牵；8–荷叶墩；9–扎牵；10–平板枋；11–扎口板；12–檐檩；13–金枋；14–金垫板；15–金檩；16–随扎梁；17–扎　梁；18–随梁枋；19–大梁；20–垫墩；21–卯头

图4.23　五檩前檐廊梁架构造图

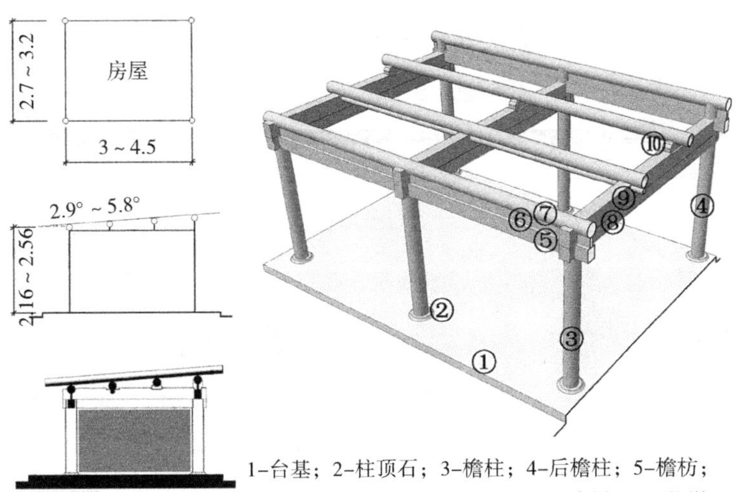

1–台基；2–柱顶石；3–檐柱；4–后檐柱；5–檐枋；6–檐垫板；7–檐檩；8–随梁枋；9–大梁；10–垫墩

图4.24　四檩无廊梁架构造图

4）形式内涵

（1）构造形式

①檐檩下形式复杂、层次丰富的木梁枋结构；

②精雕细刻的木雕花饰。

（2）内涵表达

①反映土族的艺术和美学观念

a）正房一般多做檐廊，檐廊檐檩下由扎口板、平板枋、扎牵、荷叶墩、悬牵、花牙子雀替等木制构件通过榫卯组合而成，具有承重和联系拉结作用。檐檩下木梁枋构造复杂、凸凹有致、层次分明，作为房屋柱身与屋面之间的承接过渡部分，承上启下，丰富了房屋的立面形式，增加了房屋的艺术效果和美学效果，具有很强的装饰作用。

b）厢房及南房大都不做檐廊，房屋檐檩下由檐垫板、檐枋木构件通过榫卯组合而成，一般不做木雕装饰，形式简洁，作为房屋墙面与屋面之间的承接过渡部分，改变了墙面平板单调的形式，丰富了房屋的立面形式（图4.25）。

②表达土族的社会意识形态

土族人民结合正房檐廊檐檩下木构件的形态特点，选取蕴含民族、地域、宗教、伦理、习俗及情态意象等民族文化内涵的图案，采用透雕或浮雕的木雕方法对其进行装

1–檐檩；2–扎口板；3–平板枋；4–扎牵；
5–荷叶墩；6–悬牵；7–花牙子；8–檐垫板；
9–檐枋

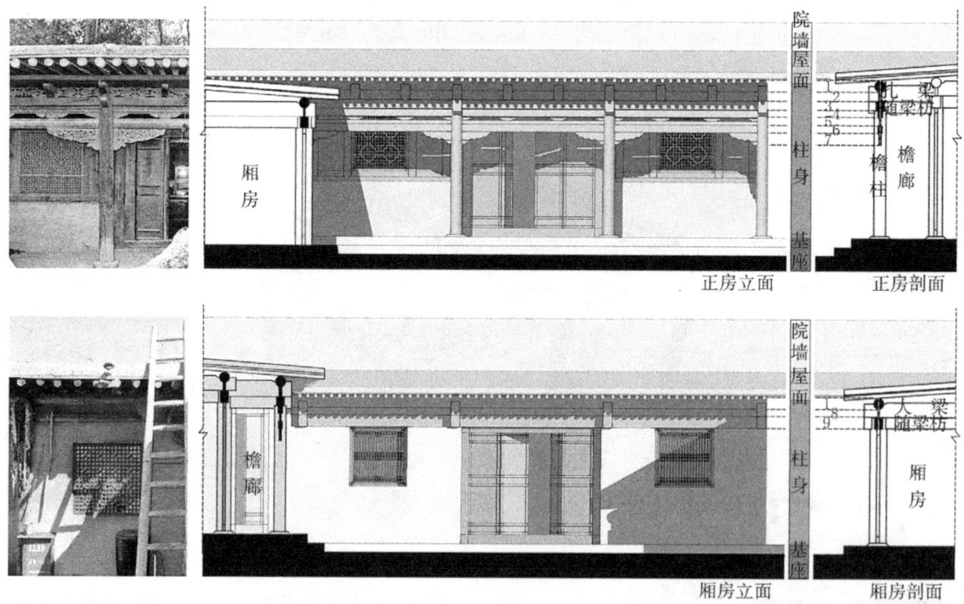

图4.25　土族传统庄廓正房、厢房的形制、装修的对比

饰，总是“图必有意，意必吉祥”，寄托土族人民求吉呈祥、消灾弭患的愿望，表达土族人民对美好生活的追求，对吉祥如意的向往（图4.26）。

土族人民乐于运用的图案主要以各种寓意吉祥的花卉植物为主，还有许多代表吉祥的器物图案、佛教图案等题材。

a）花卉植物图案

以牡丹、莲花、梅花、兰花、竹子、菊花等花纹为主，象征富贵吉祥：莲荷多子，有洁身自好、出淤泥而不染、质柔而穿坚的特点；梅兰竹菊清雅而不畏寒，象征文人高洁的品格；牡丹象征高贵富丽（图4.27）。

土族深受中原文化的影响，尤其喜欢牡丹，他们把牡丹看作是月亮的女儿、吉祥的象征，故有“土族人家满眼是牡丹”之说，尤其是土族传统庄廓雀替上的图案，有各式各样的牡丹花，是土族装饰图案的一大特色（图4.28）。

b）器物图案

“暗八仙”，即八仙之法器：芭蕉扇、宝剑、笛子、葫芦、阴阳板、鱼鼓、花篮、荷

图4.26 土族传统庄廓正房檐廊檐口木雕装饰

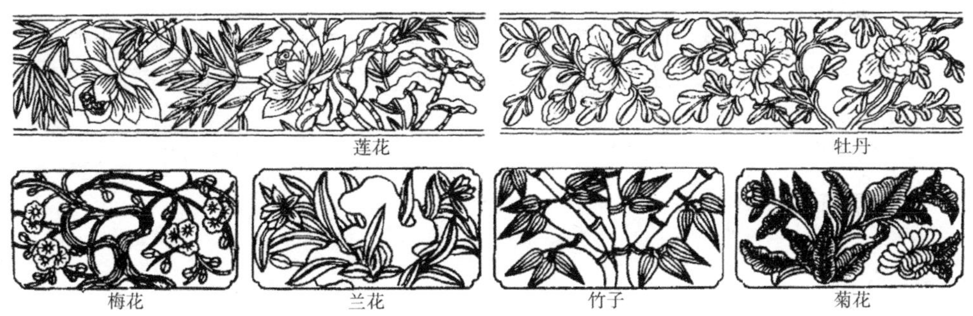

图4.27 花卉植物图案
（来源：朱沙，任峻编. 青海民间建筑图案［M］. 北京：人民美术出版社，1958：53-57.）

图4.28　雀替牡丹图案
（来源：朱沙，任峻编. 青海民间建筑图案［M］. 北京：人们美术出版社，1958：62.）

图4.29　暗八仙图案
（来源：朱沙，任峻编. 青海民间建筑图案［M］. 北京：人们美术出版社，1958：50.）

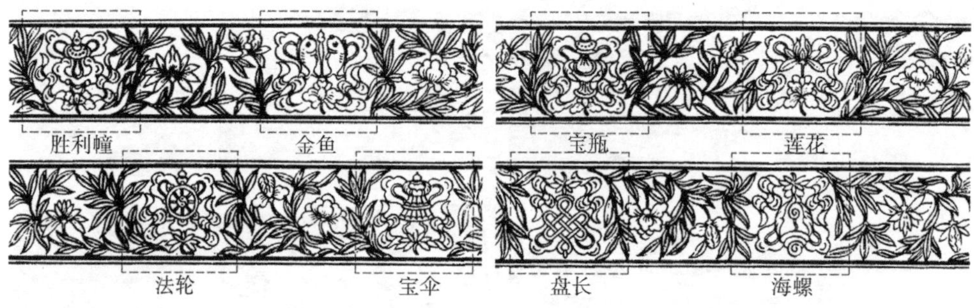

图4.30　八吉祥图案
（来源：朱沙，任峻编. 青海民间建筑图案［M］. 北京：人们美术出版社，1958：54.）

花。常以此代替八仙表达吉祥之意，吸收了汉族的装饰文化（图4.29）。

c）佛教图案

“八吉祥”，是传统藏传佛教符号中最著名的一组，由象征吉祥的八种器物组成：海螺、法轮、宝伞、胜利幢、莲花、宝瓶、金鱼、盘长。象征吉祥、圆满、幸福的代表图案（图4.30）。

2．平土屋面的建构形式

1）功能作用

平土屋面是土族传统庄廓房屋最上层起覆盖遮蔽作用的水平围护结构，其主要作用是直接抵御风霜雨雪、太阳辐射、气温变化以及其他一些自然的不利因素对内部空间使用的影响，特别是迅速防水和排水，防止雨水渗透；其次，它为土族人民提供了除合院之外人们日常活动的户外活动场所，并且在农忙时节，屋面常晾晒谷物草料，使得生产活动与生活活动都可以在庄廓内进行；再者，屋面的形式在很大程度上影响到庄廓的整体造型。

2）建筑材料

木材、麦秸秆（图4.31）、黄土（图4.32）、草泥（图4.33）。

3）建造经验

土族传统庄廓房屋的平土屋面由屋面基层与屋面铺设两部分构成，屋面基层包括木檩条、木椽子和木榻子（劈柴或树枝）；屋面铺设包括麦秸秆、黄土和草泥。它们搭接于房屋的梁架承重结构体系之上，低于庄廓院墙0.5～1m不等（图4.34）。

（1）在檩条上面架设木制椽子，椽径为150mm左右，将其均匀地钉在檩条之上。椽子后端伸入房屋后夯土院墙按照椽子截面大小挖孔的孔洞内，并用泥土填实缝隙以固定牢靠。

（2）固定好椽子后，在椽子上密铺40mm厚榻子（劈柴或树枝）。

（3）为了密实榻子缝隙的同时增加保温性能，在榻子上均匀铺撒一层10mm厚压扁的干麦秸秆，麦秸秆层可防止黄土落入榻子层内而掉落到室内地面上。

（4）在麦秸秆层上铺150mm左右潮湿的黄土，铺好后用石磙子压实，以起到很好的保温效果。

（5）在黄土层上加铺一层厚度为50mm由寸长的麦秸秆、黄土和水经拌合而成的草泥，上面提浆抹平，草泥层增加了屋面的密实性，可以防止雨水的渗透，待七成干时撒上一层麦糠（表面麦糠防止裂缝，起拉结作用），再用石磙子压光。

图4.31　麦秸秆

图4.32　黄土
（来源：百度图片）

图4.33　草泥

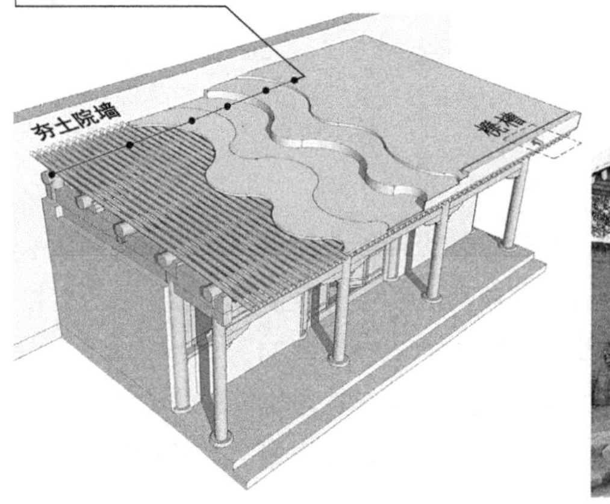

图4.34　土族传统庄廓单坡平顶草泥屋顶构造

（6）用草泥处理屋檐部分：顶部草泥封边，厚于屋面，聚雨水而不致其随处流淌；正面用草泥抹面平整统一；在每开间的中间位置屋檐处安置凳槽（木制、铁制或陶制的凹槽），有组织地将聚集雨水排向合院。

4）形式内涵

（1）构造形式

①单坡平土屋面；

②外挑深远的圆木椽条挑檐；

③平整统一的土黄色草泥屋面。

（2）内涵表达

①回应土族地区的自然气候条件

a）土族聚居区气候干燥，属典型的干旱少雨地区。受此影响，土族传统庄廓房屋屋面不盖瓦，施以草泥，并用小磙碾压光，屋面坡向合院，坡度平缓，约为5%~10%，平土屋面形式回应了当地的自然气候条件。

b）土族传统庄廓房屋外挑挑檐不仅可以保护房屋檐廊、墙体免受雨水的侵袭，而且能够满足房屋夏季防晒遮阳、冬季日照采光的功能需要。

（a）避雨的需求

气象台观测在静风的情况下，雨滴到达地面表面的速度是8.5m/s。在风力的作用下，雨滴落到地表面时，会发生倾斜。传统民居屋面的屋檐出挑的大小，与当地下雨时的风速有关。为保证大部分情况下，雨滴在风力的作用下，落到地表面，而不是落到墙面上，屋檐出挑的长度要达到一定数值。这就是计算“飘雨角”的必要性[71]30。

利用三角函数，可计算出飘雨角最小值[71]31（单位：°）：

$$r_{\min} = \arccos\left[\frac{V\text{rain}}{\sqrt{V\text{wind}^2 + V\text{rain}^2}}\right] \tag{4.1}$$

式中，V_{wind}：当地的全国年平均风速，m/s；

V_{rain}：雨滴到达地面表面的速度是8.5m/s。

青海河湟地区年平均风速大约在2m/s，经过计算：$r_{\min} = \arccos\left[\frac{8.5}{\sqrt{2^2+8.5^2}}\right]$=14°。

土族传统庄廓挑檐檐口高度H约为2400～2800mm，从而可以计算出挑檐出挑长度D：

$$D_{2400}=H_{2400}\cdot \text{tg}14°=2400\times \text{tg}14°=598\text{mm} \tag{4.2}$$

$$D_{2800}=H_{2800}\cdot \text{tg}14°=2800\times \text{tg}14°=698\text{mm} \tag{4.3}$$

得出结论：

计算结果与土族传统庄廓房屋挑檐出挑长度实际情况（600～800mm）基本相符，保证在大部分情况下，雨滴在风力的作用下可以落到地表面而不是落到檐廊、墙体上，能够起到避雨的功能需求（图4.35）。

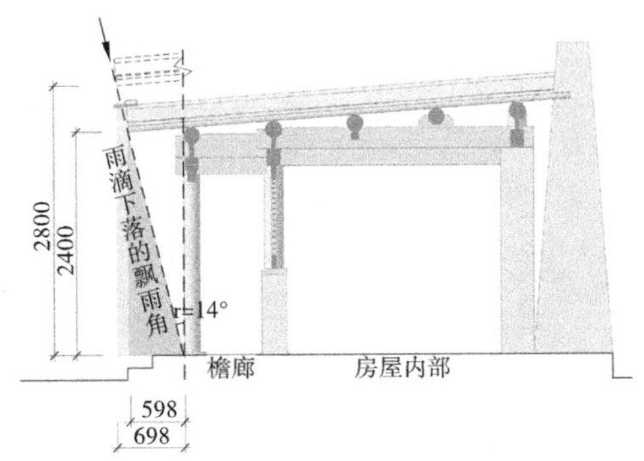

图4.35　屋顶挑檐与飘雨角的关系

（b）夏季遮阳、冬季采光的需求

土族聚居区夏季日照强烈、紫外线强，房屋遮阳防晒的处理必不可少，土族传统庄廓房屋通过挑檐的设计解决了房屋夏季遮阳防晒的功能需求；土族聚居区冬季严寒而漫长，房屋日照采光的需求尤为重要，这就要求挑檐的出挑长度不宜过长而影响冬季的日照采光。因此，土族传统庄廓房屋挑檐的长度既要满足夏季遮阳防晒的功能需求，又要满足冬季日照采光的功能需求。

青海河湟地区夏季、冬季的太阳高度角决定了土族传统庄廓房屋挑檐的长度。

太阳高度角h_s的计算公式[72]：

$$\sin h_s=\sin\Phi\cdot\sin\delta+\cos\Phi\cdot\cos\delta\cdot\cos\omega \tag{4.4}$$

$$h_s=90-(\Phi-\delta) \tag{4.5}$$

式中：hs：太阳高度角，°；

Φ：地理纬度，°；

δ：太阳赤纬角，°；

ω：太阳时角，°。

第一，青海河湟地区纬度在北纬35°～38°之间，地理纬度Φ以37°计算。

第二，赤纬角：$\delta_{夏至日}$（6月21日或22日）=+23°27′

$\delta_{冬至日}$（12月22日或23日）=−29°27′（表4.2）

第三，正午时ω=0。

青海河湟地区夏至日与冬至日正午时太阳高度角h_s：

$$h_{s夏至日}=90°-(37°-23°27')=76°27' \tag{4.6}$$

$$h_{s冬至日}=90°-(37°+29°27')=23°33' \tag{4.7}$$

青海河湟地区夏至日与冬至日阳光照射深度B：

$$B_{夏至日}=H/\mathrm{tg}h_{s夏至日}=2400/\mathrm{tg}76°27'=578\mathrm{mm} \tag{4.8}$$

$$B_{冬至日}=H/\mathrm{tg}h_{s冬至日}=2400/\mathrm{tg}23°33'=5507\mathrm{mm} \tag{4.9}$$

主要季节的太阳赤纬角 δ 值 表 4.2

季节	日期	赤纬 δ	日期	季节
夏至	**6 月 21 日或 22 日**	**+23 °27′**		
小满	5 月 21 日左右	+20° 00′	7 月 21 日左右	大暑
立夏	5 月 6 日左右	+15° 00′	8 月 8 日左右	立秋
谷雨	4 月 21 日左右	+11° 00′	8 月 21 日左右	处暑
春分	8 月 21 日或 22 日	0°	9 月 22 日或 23 日	秋分
雨水	2 月 21 日左右	−11° 00′	10 月 21 日左右	霜降
立春	2 月 4 日左右	−15° 00′	11 月 7 日左右	立冬
大寒	1 月 21 日左右	−20° 00′	11 月 21 日左右	小雪
		−29 °27′	**12 月 22 日或 23 日**	**冬至**

来源：刘加平．建筑物理（第三版）[M]．北京：中国建筑工业出版社，2000：119.

得出结论：

土族传统庄廓正房挑檐出挑长度最短为600mm，夏季太阳高度角大，阳光照射深度B为578mm，投射在外廊处，无法投入室内，挑檐发挥遮阳作用，满足夏季防晒遮阳的功能需求。土族传统庄廓正房挑檐出挑长度最长为800mm，冬季太阳高度角低，阳光照射深度B为5507mm，投射至室内使之具有良好的日照采光，挑檐不能遮挡阳光，满足冬季日照采光的功能需求。因此，土族传统庄廓房屋挑檐的出挑长度既能满足夏季遮阳防晒的功能需求，又能满足冬季日照采光的功能需求（图4.36）。

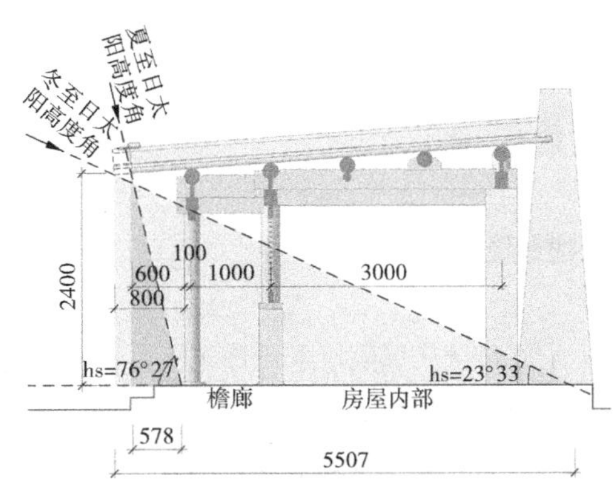

图4.36 屋顶挑檐与遮阳防晒、日照采光的关系

②反映土族的艺术和美学观念

a）平整统一的草泥屋面使得纯净的黄土本色与院墙、隔墙浑然一体，反映了土族人民朴素、自然的艺术和美学观念。

b）土族传统庄廓房屋通过木椽子外挑挑檐的方式形成0.6～0.8m的外挑檐口，挑檐的设计丰富了房屋的立面形式，改变了墙面平板单调的形式，增加了房屋的艺术效果和美学效果。

4.3.2 传统生土墙体的建构形式

土族传统庄廓在建造时先打起庄廓院墙，再搭建房屋的木梁架承重结构，最后砌筑各房屋的围护隔墙，土坯后墙与相邻的夯土院墙各自独立而形成"两层皮"的构造形式。因此，墙体作为土族传统庄廓的垂直围护构件，分为夯土院墙和土坯外墙两种形式，它们各处在不同的部位，发挥各自的作用（图4.37）。

图4.37 院墙与房屋的关系

1. 夯土院墙的建构形式

1）功能作用

夯土院墙作为土族传统庄廓的垂直围护构件，主要起围护和分隔作用。夯土院墙一方面界定了庄廓的空间和边界，另一方面保障所围合空间的防寒保温、防风防沙、安全隐私等功能，保证院内环境的宜居和稳定。同时，它能够有效应对当时地区动荡的社会环境提出的安全防卫的功能要求。

2）建筑材料

黄土、草泥。

3）建造经验

土族传统庄廓院墙采用椽筑法由数段长约2.6m左右的夯土墙组合而成，每段院墙夯筑时，模板架设完成以后直接将该版院墙夯筑至最终高度，夯筑完成一版墙体后将模板在相邻一版位置架设好继续夯筑，直至整个院墙完成为止。夯土院墙表面或保留椽模夯筑之后留下的凹凸粗糙的水平层状肌理，或以10～20mm厚的草泥粉饰一新，一方面修整了院墙的粗糙质感，另一方面增强了院墙的整体性和耐久性。

（1）椽筑法

椽筑法是用椽条、立杆、撑木、木板和夯锤等工具打筑黄土围墙：椽条一般用来做夯筑时的侧模和端头模，一般每边侧模由四根椽条组成；立杆用于夯筑土墙时固定侧向椽条；撑木则用以加固端头模板；夯锤是用来在模板内夯土的工具，高多为0.8m左右，夯杆底部为一实心铁夯或石夯，上部为一横向手柄（图4.38）。

（2）椽筑法的施工流程

椽筑法的施工工艺流程大致分为以下五个步骤：架设端头模——架设侧模——上料——墙体夯筑——拆除模板（图4.39）。

①在待夯筑院墙段两侧，按照墙基宽度相向略约倾斜各埋入两根立杆，竖椽条固定在两根立杆之间，并用绳子固定两端立杆的顶端，作为端头模，以确定庄廓院墙段的长度、厚度和高度。

②将八根长度约为3m，直径约为100mm的椽条由下而上分别紧密排列固定于四根立

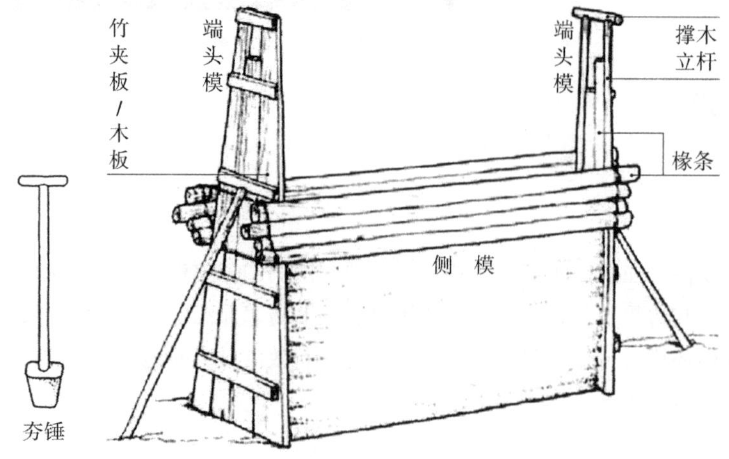

图4.38　椽式模板

（来源：李浈. 中国传统建筑形制与工艺［M］. 上海：同济大学出版社，2010：241.）

1. 架设端头模

2. 架设侧模

3. 上料

4. 墙体夯筑

5. 拆除模板

图4.39　椽筑法施工过程
（来源：陆磊磊. 传统夯土民居建造技术调查研究［D］. 西安建筑科技大学，2015：36.）

杆两侧，一侧四根，形成侧模。

③将土料倒入椽模当中，每次倒入虚土约120mm，先将其用脚初步踩实，再用夯锤从角部开始，走"之"字形将所有面夯实，每个夯击点需夯筑两次，夯筑完成后每层约压缩至80mm。

④夯至三椽高，即可拆除下部的木椽将之上移至其余木椽的顶部，如此由下而上交替成模，逐级升高，至最终高度庄廓院墙的顶部修成拱形，即"合龙"。

⑤拆除模板，至此，一版院墙夯筑完成。

4）形式内涵

（1）构造形式

①厚重高挺、高于房屋的"⏢"形墙身；

②粗犷朴素、凹凸有致的土黄色水平椽模肌理；

③平整统一的土黄色草泥抹面。

（2）内涵表达

①回应土族地区的自然气候条件

土族传统庄廓夯土院墙底宽0.8～1m，由下向上按1/15的比例收分至4～5m不等，院墙顶部高出庄廓院内房屋屋面0.5～1m不等，宽约0.4m左右，即院墙底部宽而上部窄，断面呈"⏢"形，厚重坚实，不仅具有很好的蓄热性能，有利于房屋的御寒、保温，而且能够有效地抵御冬季的寒风和春季的风沙。

②反映土族的艺术和美学观念

不论是质地粗糙、凸凹有致的水平椽模肌理，抑或是平整统一的草泥抹面，夯土院墙统一纯净的黄土本色与周围黄土地貌相呼应，如同自然生长出来一般，与自然环境和谐共生、浑然一体，反映了土族人民朴素、自然的艺术和美学观念，表达了土族人民尊重自然、利用自然、适应自然的传统建筑文化（图4.40）。

③体现当地动荡的社会环境

面对长年兵燹匪患的战乱年代，土匪盗抢、烧杀抢掠不可避免，土族人民为了自保，高筑院墙抵御外人侵扰是应对动荡社会环境的有效措施，一个完整的庄廓就是一个微缩城堡，高约4～5m的土筑厚墙，不可随意逾越。

图4.40　土族传统庄廓院墙风貌

2．土坯外墙的建构形式

1）功能作用

土坯外墙作为土族传统庄廓房屋必要的垂直围护构件，主要起围护和分隔作用。作为房屋围护结构，墙体可以抵御自然界的风、雨、雪的侵袭，防止太阳辐射、噪声干扰以及室内热量的散失，起到保温、隔热、防风、隔声等作用，保障所围合空间室内物理环境的舒适性和稳定性。同时，它可以将房屋的室内空间分隔开来，划分为若干个使用空间。

图4.41　土坯砖

2）建筑材料

土坯砖（图4.41）、草泥、石灰（图4.42）。

图4.42　石灰
（来源：百度图片）

3）建造经验

用未经焙烧过的黏土掺以麦秸秆类有机掺合料，经成型、干燥（日光干燥或风干）而制成的建筑材料称为

图4.43　土坯外墙饰面形式

土坯，土坯外墙是在夯土墙基础上的一种革新，是从大体量修整到小体量堆砌的发展，缩短了干燥时间，减轻了砌墙的劳动强度，且不受模板的限制。

土族传统庄廓房屋后墙、山墙一般由尺寸为250（300）mm×150（200）mm×80（100）mm的自制土坯砖逐层砌筑而成，砌块之间用草泥相互粘接。在砌筑时遵循错缝搭接的原则，即将上下皮砖的垂直砖缝有规则地错开，避免形成上下连通的通缝，从而影响到墙体的稳定性。墙体砌筑完成后，内、外表面或用10～20mm厚的草泥粉饰一新；或用石灰抹面粉刷成白色，带给人们更多干净整洁的视觉感受（图4.43）。

4）形式内涵

（1）构造形式

①平整统一的土黄色草泥抹面；

②干净整洁的白灰抹面。

（2）内涵表达

①反映土族的艺术和美学观念

平整统一的草泥抹面使得纯净的黄土本色与院墙浑然一体，反映了土族人民朴素、自然的艺术和美学观念。

②表达土族的社会意识形态

经济条件好的土族人民用白色石灰将房屋墙面粉饰一新，表达了土族人民利用白色寄托吉祥和喜庆的热切盼望的传统色彩文化：土族人崇尚白色，他们认为白色是最吉祥的颜色，象征着高贵、圣洁。在民俗土族婚礼中（第一批国家级非物质文化遗产），男方的娶亲使者“纳什金”在迎娶新娘时一定要穿着白色褐衫，青年男子头戴白色毡帽，还要赶着一只叫“央立”的白色母羊，象征着纯洁与财富；土族语中把白称为“察汗”，所以土族的尚白意识体现在服饰上，有察汗毡帽、察汗木尔格迭（白褐衫）、察汗毡袄等男式服装；土族姑娘常佩带“察汗手巾”；土族妇女的首饰也多崇尚“察汗面古”（白银）的耳环、商图（头饰）、手镯、戒指，也显示出了尚白倾向[73]。土族人招待贵客在向其敬酒时，酒壶上要系着一绺白羊毛；土族庄廓院墙四个角顶上各置一个长圆形白色卵石，用以保平安；土族庄廓室内墙体用石灰抹面粉刷成白色等。

4.3.3 传统木制门窗的建构形式

门窗是土族传统庄廓房屋立面两个重要的围护构件，它们在保持了房屋空间完整性的同时，更多地体现了其功能性，如交通出入、分隔、联系空间，以及通风和采光作用等。

1. 隔扇木门的建构形式

1）功能作用

隔扇木门在土族传统庄廓房屋中的主要作用是供人们进出房间和室内外的通行口，兼有采光、通风的作用，门的形式对于建筑立面装饰的影响也很大。

2）建筑材料

木材。

3）建造工艺

土族传统庄廓房屋的门一般分为单扇门、双扇门和四扇门，它是由框槛和隔扇两部分组成：框槛是不动的部分，隔扇是可动的部分。

框槛之中，横的部分都是槛，因所处位置的高下，分上槛、下槛，上槛紧贴在檐枋之下，下槛放在地上；左右竖立的部分叫抱框，紧靠着柱子立住，这框槛的全部就是安装隔扇的架子。

隔扇由外框、隔扇心、裙板及绦环板组成。外框是隔扇的骨架，两旁竖立边梃，边梃之间，横安抹头；隔扇心是安装于外框上部的仔屉；裙板是安装在外框下部的隔板，绦环板是安装在相邻两根抹头之间的小块隔板。

土族传统庄廓房屋的隔扇多为六抹，上下对称，绦环板、裙板、隔扇心是用木材加工作平整光滑的木板，不作任何雕饰，整体简单朴素（图4.44）。

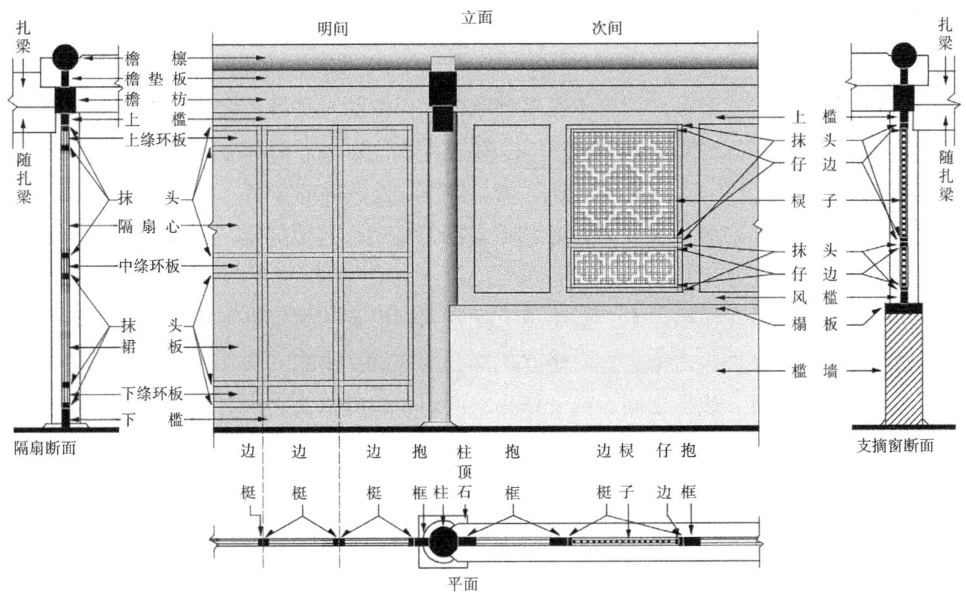

图4.44 土族传统庄廓门窗构造

4）形式内涵

（1）构造形式

上下均分的六抹隔扇。

（2）内涵表达

作为土族传统庄廓房屋不可或缺的主要围护构件，隔扇木门造型简单朴素，改变了墙面平板单调的形式，丰富了房屋的艺术效果和美学效果。

2．平开木窗的建构形式

1）功能作用

平开木窗在土族传统庄廓房屋中的作用是采光、通风以及分隔、围护，同时对装饰房屋立面起到至关重要的作用。

2）建筑材料

木材、白棉纸（图4.45）。

图4.45 白棉纸
（来源：百度图片）

3）建造工艺

土族传统庄廓房屋的窗户均为木花格糊纸窗，一般都是平开式结构，主要分为两大类：第一类是单扇窗，也叫作“满间窗”；第二类是分为上下两部分的两扇窗，叫“虎张口”。它们均是向上开启，再用木棍支撑，有些古色古香的味道。正房一般选取虎张口或大的满间窗，窗户面积大，采光好，图案精美复杂；其他房间一般选满间窗，图案样式简单，朴素大方。

正房的窗户都做在槛墙之上，槛墙顶上先安木制榻板，榻板上安槛框，上槛紧贴在檐枋之下，风槛放在榻板之上，左右竖立的部分为抱框。窗扇安装在槛框内，它是一个架子，两旁竖立边梃，边梃之间，横安抹头；四周在边梃抹头之内有仔边；中间棂子用5cm左右厚、2cm左右宽的木条制作，根据需要将这些木条截成若干不同长度的小木条，将这些小木条两端锯开榫卯，拼对成图案，固定在仔边上，窗棂基本都比较密，一般在内部糊白棉纸，从外观看，窗格是裸露在外的（图4.45）。

4）形式内涵

（1）构造形式

①方正规矩的平开花格形式；

②丰富精美的几何纹样。

（2）内涵表达

①反映土族的艺术和美学观念

方正规矩的平开花格窗为几何纹样，样式丰富多样，做工精细考究，改变了墙面平板单调的形式，增加了房屋的艺术效果和美学效果，窗格纹样具有特色鲜明的装饰作用。

②表达土族的社会意识形态

丰富多彩的纹样图案包含着丰富的民族文化内涵：龟背锦[①]、灯笼锦、盘长纹[②]等。通过这些图案土族人民传递独具的文化寓意，寄托土族人民求吉呈祥、消灾弭患的愿望，表达土族人民对美好生活的追求，对吉祥如意的向往（图4.46、图4.47）。

---

① 龟背锦是以正八角形为基本图案组成的窗格形式，看起来就像是乌龟的背壳图案，所以称为龟背锦。龟是长寿而吉祥之物，古人以龟甲纹作为窗格棂条图案，不仅美观生动，而且还有“延年益寿”的吉祥寓意。

② 盘长纹来自于古印度，是佛家八宝之一，由封闭的线条回环往复缠绕而成，寓意“回环贯彻，一切通明”。

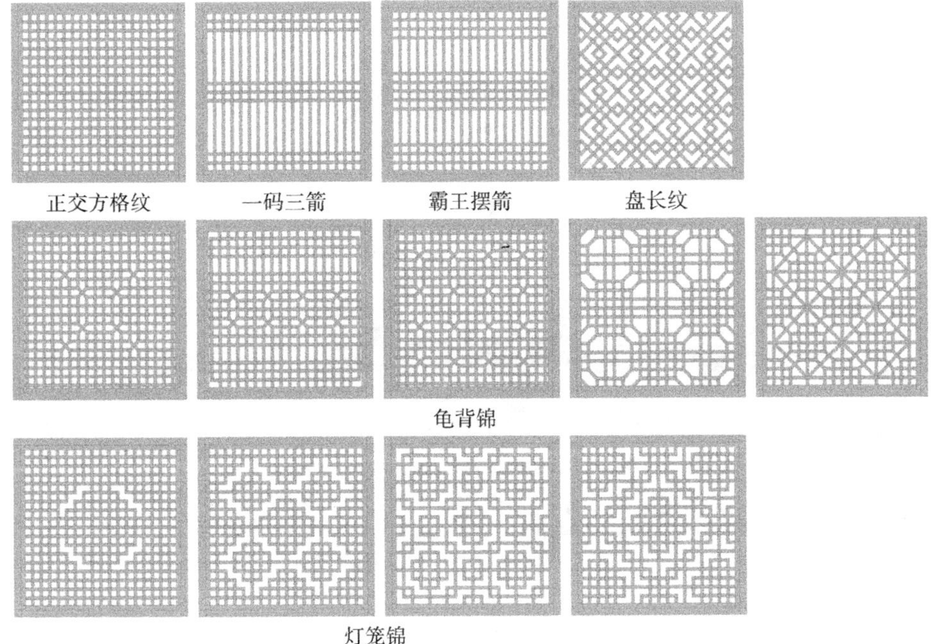

图4.46　单扇窗

图4.47　虎张口

4.3.4　传统建筑构件建构模式组合的建造过程

土族农村建房造屋，非常热闹，全村的邻里都来帮忙。土族最典型的传统平屋四合院庄廓的建造顺序一般为：①选址占地；②平整场地，夯实庄廓院墙基础；③填土夯平，使室内地坪高于合院一或二步；④下宝瓶，后夯筑庄廓院墙；⑤建造正房；⑥建造东厢房；⑦建造西厢房、南房；⑧立大门；⑨筑转槽，竖嘛呢旗杆，完成庄廓建设。

庄廓院内房屋的建造顺序一般为：①搭建房屋的梁柱木构架；②砌筑房屋的土坯后墙和山墙；③架设椽子，后端插入后夯土院墙内；④铺设黄土草泥屋面；⑤安装房屋门窗，进行细部装修及内部装潢（图4.48）。

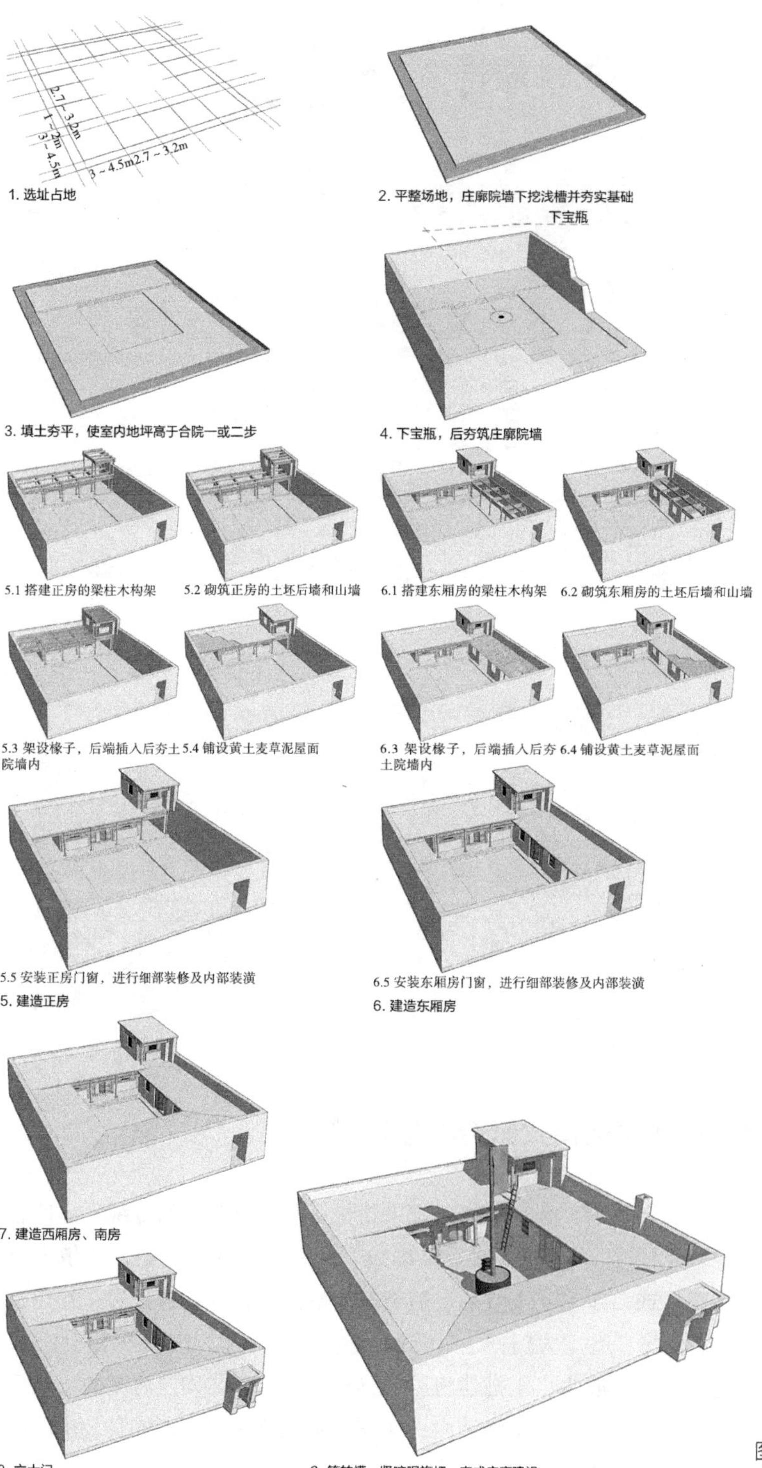

图4.48 土族传统庄廓建造过程

4.4 土族传统建筑构件建构模式未来发展的设计思路

4.4.1 土族传统建筑构件建构模式的适应性分析

土族传统庄廓主要由屋顶、墙体和门窗三大建筑构件建构模式组合而成。通过土族传统建筑构件建构模式研究可知：传统屋顶建筑构件建构模式由梁架承重结构构造模式、平土屋面构造模式组成；传统墙体建筑构件建构模式由夯土院墙构造模式、土坯外墙构造模式组成；传统门窗建筑构件建构模式由隔扇木门构造模式、平开木窗构造模式组成。因此，土族传统庄廓从根本上是由这些构造模式构成的，这些构造模式是构成土族传统庄廓的原子和分子。

材料模式决定构造模式，构造模式是允许材料模式出现的先决条件和必要条件。构成土族传统庄廓的构造模式是土族人民结合当地传统建筑材料，经过数百年不断探索、调整、修正、改良过程创造的，稳定的、成熟的，传统建造方法形成的解决一定功能作用的，具有一定几何形式的物质实体。

1．传统屋顶构件建构模式的适应性分析

1）传统梁架承重结构的适应性分析

（1）传统建构形式的问题

由木柱、木梁、木枋、木垫板等构件通过榫卯方式建造的传统梁架承重结构，具有就地取材、适应性强、抗震性好、节能环保、循环利用、形式独特等优点，但由于木材在力学、经济性、耐久性等方面的根本缺陷，限制、制约了传统梁架承重结构的现代应用。

①在力学方面，木材的强度有限，传统梁架承重结构的木梁受力不够合理，梁截面

需要较大，总体耗木料较多，难以满足更大、更复杂的空间需求。

②在经济性方面，生态环境恶劣的土族聚居区森林资源稀缺，木材匮乏，造成使用木材成本较高，加之传统梁架承重结构构造形式复杂，施工工艺要求较高，需要专业的工匠就地取材加工组配，工期较长，人工成本较高，同时后期维修难度大、费用高，经济性差，从而限制了它在民居建筑中大量使用的前提。

③在耐久性方面，木材易遭火灾，受潮后易于腐蚀，耐久性差。

（2）现状发展的趋势

①一部分经济条件允许的土族人民，在提高木材耐久性的条件下，坚持喜闻乐见的传统梁架承重结构体系，继承传统庄廓的艺术效果和美学效果。

②随着红砖、水泥砂浆等现代建筑材料在土族地区的普及推广，具有结构安全、施工简单、价格经济、耐久性强等方面优势的山墙承檩或山墙承板的横墙承重结构，逐渐取代梁架承重结构成为土族现代庄廓房屋的主要承重结构体系。

2）传统平土屋面的适应性分析

（1）传统建构形式的问题

以黄土、木材为主要建筑材料建造的传统平土屋面，具有就地取材、施工简单、造价低廉、节能环保、循环利用、形式独特等优点，但由于黄土在耐久性能和防水性能等方面的固有缺陷，土族人民在使用的过程中要经常对屋面进行维护，尤其在雨天后，以保证屋面不会发生漏水，同时每隔3～5年要重新加铺一层草泥，用以弥补长期以来雨水对屋面的冲刷。因此，传统平土屋面难以满足土族人民改善居住质量和房屋安全性的迫切需求，严重制约平土屋面的现代应用。

（2）现状发展的趋势

随着瓦材在土族地区的普及推广，具有取材容易、价格经济、施工简单等方面优势的平瓦屋面，已完全取代平土屋面成为土族现代庄廓的主流形式，不仅增强了房屋屋面防水、排水的性能，而且提高了整个屋面的耐久性及强度，改善了传统平瓦屋面在防漏性、排水性、耐久性、坚固性、美观性等方面的劣势。

2．传统墙体构件建构模式的适应性分析

1）传统建构形式的问题

以黄土为主要建筑材料建造的土族传统庄廓的夯土院墙、土坯外墙具有就地取材、施工简单、造价低廉、节能环保、循环利用、形式独特等优点，但由于黄土在力学、耐久性和防水性能等方面的固有缺陷，使得夯土院墙、土坯外墙在建造技术、结构安全、耐久外观、空间形式等方面存在一些明显不足，难以满足土族人民改善居住质量和房屋

安全性的迫切需求，严重制约夯土院墙、土坯外墙的现代应用。

（1）在建造技术方面，夯土院墙施工工期较长，夯筑设备与工具简陋，施工工艺技术简单粗糙，夯击能量不足，造成夯土院墙土料含水率控制不严格，墙体密实度差，院墙质量难以控制。

（2）在结构安全方面，分段夯筑的院墙交接之间、土坯外墙与梁架承重结构交接之间无可靠的结构措施连接加固，分段院墙之间有竖向通缝，墙体自身强度和整体性较差，地震时墙体易开裂、外闪，严重时造成倒塌。

（3）在耐久外观方面，由于夯土院墙、土坯外墙密实度差，墙体耐水、抗渗性能较弱，墙身容易开裂、风蚀剥落，墙根碱蚀厉害，蜂窝、鼠洞、虫蛀较多，外观品质普遍较差。如今，在许多土族人民甚至地方政府心目中，夯土院墙、土坯外墙即意味着农村危房，更是贫困落后的象征。

（4）在空间形式方面，由夯土院墙和土坯外墙组成的土族传统庄廓房屋垂直围护结构厚达1.3m左右，空间浪费严重，加之由于黄土材料力学性能的缺陷，夯土院墙、土坯外墙门窗洞口窄小，严重影响房屋日照、采光、通风等，造成室内低矮、昏暗，室内环境品质较差。

2）现状发展的趋势

随着红砖、水泥砂浆等现代建筑材料在土族地区的普及推广，具有取材容易，生产制造及施工操作简单，结构安全性能突出，耐久性强，防火、防水和防冻性能优良，整洁美观等方面优势的砖墙，已完全取代夯土院墙、土坯外墙成为土族现代庄廓墙体的主流形式。

3．传统门窗构件建构模式的适应性分析

1）传统建构形式的问题

由木材加工制作而成的传统隔扇木门、平开木窗，具有就地取材、循环利用、形式独特等优点，但由于木材在经济性、耐久性、室内环境舒适性等方面的根本缺陷，难以满足土族人民改善居住质量的迫切需求，限制、制约了传统门窗的现代应用。

（1）在经济性方面，生态环境恶劣的土族聚居区森林资源稀缺，木材匮乏，造成木材使用成本较高，加之传统门窗构造形式复杂，施工工艺要求较高，需要专业的工匠就地按材加工组配，工期较长，人工成本较高，同时后期维修难度大、费用高，经济性差，从而限制了它在民居建筑中大量使用的前提。

（2）在耐久性方面，木材易遭火灾，受潮后易于腐蚀，耐久性差。

（3）在室内环境舒适方面，传统隔扇木门、平开木窗在气密性、水密性、隔声性、

御寒性、保温性等方面不足，加之木制窗户棂子较多，内部一般用白棉纸贴糊，透光性较差，室内较暗，室内环境品质较差。

2）现状发展的趋势

随着新材料、新技术的不断发展，现代建筑对门窗的要求也越来越高，木制门窗已远远不能满足大面积、高效保温隔声、高质量防尘防火等综合性要求。在普通门窗基础上发展起来的铝合金门窗是一种利用变形铝合金挤压成型的薄型结构，其断面为空腹，可以现场装配，加工工艺简单、方便，开闭轻便灵活，无噪声。铝合金门窗以其用料省、自重轻、强度高、耐腐蚀、坚固耐用、价格经济、外表光洁美观、维修费用低等诸多优点，已完全取代木制门窗成为土族现代庄廓门窗的主流形式，显著提高了房屋的气密性、水密性、隔声性、保温性、透光性。

4.4.2 土族优秀传统建筑构件建构形式的提炼

根据土族传统建筑构件建构模式的现代适应性发展趋势，分析传统材料模式和构造模式的生命力，结合传统构造形式的内涵表达，提炼可继承与发展的传统建筑构件建构形式（表4.3）。

1. 传统屋顶构件建构形式

1）梁架承重结构构造形式

（1）檐檩下形式复杂、层次丰富的木梁枋结构；
（2）精雕细刻的木雕花饰。

2）平土屋面结构形式

外挑深远的圆木椽条挑檐。

2. 传统墙体构件建构形式

1）夯土院墙构造形式

（1）粗犷朴素、凹凸有致的土黄色水平椽模肌理；
（2）平整统一的土黄色草泥抹面。

2）土坯外墙构造形式

（1）平整统一的土黄色草泥抹面；
（2）干净整洁的白灰抹面。

3. 传统门窗构件建构形式

1）隔扇木门构造形式

上下均分的六抹隔扇。

2）平开木窗构造形式

（1）方正规矩的平开花格形式；
（2）丰富精美的几何纹样。

土族优秀传统构造形式提炼 表 4.3

构造模式	构造形式	形式内涵
梁架承重结构	檐檩下形式复杂、层次丰富的木梁枋结构	反映土族艺术和美学观念
	精雕细刻的木雕花饰	表达土族社会意识形态
平土屋面	外挑深远的圆木椽条挑檐	回应土族地区自然气候条件
夯土院墙	粗犷朴素、凹凸有致的土黄色水平椽模肌理	反映土族艺术和美学观念
	平整统一的土黄色草泥抹面	反映土族艺术和美学观念
土坯外墙	平整统一的土黄色草泥抹面	反映土族艺术和美学观念
	干净整洁的白灰抹面	表达土族社会意识形态
隔扇木门	上下均分的六抹隔扇	反映土族艺术和美学观念
平开木窗	方正规矩的平开花格形式	反映土族艺术和美学观念
	丰富精美的几何纹样	表达土族社会意识形态

4.4.3 土族优秀传统建筑构件建构形式未来发展的设计方法

我们知道设计的最终产物是形式，形式是对设计问题的解答，是我们认识建筑的部分。基于传统材料模式实现的传统构造模式，本身所具有的构造形式不仅反映了土族人民历经数百年来对其所处自然、气候条件的适应，而且融合了土族人民的经济技术水平、传统民族文化和传统审美情趣，它们都是具有深刻含义的建筑原型，共同赋予土族传统庄廓以地方风格和民族特色。因此，面对现代化、城镇化快速发展的时代背景，满足土族人民改善居住质量和房屋安全性的迫切需求，挖掘、梳理、提炼表现土族典型民族特征的，体现土族传统建筑文化形式原真的、富有活力的传统构造形式、传统建构经验，结合现代建造技术，对其进行优化、改良以适应现代经济、耐久、舒适、美观等方面的需求，能够有效地应对土族传统建筑风貌的发展问题，有利于土族传统建筑文化的保护、继承、发展与创新。

1．土族传统构造经验的现代性能提升

基于传统建筑材料实现的传统构造经验，是土族人民依托传统的经济条件、技术水平，结合传统的功能需求、审美观念而创造的低技术、低成本、低能耗、低污染的适宜技术，它适合于土族传统的农耕文化，为土族人民所喜闻乐见。

随着现代化、城镇化的快速发展，土族传统构造经验因时代的局限性已不再适合于现代土族人民改善居住质量和提升房屋安全性的迫切需求。因此，挖掘、梳理、提炼能够表现土族传统艺术效果和美学效果的，富有活力的传统建筑材料，有机结合现代建筑材料、结构、建造新技术，调整、改进、提升传统构造经验以适合于现代经济、耐久、舒适、美观等需求，是最简单、直接、有效地解决土族传统建筑风貌发展问题的方法。

2．土族传统构造形式的现代技术表达

新的材料、新的结构体系、新的建造技术的发展是时代进步的必然趋势，它们的应用在一定程度上改善了土族人民的居住质量、提升了房屋的安全性能。新的构造形式摒弃了土族人民喜闻乐见的传统形式，忽视了土族地区的自然、地理、历史、人文等条件，仅体现现代城市型的建筑文化，造成严重的新旧断层现象，引起土族传统建筑风貌的消失，民族建筑文化的衰落。因此，挖掘、梳理、提炼回应土族地区自然气候条件的、反映土族艺术和美学观念的、表达土族社会意识形态的，富有活力的传统构造形式，有机结合现代建筑材料、结构、建造新技术，探索传统构造形式现代表达的适宜新技术，能够有效地解决土族传统建筑风貌的发展问题。

4.5 本章小结

本章采用文献研究、田野调查、规律探寻等方法，挖掘、提炼、归纳反映土族地区气候条件、地形地貌、民俗文化、宗教信仰、经济条件、民族艺术等方面的土族原型建筑模式语言，帮助我们清晰而准确地认识土族传统群落、传统单体、传统建筑构件建构模式的地方风格和民族特色，掌握土族传统庄廓在空间结构、空间组织、造型风貌、建筑材料、结构体系、建造技术、文化更替、生态节能等诸多方面的内在建构逻辑。

传统群落空间结构模式、传统院落空间组织模式、传统建筑构件建构模式都是对土族传统庄廓产生、发展过程中有活力的构造形式、建造经验、生态智慧的全面系统的归纳和总结，我们能够从中汲取营养，得到灵感，为适应现代化、城镇化需求的现代建筑土族化提供基础资料、奠定基础。

新型建筑构件建构模式的土族化与现代化

5.1　屋顶构件建构模式的土族化与现代化

5.2　墙体构件建构模式的土族化与现代化

5.3　门窗构件建构模式的土族化与现代化

5.4　适宜绿色建筑技术的土族化与现代化

5.5　本章小结

通过对比土族传统庄廓、现代庄廓的建筑形式可知，造成土族现代庄廓传统建筑风貌、结构安全性能、生态节能效率、房屋建设品质等问题越来越凸显的根本在于土族庄廓建筑构件建构模式的颠覆性变化。因此，以富有历史文化价值和鲜明地方风格、民族特色价值的传统建筑构件建构模式为原型，根植于土族地区气候严寒、地形复杂、物资贫乏、农牧交错、民族众多、文化杂糅、宗教多元的自然人文环境特征，结合现代建筑材料、结构体系、建造技术，采取适应气候、适宜技术、文脉传承、节能生态等方面的设计思路，优化与改良传统建筑构件建构模式以适应现代化，改进与修整现代建筑构件建构模式以提升土族化，有助于帮助我们解决造成土族建筑文化传承问题、质量问题和生态问题的根本性问题。

5.1 屋顶构件建构模式的土族化与现代化

5.1.1 屋顶承重结构的建构形式

为满足土族人民改善室内居住环境品质的现代需求，传统低矮的、局促的木梁架结构形成的房屋表现出一定的局限性和不适应性，高大、宽敞、明亮的室内环境成为土族人民对现代庄廓房屋的新需求，由改良的抬梁式木构架和横墙承重结构形成的房屋都有效地增加了房屋的开间、进深尺寸和建筑高度，扩大了房屋室内空间的使用面积，利于营造干净整洁、宽敞明亮的室内环境。

横墙承重是指按屋面设计要求的坡度，将横墙上部砌成三角形以代替传统抬梁式组成的木构屋架，在其上直接搁置檩条来承受屋面重量的一种承重方式，这种承重方式又称为山墙承重或硬山搁檩。与传统梁架结构相比，这种支撑结构可节约木材，构造简单，施工方便，经济耐久，房间的隔声、防火效果好，是一种较为合理的承重结构体系。当房屋进深较大时，可选用双坡屋顶；当房屋进深不大时，可选用单坡屋顶。

1. 建筑材料

红砖（图5.1）、水泥（图5.2）、砂（图5.3）、木材、钢筋混凝土檩条（图5.4）。

图5.1　红砖

图5.2　水泥
（来源：百度图片）

图5.3　砂
（来源：百度图片）

图5.4　钢筋混凝土檩条
（来源：百度图片）

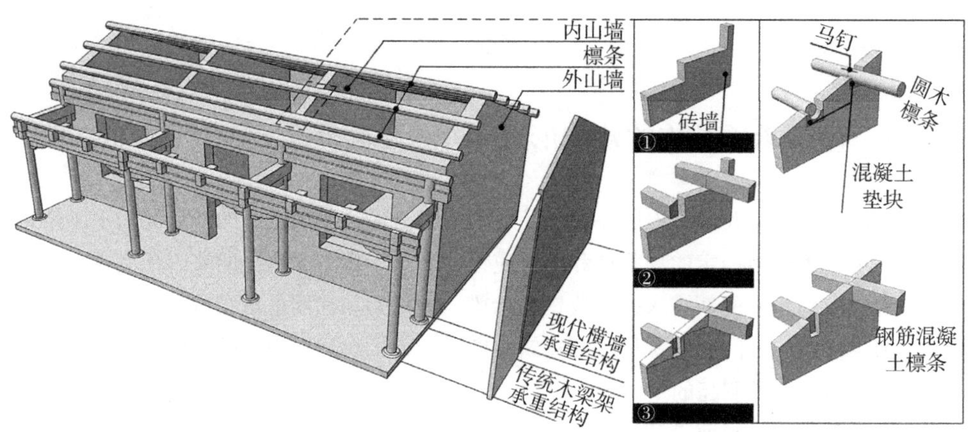

图5.5　双坡屋顶承重结构形式设计

2. 双坡屋顶承重结构的民族特色表达

为满足土族人民生活功能由传统合院分散式向现代正房集中式发展的趋势，土族现代庄廓正房或为抬梁式木构架双坡屋顶，或为横墙承重双坡屋顶。它们一方面有利于解决房屋因使用面积增大、进深尺寸增加而带来的屋顶承重的结构问题，方便及时排走屋顶的雨雪；另一方面能够保障房屋在相同坡度、相同进深条件下，双坡屋顶高度低于单坡屋顶高度，减少屋顶部分所占的空间，有利于节约建材、节省开支、降低能耗。

综合传统木梁架结构的民族特色表达优势和现代横墙承重结构的经济、性能优势，庄廓正房主体采用现代横墙承重结构，檐廊继承传统木梁架承重结构（图5.5）。

1）庄廓正房主体可采用现代横墙承重结构体系。当采用木檩条时，表面需涂刷防潮、防腐的油漆，利用在木材表面形成的漆膜对木材进行保护，并应预先在横墙上搁置木垫块或混凝土垫块，使荷载分布均匀。檩条与横墙的构造做法如下：

（1）分别按照各檩条的标高要求将山墙顶部砌筑成台阶状。

（2）在预设台阶高度放置檩条。

（3）利用红砖和水泥砂浆填补阶梯空缺，形成需要的坡度。

2）决定正房外观造型的檐廊可继承传统木构榫卯的构造经验，延续传统木梁架结构体系，反映土族传统艺术和美学观念，发挥传统形式的民族特色表达优势。在木材表面需进行涂层处理（油漆或涂料），形成隔绝空气、防止虫害的保护膜，同时可以利用漆膜的质感和色彩起到美化和装饰的作用。考虑到经济性和实效性，可仅保留基本的承重、拉结联系构件，同时，各户可根据自己的经济情况自由选择是否对其进行木雕花饰的装修。

3. 单坡屋顶承重结构的民族特色表达

土族现代庄廓厢房多为不带檐廊单坡屋顶，纵墙作为房屋的正立面，在横墙承重结构体系中不承重，只起嵌固横墙、加强稳定和承受墙体自重的作用，它的形式在很大程度上影响着房屋的外观造型。因此，参考土族传统庄廓房屋檐檩下形式复杂、层次丰富的传统木梁枋结构构造形式，结合红砖砌筑的工艺特点，在内纵墙屋面下采取将砖逐皮外挑的构造做法，每皮挑出1/4砖或1/8砖，约60mm或30mm，一般挑出的总长不大于墙厚的1/2，探索传统木梁枋结构体系的现代建造技术表达，寻找纵墙与屋面过渡衔接部分的适宜构造形式，以此改变单坡横墙承重结构体系中纵墙简洁、单调、乏味的现代形式，力图继承土族人民喜闻乐见的传统建筑形式（图5.6）。

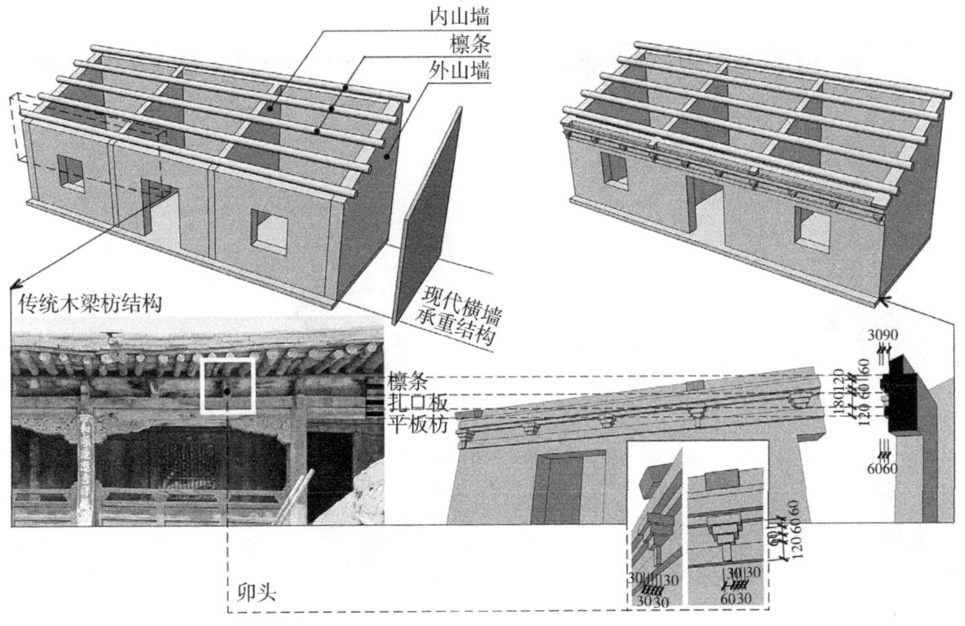

图5.6 单坡屋顶承重结构形式设计

5.1.2 平瓦屋顶建构形式的设定

1. 建筑材料

木材、钢筋混凝土檩条和椽条、油毡（图5.7）、平瓦（图5.8）。

2. 平瓦屋顶坡度的设定

屋顶是房屋最上层起覆盖遮蔽作用的水平围护结构，在有降雨时，屋顶应具有防水的能力，并应尽快在短时间内将雨水排出屋面，以免发生漏水，因此屋顶应具有一定的坡度。屋顶坡度大小应适当，坡度过小，因排水不畅而易漏水，坡度太大则会浪费材料和空间，不仅增加能耗，而且增加造价。

因此，屋顶坡度大小必须根据所采用屋面防水材料的防水特性、尺寸和当地降雨量两方面加以考虑。

1）屋面防水材料与坡度的关系

经过调研可以发现，土族现代庄廓屋面防水材料主要为尺寸较小的平瓦，依靠瓦材之间的搭接来排除雨水。平瓦即机制平瓦，有黏土瓦和水泥瓦，一般尺寸约为400mm

图5.7 油毡
（来源：百度图片）

图5.8 平瓦
（来源：百度图片）

长，240mm宽，净厚约为20mm，瓦背后有凸出的挡头，可以挂在挂瓦条上，保证瓦的可靠固定。为了减少雨水自瓦缝渗入，平瓦屋顶坡度一般不宜小于1：2.5（屋面坡度角θ=21.8°）[74]，最大可达1：1（屋面坡度角θ=45°）（图5.9）。

（1）烧结黏土平瓦，又称红平瓦、机制瓦，是以黏土、页岩等为主要原料，经过成型、干燥、焙烧工艺制成的瓦，生产工艺、技术、设备比较简单，成本低、价格低，能满足城乡一般建筑工程屋面防水、保温、隔热的需求，深受广大土族人民的喜爱（图5.10）。

（2）水泥瓦，又叫彩色水泥瓦，是将水泥、砂子等合理配比后，通过模具，经高压压制而成的瓦，生产工艺、技术、设备相对比较简单，投资少，价格比较适中，在产品色彩色调、吸水率、承载力、抗冻耐磨等方面优于烧结黏土平瓦，同时，彩色水泥瓦因生产过程能耗低、无烟尘污染产生、不侵占土地农田资源等方面的优势，逐步在土族地区得到了巨大的推广，大有取代烧结黏土平瓦的趋势。

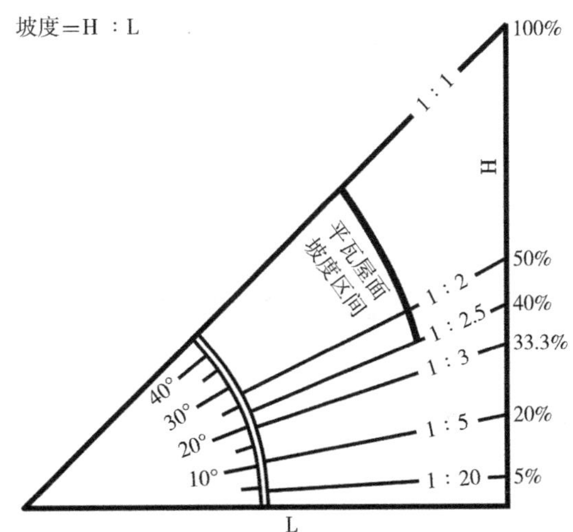

图5.9　各种屋面材料的常见坡度
（来源：姜勇. 建筑构造——材料，构法，节点［M］. 北京：中国建筑工业出版社，2012：158.）

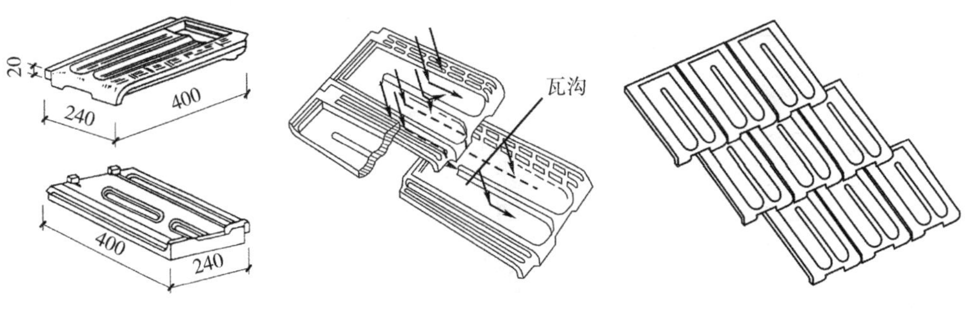

图5.10　烧结黏土平瓦

2）降雨量大小与坡度的关系

降雨量大的地区，为防止屋面积水过深、水压力增大而引起渗漏，屋顶坡度常选取大一些，以使雨水迅速排除；降雨量小的地区，屋顶坡度可选取小一些。青海河湟地区属典型的干旱少雨地区，年降雨量约为250～400mm，因此，屋顶坡度应选取小一些。

3）平瓦屋顶坡度的大小

参考平瓦屋顶的坡度区间范围，结合河湟地区降雨量的大小，综合考虑屋顶结构体系、建筑造型和经济条件等诸多因素，建议土族庄廓房屋平瓦屋顶坡度为1：2.5（屋面坡度角21.8°），既能满足防水要求，又做到美观、经济、适用。

3. 平瓦屋顶形式的民族特色表达

根据屋面基层的构造方式，土族传统平土屋面属于有檩体系，即在屋架上架设檩条，檩条上面架设椽条，椽条上架设屋面板，使屋面形成一个完整的坡面，以支撑防水层和其他构造层次。基于有檩体系形成的外挑深远的挑檐，一方面改变了墙面平板单调的形式，丰富了房屋的立面，增加了房屋的艺术效果和美学效果；另一方面保护房屋檐廊、墙体免受雨水的侵袭，同时能够满足房屋夏季防晒遮阳、冬季日照采光的功能需要。因此，探索传统有檩体系构造形式、挑檐形式的现代建造技术表达，不仅有助于延续传统的建构智慧，而且是对当地气候条件的恰当回应（图5.11）。

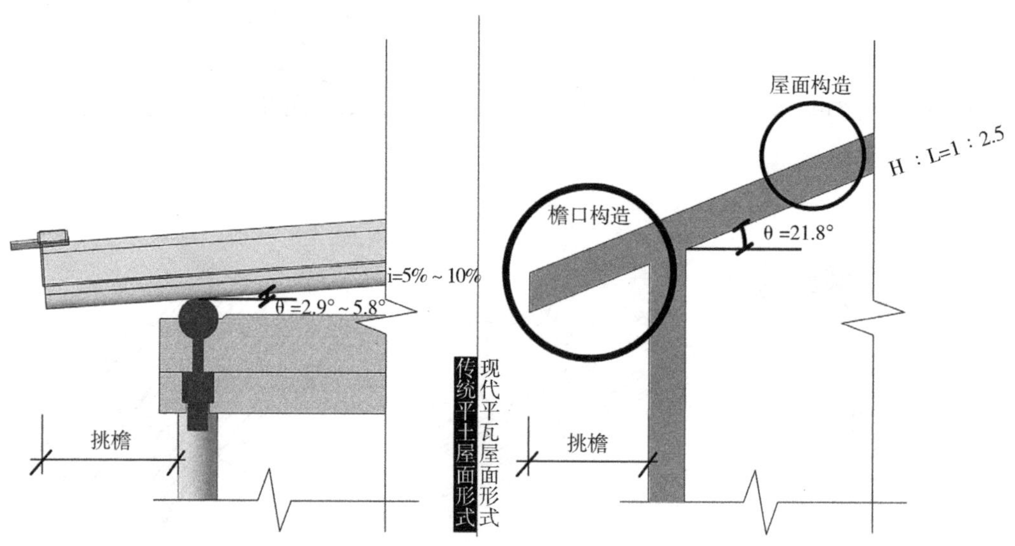

图5.11 平瓦屋面形式设计

5.1.3 平瓦屋顶屋面的建构形式

平瓦屋顶的屋面构造包括屋面基层、屋面铺设和屋面保温三部分（图5.12）。

1. 屋面基层

为铺设屋面材料，应在其下面做好基层。参照土族传统平土屋面基层的构造方式，现代平瓦屋面基层由檩条、椽条、木望板组成。在横墙上或屋架上架设檩条，檩条上面架设椽条，椽条上架设木望板。

1）檩条

檩条是沿房屋纵向搁置在横墙预留的凹口上或屋架的节点上的屋面支撑梁，可用木材或钢筋混凝土制成。木檩条可用圆木或方木制成，以圆木较为经济，跨度不宜超过4m，间距一般在600～1000mm之间，用于硬山搁檩时，支承处应用混凝土垫块或经防腐处理（涂焦油）的木垫块，以防潮、防腐和分布压力。为了节约木材，也可采用预制钢筋混凝土檩条，其断面有矩形、“T”形等，跨度一般为4m，有的可达6m，间距可达2000mm左右。

2）椽条

在椽式结构的坡屋面中，椽条垂直搁置在檩条上，以此来支承屋面材料，可用木材或钢筋混凝土制作。椽条一般用木料，可用圆木或方木制成，与檩条的连接一般都用钢

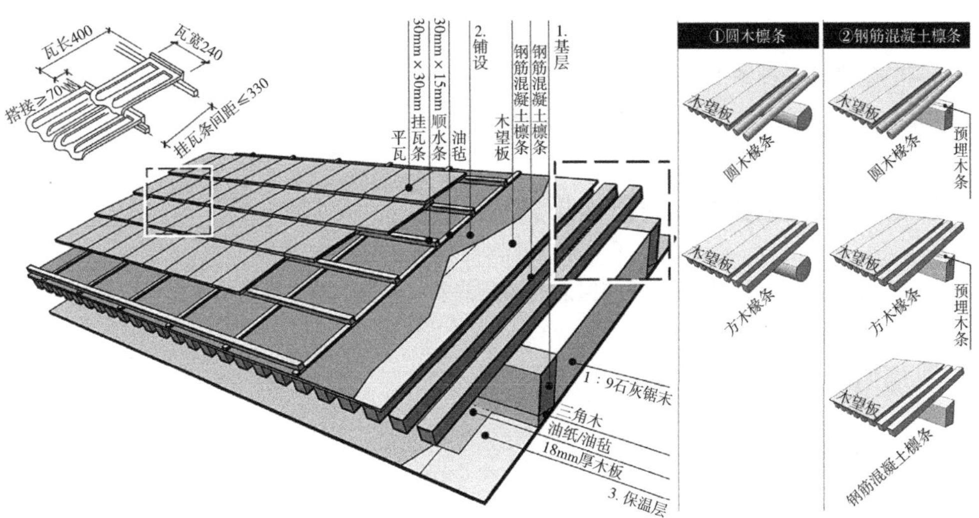

图5.12 平瓦屋面构造形式设计

钉。为了节约木材，也可采用预制钢筋混凝土椽条，断面尺寸一般为50mm × 50mm。

3）木望板

平瓦屋面中应用较多的是木望板，厚度为15 ~ 20mm，施工时可直接钉在椽条上，密铺（即不留缝），底部刨光，以保证光洁、平整和美观。

2. 屋面铺设

屋面铺设主要通过基层上铺盖平瓦，利用瓦与瓦之间相互拼缝搭接及其坡度来迅速排水，以防雨水渗漏，即通过构造手段以排为主的防水方式，其作为装饰层同时兼作第一道防水层，再结合瓦下的油毡防水材料，以达到多重设防的效果。

1）在木望板上满铺一层油毡，油毡可按平行与屋脊方向铺设，从檐口铺到屋脊，搭接不小于80mm。加铺油毡的作用是，即使有少量雨水从瓦缝渗下或经瓦体渗下，油毡作为第二道防水层可将雨水导至屋面檐口排下。

2）用顺水条顺屋面水流方向将油毡压钉在木望板上，顺水条断面为30mm × 15mm，中距一般为500mm。

3）在顺水条上平行于屋脊铺钉挂瓦条，挂瓦条的断面尺寸一般为30mm × 30mm，中距≤330mm。这样使挂瓦条与油毡之间留有空隙，以利排水。

4）在挂瓦条上铺挂平瓦，搭接长度≥70mm。

3. 屋面保温

为了加强平瓦屋面的保温性能，常将保温层铺设在木望板以下，檩条之间的空间里，保温层靠钉于檩条下表面的18mm厚的木板支承，木板上铺油纸或油毡做一层隔汽层，防止蒸汽渗透，在其上填充松散保温材料作为保温层，如1∶9石灰锯末。

5.1.4 平瓦屋顶檐口的建构形式

平瓦屋顶的檐口根据外墙位置与屋面的构造关系可分为纵墙檐口和山墙檐口（图5.13）。

1. 纵墙檐口

1）内纵墙檐口

内纵墙朝向合院，利用圆木椽条、方木椽条或钢筋混凝土椽条出挑形成的平瓦屋面

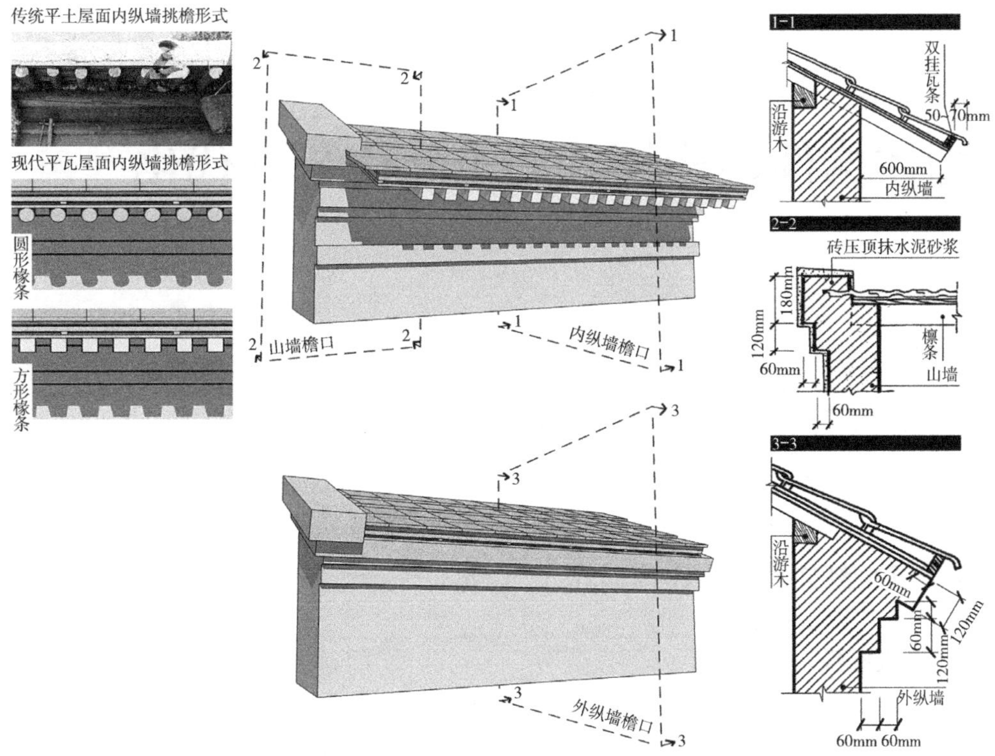

图5.13　平瓦屋顶檐口构造形式设计

内纵墙挑檐，其出挑长度一般为600mm以内，继承了传统外挑深远的圆木椽条挑檐形式。檐口处按一定距离均匀排布的、外露的椽条不仅具有结构作用，而且对挑檐的形式具有很强的装饰作用。

在檐口处，为了求得第一皮瓦片与其他瓦片坡度一致，往往要钉双层挂瓦条，平瓦屋面的瓦头挑出挂瓦条的长度宜为50～70mm，以便排水。

2）外纵墙檐口

外纵墙朝向院外，檐口用比较简单的砖砌挑檐，即在檐口处将砖逐皮外挑，外挑两层，第一层两皮砖，第二层一皮砖，每层挑出1/4砖，长度约60mm，一般挑出的总长不大于墙厚的1/2。

2. 山墙檐口

山墙檐口采用山墙封檐的做法，硬山的做法是将山墙砌至屋面高度，屋面铺瓦盖过山墙，瓦上出挑一皮砖压顶封檐，用水泥砂浆抹压边瓦出线，山墙高度与屋面基本持平。

5.2

墙体构件建构模式的土族化与现代化

5.2.1 红砖墙体的建构形式

1. 建筑材料

红砖墙体是用水泥砂浆将一块块砖按一定规律砌筑而成的砌体，既有承重作用，又有围护分隔作用。其主要材料是红砖与水泥砂浆。

1）红砖

普通红砖是我国传统的墙体材料，它以黏土为主要原料，经成型、干燥、焙烧而成。标准砖的尺寸为240mm×1150mm×53mm，当灰缝宽为10mm进行组合时，从尺寸上可以看出砖长与砖宽、砖厚加灰缝后的比例是4：2：1。红砖在制作的过程中虽然破坏良田，但从土族地区的实际情况来看，砖墙在一定范围内和一定时间内仍将被广泛采用。

2）水泥砂浆

水泥砂浆是由水泥、砂、水拌合而成，强度高，防潮性好，是墙体的胶结材料，它将砖块胶结成为整体，并将砖块之间的缝隙填平、密实，便于使上层砖块所承受的荷载能逐层均匀地传至下层砖块，以保证墙体的强度。此外，水泥砂浆填充了砖块之间的竖缝、横缝，减少了墙体的透气性，增强了墙体的密实度，不仅提高了墙体的隔热性、抗冻性，同时有利于防渗、隔声和提高房屋刚度。

2. 砖墙的砌筑

红砖在墙体中的排列组合方式，称为砖墙的砌筑方式。砌筑工程中，每排列一层砖称为“一皮砖”；长边平行于墙面砌筑的砖称为“顺”砖，长边垂直于墙面砌筑的砖称为“丁”砖；左右两块砖之间的垂直灰缝称为竖缝，上下皮之间的水平灰缝称为横缝。为了保证墙体的强度，以及保温、隔声等要求，砌筑时砖缝砂浆应饱满、厚度均匀，并且应保证砖缝横平竖直、上下错缝、内外搭接，避免形成竖向通缝，影响砖墙的强度和稳定性[75]。

砖墙的厚度一般用砖长来表示，一砖以上砖墙的厚度，应加灰缝的宽度。在土族地区，普通红砖依其砌筑方式的不同厚度不同：庄廓院墙厚度一般为240mm，简称为24墙（一砖墙），通常采用一丁一顺、丁顺夹砌、全丁式、三顺一丁式、三三一式的砌筑方式组砌而成；庄廓房屋的围护墙体厚度一般为365mm，简称为37墙（一砖半墙），通常采用两丁一顺式、每皮一顺一丁式的砌筑方式组砌而成（表5.1）。

红砖砌筑方式 表 5.1

24 墙

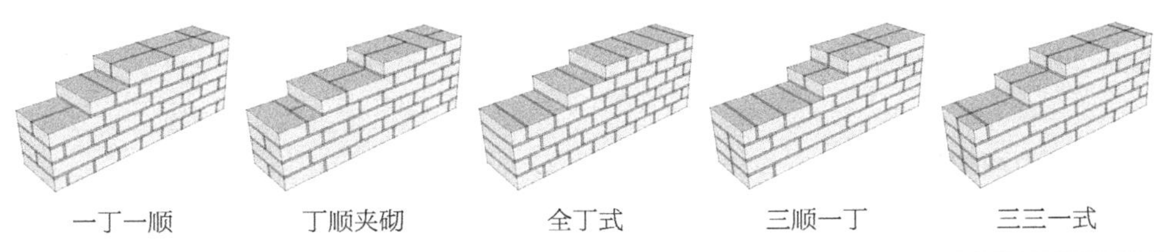

一丁一顺　丁顺夹砌　全丁式　三顺一丁　三三一式

37 墙

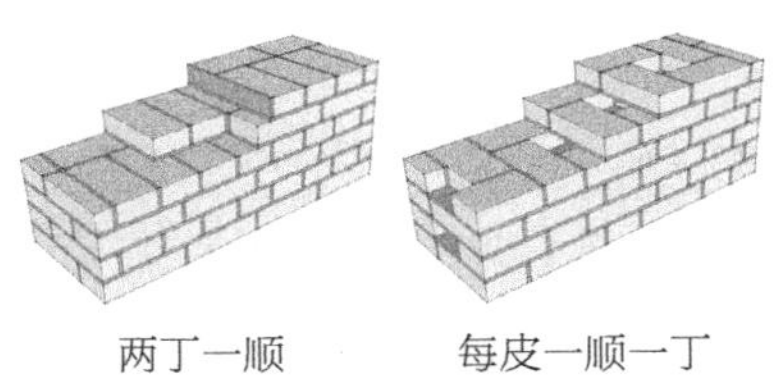

两丁一顺　每皮一顺一丁

1）24墙

（1）一丁一顺

这种砌筑方式一皮砖砌丁砖，一皮砖砌顺砖，相间排列，重复组合，上下错缝60mm，即1/4砖。

（2）丁顺夹砌

这种砌筑方式每皮砖都是两块顺砖、一块丁砖形成一个单元重复排列，上下错缝

60mm，即1/4砖。

（3）全丁式

这种砌筑方式每皮砖都是砌丁砖，上下错缝30mm，即1/8砖。

（4）三顺一丁式

这种砌筑方式是三皮砖砌顺砖，一皮砖砌丁砖，反复叠砌，上下错缝60mm，即1/4砖。

（5）三三一式

这种砌筑方式每皮砖都是六块顺砖、一块丁砖形成一个单元重复排列，上下错缝60mm，即1/4砖。

2）37墙

（1）两丁一顺式

这种砌筑方式一皮砖是两块丁砖、一块顺砖形成一个单元重复排列，下一皮砖是一块顺砖、两块丁砖形成一个单元重复排列，上下错缝60mm，即1/4砖。

（2）每皮一顺一丁式

这种砌筑方式每皮砖都是两块顺砖、两块丁砖形成一个单元重复排列，上下错缝60mm，即1/4砖。

3．砖墙的细部构造

1）门窗过梁

设置过梁的目的是为承受门窗洞口以上三角形范围内的荷载，并将其荷载传给门窗两侧的砖墙，以免压坏门窗框。预制钢筋混凝土过梁承载力强，一般不受跨度的限制，具有施工方便、速度快、省模板、便于门窗洞口上挑出装饰线条等优点（图5.14）。

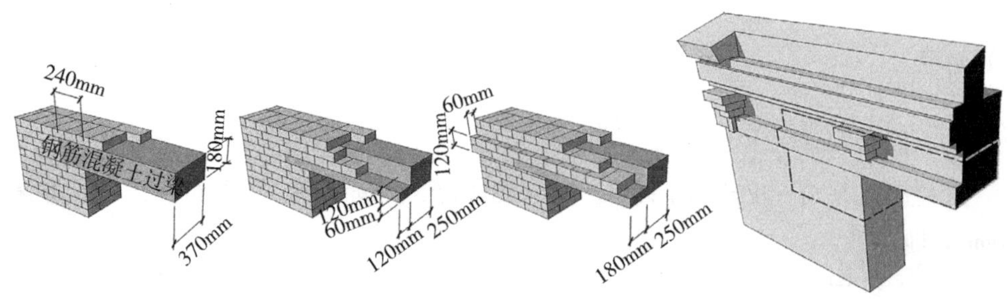

图5.14　钢筋混凝土门窗过梁构造形式设计

（1）预制钢筋混凝土过梁宽度同墙厚，为370mm；高度与砖的皮数相适应，为180mm，以方便墙体连续砌筑；过梁在洞口两侧深入墙内的长度应不小于240mm，以保证在墙上有足够的承压面积。

（2）在严寒地区为了避免出现冷桥和凝聚水，将矩形截面过梁制作成“L”形截面过梁，以减少混凝土的外露面积。

（3）结合门窗洞口上部凹凸有致的屋面过渡衔接部分的形式，将“L”形截面过梁朝门窗洞口外侧凸出墙面60mm，以支承门窗洞口上部砖砌的层次丰富的水平装饰线条。

2）圈梁和构造柱

（1）圈梁

圈梁又称为腰箍，是沿房屋全部外墙四周及部分内墙水平方向设置的连续、均匀、闭合的梁，采用钢筋混凝凝土现浇而成。圈梁将钢筋混凝土檩条箍在一起，就好像给墙体在水平方向加了一道箍，大大增加了房屋整体刚度和稳定性，减少了因地基不均匀沉降而引起的墙身开裂，同时也可提高房屋的抗震能力。

在严寒地区，由于钢筋混凝土导热系数较大，钢筋混凝土圈梁宽度不应贯通砌体的整个厚度，因此，其宽度为240mm（图5.15）。

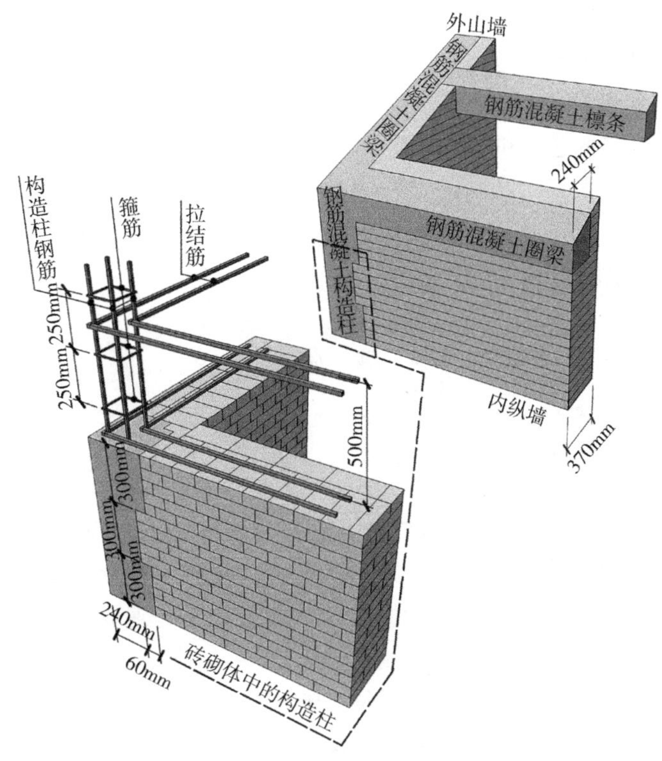

图5.15　钢筋混凝土圈梁、构造柱构造形式设计

（2）构造柱

构造柱是设置在房屋外墙四角、内外墙交接处的钢筋混凝土柱，与圈梁拉通连接成整体以形成空间骨架，加强墙体的抗弯、抗剪能力，增强房屋的整体刚度和稳定性，使墙体在地震荷载作用下，做到即使开裂也不倒塌。

为加强构造柱与墙体的连接，施工时先砌墙，把墙砌成马牙槎（构造柱两侧的墙体应做到“五进五出”，即每300mm高伸出60mm，每300mm高再收回60mm）。构造柱截面尺寸为240mm×240mm，设置四根主筋，箍筋间距为250mm，墙与柱之间沿墙高每隔500mm设拉结筋，每边深入墙内不少于1m，混凝土柱体随着墙体的上升而逐段浇筑，使整个构造柱嵌入墙内（图5.15）。

5.2.2 草泥改性试验研究

土族人民采用传统草泥通过不分层一遍成活的抹灰做法修饰、平整墙体的建造经验由来已久。首先，它提高墙体的耐候性，减少风霜雨雪、太阳辐射、热胀冷缩、风化等对墙体的影响；其次；它加强隔离作用，使墙体在饰面层的保护作用下不直接受到如磨损、碰撞、破坏等外力作用；再次，它提高墙体的耐久性，即延长墙体的使用寿命；最后，它美化环境，提高墙体的艺术和美学效果。但草泥抹面在长期使用的过程中，一直受制于防水性差、耐久性不足的困扰，造成墙体外观品质普遍较差，同时需要定期进行维护修缮。因此，通过提升草泥的黏合度、干缩性、耐水性和抗磨损等物理性能，并通过适宜的建造技术，不仅能够解决红砖墙对夯土墙、土坯墙传统风貌的强烈冲击影响，保留土族人民所喜闻乐见的传统形式，继续发挥其作为墙体饰面材料的艺术和美学效果，而且充分体现了利用地域资源改善居住环境质量的经济、生态思路。

1. 试验材料

黄土、麦秸秆、石灰、砂、水泥。

2. 试验方法

新砌筑宽120mm、高约1.4m的红砖墙作为试验界面。参考当地工匠的建造经验，确定基准试验的材料配比方案，以此为基础改变砂子、水泥、石灰、麦秸秆的配比，形成若干水泥石灰砂浆草泥配比方案。采用不分层一遍成活的传统抹灰做法将不同比例混合而成的水泥石灰砂浆草泥制成60cm×40cm（长×宽），约15mm厚的抹面试块，以7天为一周期，观察、对比、分析每一抹面试块的粘结力、耐久性、龟裂程度、墙面效果等情况，探索具有良好物理属性的改性草泥的合理比例配比（图5.16）。

图5.16 草泥改性实验方法
（来源：陕西省县域新型镇村体系创新团队）

3. 试验过程及结论分析

1）第一轮试验

黄土2kg，砂子2kg，水泥：石灰：麦秸秆的基础配比为2：4：1（1%：黄土和砂子总重的1%），以此作为基准组（第3组），控制麦秸秆含量不变，适当上下浮动水泥、石灰的含量，最终形成五组抹面试块试验配比数据（表5.2）。

第一轮试验试块配比数据 表5.2

抹面试块编号	黄土	砂子	水泥		石灰		麦秸秆	
第1组	2kg	2kg	0.04kg	1%	0.08kg	2%	0.04kg	1%
第2组	2kg	2kg	0.04kg	1%	0.24kg	6%	0.04kg	1%
第3组（基准组）	2kg	2kg	0.08kg	2%	0.16kg	4%	0.04kg	1%
第4组	2kg	2kg	0.16kg	4%	0.08kg	2%	0.04kg	1%
第5组	2kg	2kg	0.16kg	4%	0.24kg	6%	0.04kg	1%

来源：陕西省县域新型镇村体系创新团队

通过试验观察发现，第2组、第3组和第5组抹面试块表面龟裂现象比较明显；第4组抹面试块表面没有出现龟裂现象，但墙体泛白现象比较严重；第1组抹面试块表面细腻平整，既无龟裂现象也无泛白现象，但粘结力较差，局部面层脱落。

通过第1组和第2组，第4组和第5组的抹面试块对比来看，石灰含量较多的第2组、第5组抹面试块表面均存在明显的龟裂现象；通过第1组和第4组的抹面试块对比来看，水泥含量较多的第4组抹面试块表面存在明显的泛白现象。由此推断，在麦秸秆含量不变的情况下，水泥和石灰的配比以1：2为宜。因此，在第二轮试验中，着重对第1组抹面试块材料配比进行改进，以增强其粘结力（图5.17）。

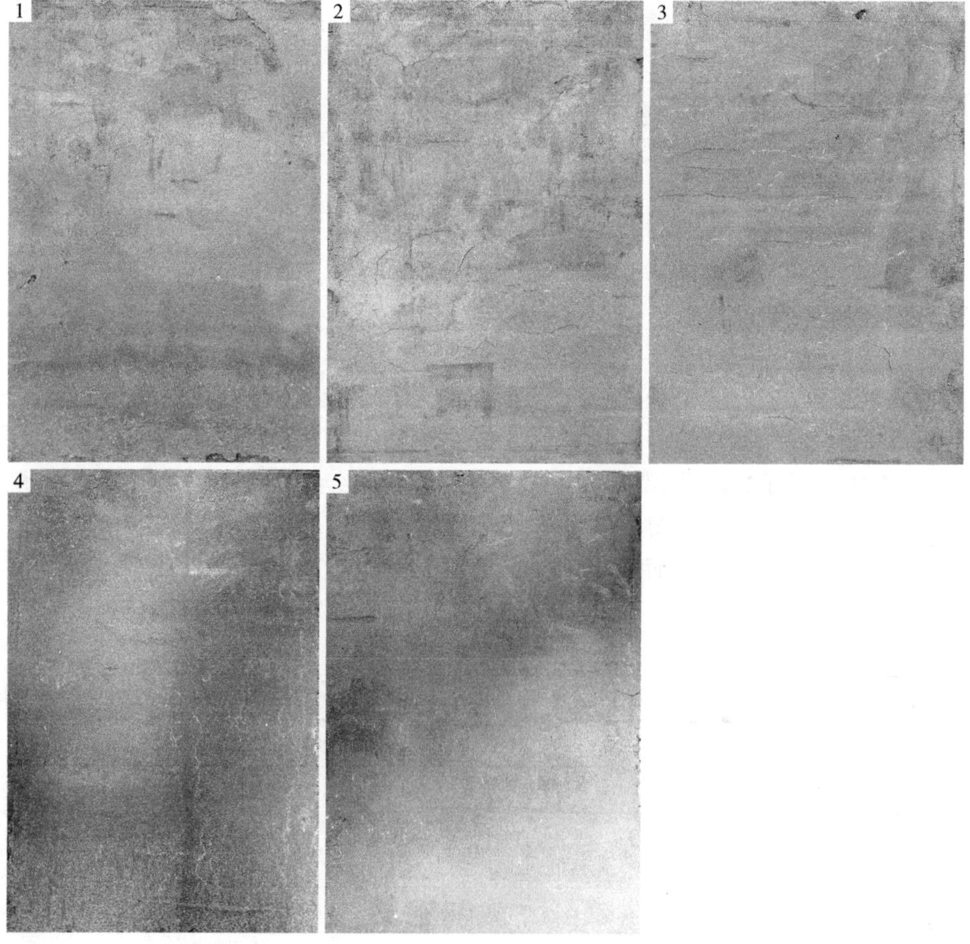

图5.17　第一轮试验试块表现
（来源：陕西省县域新型镇村体系创新团队）

2）第二轮试验

以第一轮试验第1组材料配比为基础，控制水泥、石灰含量不变，适当调整砂子、麦秸秆的含量，探索增强泥浆粘结力的适宜比例配比，最终形成两组抹面试块试验配比数据（表5.3）。

第二轮试验试块配比数据 表 5.3

抹面试块编号	黄土	砂子	水泥		石灰		麦秸秆	
第 1 组	2kg	2kg	0.04kg	1%	0.08kg	2%	0.04kg	1%
第 6 组	2kg	2kg	0.04kg	1%	0.08kg	2%	0.16kg	4%
第 7 组	2kg	3kg	0.04kg	1%	0.08kg	2%	0.04kg	1%

来源：陕西省县域新型镇村体系创新团队

通过试验观察发现，第6组抹面试块表现得很不理想，表面龟裂现象十分明显；第6组抹面试块表面既无龟裂现象也无泛白现象，结构致密，无面层脱落情况（图5.18）。

通过第1组和第6组的抹面试块对比来看，麦秸秆含量较多的第6组，存在明显的龟裂现象，由此推断，水泥、石灰和麦秸秆的配比以1：2：1为宜。

通过第1组和第7组的抹面试块对比来看，砂子含量较多的第7组抹面试块粘结力较强，耐久性更好，表面粗糙，颗粒感较大，艺术表现效果好。由此推断，当保证水泥、石灰和麦秸秆的配比为1：2：1，水泥和石灰的配比以2：3为宜。

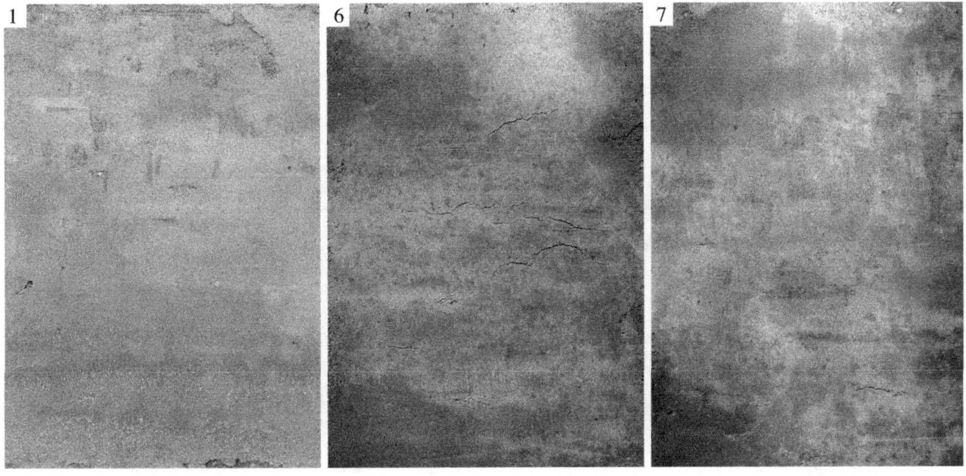

图5.18 第二轮试验试块表现
（来源：陕西省县域新型镇村体系创新团队）

5.2.3 水泥石灰砂浆草泥抹面的建构形式

水泥石灰砂浆草泥抹面在颜色、肌理、形式上回应传统草泥抹面，为土族人民所喜闻乐见。但由于水泥石灰砂浆草泥在硬化过程中随着水分的蒸发体积会收缩，当抹灰层厚度过大时，会由于体积收缩过大而产生裂缝，或因与基层附着不牢而致脱落，质量不能保证。为避免出现裂缝并使抹灰与基层粘结牢固，墙面抹灰层不宜做得太厚，而且需分层施工。因此，水泥石灰砂浆草泥抹面厚度为25mm，由15mm厚底层抹灰和10mm厚面层抹灰组成：底层抹灰具有使面层与基层（墙体）粘牢和初步找平的作用，故又称找平层或打底层；面层抹灰对墙体的使用质量和美观起重要作用（图5.19）。

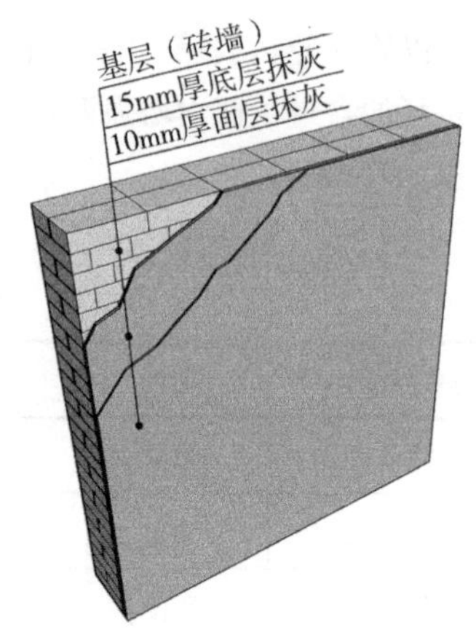

图5.19 水泥石灰砂浆草泥抹面组成

土族传统椽筑夯土墙体表面是凸凹有致的水平层状肌理，粗犷朴素但富有层次，对其传统形式的现代技术演绎，能够唤起人们对传统的尊重，重视地方风貌和民族特色的继承与发展。基于平整致密的水泥石灰砂浆草泥抹面，在面层抹灰完成后，利用它硬化过程的时间间隔，采用数条180mm高的平整木模板，上下两层间隔10mm置于面层抹灰之上并层层压实，形成凸出面层抹灰的水平分隔条，它不仅改变了平板单调的水泥石灰砂浆抹面，丰富了抹面的肌理，而且在形式上回应了传统椽筑夯土墙体的水平层状肌理，为土族人民所喜闻乐见（图5.20）。

图5.20 水泥石灰砂浆草泥抹面构造形式设计

5.2.4 土族传统盘绣图案的墙面装饰技术表达

盘绣是土族独有的一种绣法，是第一批国家级非物质文化遗产，在中华刺绣百花园中一枝独秀。土族盘绣复杂巧妙，汇集着古老土族文化的深刻内涵，随着土族这个民族的发展、成长而代代相传，日臻完善。盘绣的图案构思巧妙，有太极图、五瓣梅、云纹、富贵牡丹等多种饱含丰富吉祥寓意的图案，具有浓郁的民族风格。结合水泥石灰砂浆草泥抹面的工艺做法，将其作为墙面装饰图案，有助于突出土族的民族特色，提高建筑风格的民族识别性（图5.21）。

1）将复杂巧妙的盘绣图案提炼、简化为与面层饰面等厚度的（10mm）铁制模板，可重复利用。

2）用15mm厚的水泥石灰砂浆草泥打底。

3）将已经制作好的10mm厚铁质盘绣图案模板固定于底层抹灰之上。

4）用10mm厚的水泥石灰砂浆草泥抹面。

5）利用面层抹灰硬化过程的时间间隔，采用数条180mm高的平整木模板，上下两层间隔10mm置于面层抹灰之上并层层压实，形成凸出面层抹灰的水平分隔条。

6）待面层抹灰硬化干燥后，取掉10mm厚铁质盘绣图案模板，设计墙面完成。

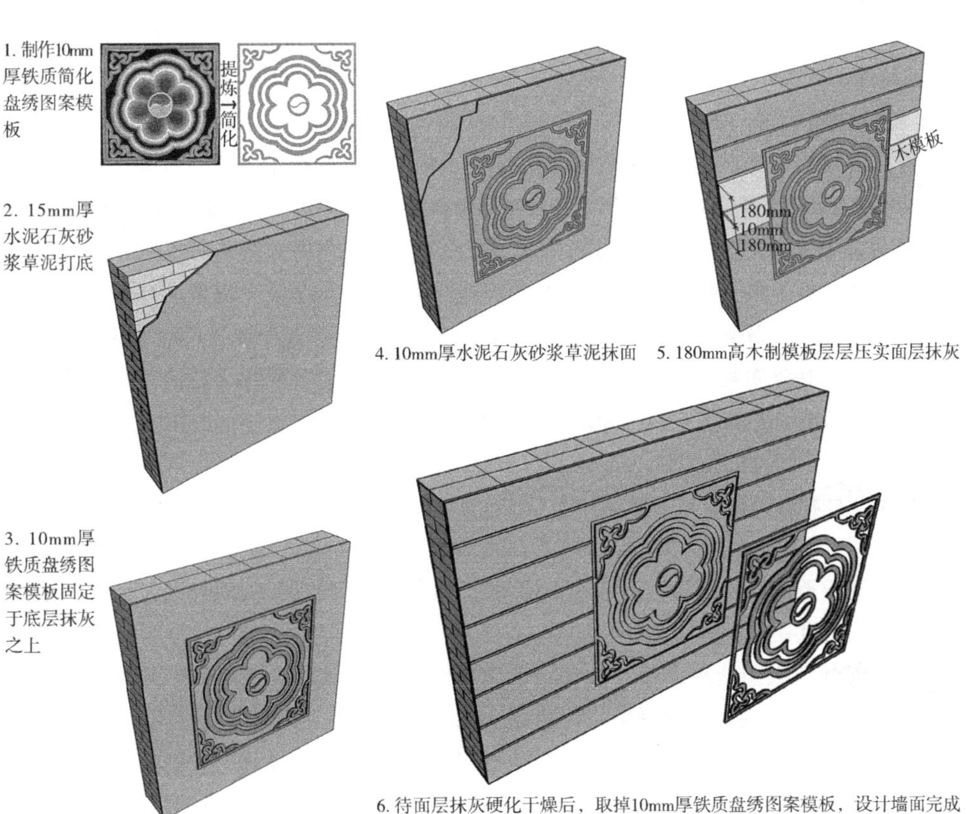

图5.21 土族盘绣图案的墙面装饰技术表达

5.3
门窗构件建构模式的土族化与现代化

5.3.1　被动式太阳房的土族适应性

1. 土族地区被动式太阳房使用的背景

1）迫切的采暖需求

青海河湟地区深居高原内陆，属于我国建筑热工设计分区中的严寒地区，房屋冬季采暖保温的需求非常迫切。长期以来，河湟地区常规能源紧缺，农村用能以秸秆、畜粪、柴薪和煤炭为主，采暖效率低、燃料浪费严重、污染严重、经济负担重。被动式太阳房提供了一种不需要任何辅助能源就能解决房屋在冬季采暖保温需求的高效途径。被动式太阳房通过建筑朝向的合理选择、周围环境的合理布置、内部空间和外部形体的巧妙处理，以及通过对建筑材料和结构、构造的恰当选择，以实现冬季能集取、蓄存并使用太阳能的目的，从而满足或部分满足建筑物的采暖需求[38]30。

2）丰富的太阳能资源

青海河湟地区地处高海拔地区，干燥少云，稀薄的空气利于太阳光在大气中的穿透和散射，具有利用太阳能的良好条件。

太阳能灶、太阳能热水器、被动式太阳房等主、被动太阳能技术在土族地区的推广普及，解决了土族人民家庭的日常生活热水、沐浴、采暖等问题，节省了大量的燃料，大大降低了不可再生能源的消耗，有利于生态环境的良性循环，它们的广泛应用都反映了土族地区具有丰富的太阳能资源基础条件（图5.22）。因此，根据当地土族人民的生活水平、生活习惯和经济条件等实际情况，大力推广实施太阳能技术有助于提高

图5.22 多样的太阳能资源利用方式
（左图来源：百度图片）

土族人民的生活质量和他们的生存环境。

3）成熟的技术基础

自1977年甘肃省民勤县重兴公社建成我国第一栋被动式太阳房以来，被动式太阳房开始在我国得到迅速的发展，在“六五”（1981～1985年）、“七五”（1986～1990年）、“八五”（1991～1995年）期间，被动式太阳房被列入国家科技攻关计划中太阳能建筑领域的攻关重点，我国北方地区陆续建成了一批具有地域性特色的被动式太阳房示范工程，在理论基础研究、模拟实验、热工参数分析、设计优化、透光及保温蓄热材料开发等方面取得了许多理论和技术上的突破和发展：在基础理论方面，1993年清华大学、天津大学等合编并出版了符合我国国情的《被动式太阳房热工设计手册》；为指导设计，国家还相继出版了多册被动式太阳房实例汇编和设计图册，如《被动式太阳能采暖乡镇住宅通用设计试用图集》等；1993年由农业部组织编写的《被动式太阳房设计条件和热性能测试方法》通过了专家评议，为国内太阳房的质量性能评定提供了依据。这些方面的发展为土族地区被动式太阳房的普及、推广奠定了坚实的理论和技术基础，极大地推动了被动式太阳房在土族地区的发展。

4）高效的经济和生态效益

被动式太阳房具有材料易获取、施工技术简单、成本造价低等方面的优点，它不需要动力和机械设备，几乎没有什么运行费用，维修费也很少，作为冬季采暖设计的辅助建筑措施，仅利用太阳能这种可再生的绿色清洁能源就能使冬季房屋室内的热环境大大优于一般常规房屋，能够减少或取消取暖火炉、火炕对常规能源的消耗。被动式太阳房不增加或仅少量增加建造成本，因而是一种经济、实用且无需复杂操作的太阳能利用技术，在诞生之后便得到了广泛的应用，尤其是在较为寒冷的气候区取得了较好的应用效果。[38] 30

被动式太阳房的普及，一方面能够缓解土族人民因使用常规能源而带来的沉重的经济负担，具有重要的经济实用价值；另一方面基于常规能源使用需求的减少，不仅对于缓解常规能源紧缺有着积极的意义，而且大大减轻了室内外空气的污染，能够创造出怡人的“温室”环境，改善及提高土族人民居住的生活环境品质，具有良好的生态环境效益。

2. 被动式太阳房的土族特色表达

被动式太阳房根据玻璃具有透过太阳短波辐射而不能透过长波热辐射的特性，利用“温室效应”（热箱原理）加热被动式太阳房内的空气，然后通过传导、辐射及对流的方式将热量送到室内以提高房屋温度，同时有效减少房间的热损失，从而有效解决房屋冬季采暖保温的问题。由此可见，被动式太阳房最终是以玻璃幕墙、玻璃门或玻璃窗的方式与房屋有效结合。

1）建筑材料

（1）玻璃（图5.23）。

（2）铝合金（图5.24）。

①建议选择新式的热隔断铝型材，它可以切断热桥，有利节能。

②建议选择古铜色铝合金型材，有利于庄廓整体色彩、风貌的协调。

图5.23　玻璃
（来源：百度图片）

图5.24　铝合金
（来源：百度图片）

2）设计策略

被动式太阳房的形式除目前土族普遍使用的附加阳光间式太阳房之外，根据其集热形式的不同还可分为直接受益式太阳房和集热蓄热墙式太阳房。它们都是由铝合金型材骨架和玻璃组合而成，可看作是门窗形式的功能性扩展。

借鉴土族传统门窗的形式语言，挖掘其制作的内在逻辑，将其运用于现代被动式太阳房，不仅有利于延续传统的建构智慧，而且能够有效地解决现代建造技术的本土化表达。

5.3.2 附加阳光间式太阳房门窗的建构形式

1. 附加阳光间式太阳房

附加阳光间式太阳房是在建筑的南侧采用玻璃等透光材料建造的能够封闭的空间，并用蓄热墙（也称公共墙）将房屋与阳光间隔开，墙上开有门、窗等孔洞。白天，阳光透过阳光间透明盖层，一部分直接进入采暖房间，一部分被阳光间地面和公共墙吸收转换成热量，然后通过热空气循环和墙的热传导进入采暖房间，起到太阳能供暖作用；[39]72 夜间，把公共墙上的门、窗等洞口关闭，阳光间变成了一个热缓冲区，减缓房间内热量的散失，对室内起到保温的作用。附加阳光间直接获得太阳的照射和加热，在一天所有时间内，其内部温度始终高于室外环境温度（图5.25、图5.26）。

2. 附加阳光间式太阳房单元标准化构造模式探索

针对土族现状附加阳光间式太阳房出现的传统形式语言缺失、结构安全性能不足、

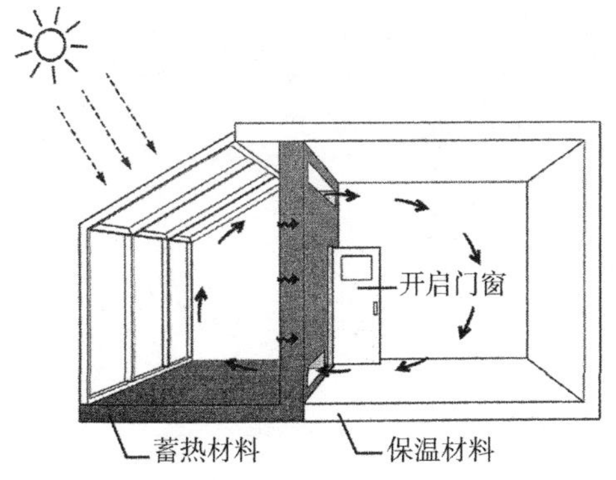

图5.25　附加阳光间式太阳房白天热利用过程
（来源：徐燊主编. 太阳能建筑设计［M］. 北京：中国建筑工业出版社，2014：41.）

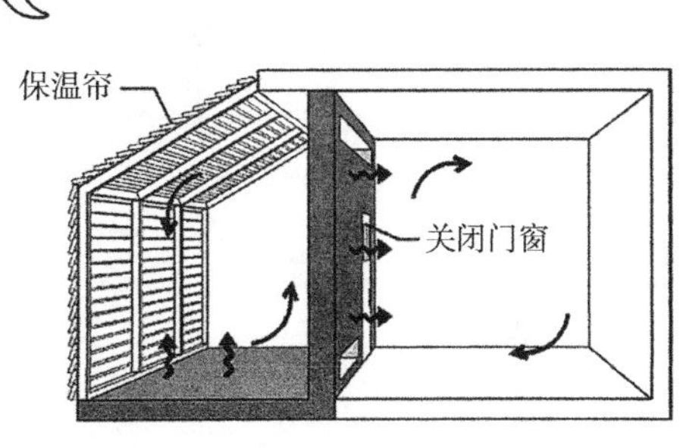

图5.26　附加阳光间式太阳房夜间热利用过程
（来源：徐燊主编. 太阳能建筑设计［M］. 北京：中国建筑工业出版社，2014：41.）

生态节能低效等方面的问题，我们应该加强附加阳光间式太阳房与现代庄廓房屋一体化设计的意识，通过经济的、科学的、适宜的材料选择、结构体系和构造形式提高附加阳光间式太阳房的民族形式表达、结构性能和热工性能。

1）设计单元确定

根据建筑不同朝向与太阳辐射接收量之间的关系，附加阳光间式太阳房适宜与土族庄廓正房相结合，而不适宜在东西厢房设置。

土族现代庄廓正房是由木梁架结构体系的檐廊、横墙承重结构体系的房屋组合而成，它们均是以“间”作为基本结构单元重复组合而成，其建造的核心技术就是对“间”这一基本结构单元的设计并重复使用，“间”的结构体系、构造形式、装饰装修等决定了正房的造型风貌。因此，附加阳光间作为正房中新的组成部分，为实现其与正房的一体化设计，应该遵循正房“间”的内在建构逻辑，以“间”作为附加阳光间的基本结构单元。

结合正房檐廊设置附加阳光间，不仅有利于附加阳光间获得最大的太阳辐射，而且能够延续传统的空间形式，利于附加阳光间与房屋的一体化设计，同时外挑深远的挑檐有利于附加阳光间夏季遮阳防晒，能够有效防止夏季白天太阳房得热过多导致的温度过高问题（图5.27）。

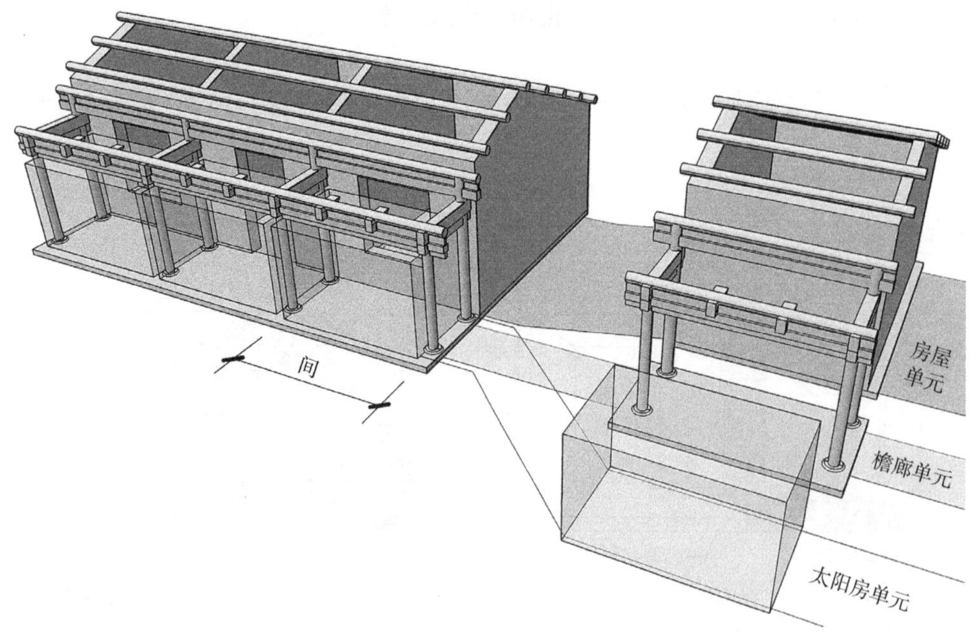

图5.27　附加阳光间设计单元

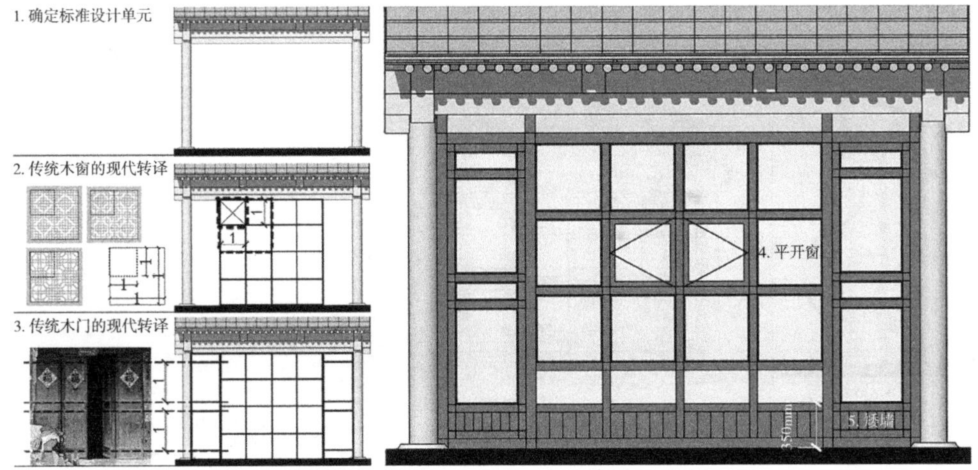

图5.28　附加阳光间设计单元形式设计

2）设计单元形式设计

遵循“间”的内在建构逻辑，以檐柱之间的空间作为附加阳光间的标准设计单元（图5.28）。

（1）土族传统平开木窗方正规矩，看似复杂交错的纹样，实则是由包含简单几何图案的正方形单元重复排列组合而成，由此可见，正方形是形成土族传统木窗形态的基本单元。

借鉴土族传统木窗的形式语言，在檐柱之间以正方形为基本图形单元，最终形成方格网状分隔形式的幕墙。

（2）檐柱两侧的剩余空间作为入口，借鉴土族传统木门的形式语言，采用古铜色铝合金型材和玻璃，继承、延续上下均分的六抹隔扇分隔形式。

（3）按照标准设计单元的分隔形式，采用古铜色铝合金型材和玻璃封闭围合檐柱之间的空间。

①在方格网状铝合金玻璃幕墙中间位置设置两扇外开平开窗以通风。

②在具体施工操作时，结合当地村民生活、生产习惯，避免由于生产操作或堆放杂物时撞碎玻璃，附加阳光间落地窗玻璃不直接落地，下面用铝合金板做出高约350mm的实心矮墙。

3）设计单元热工性能设计

在附加阳光间式太阳房的总体热工设计中应考虑两大方面的问题：一方面解决附加阳光间夏季白天温度过高的问题；另一方面解决附加阳光间冬季夜晚过多的热损失而引起的室温日波幅过大的问题。

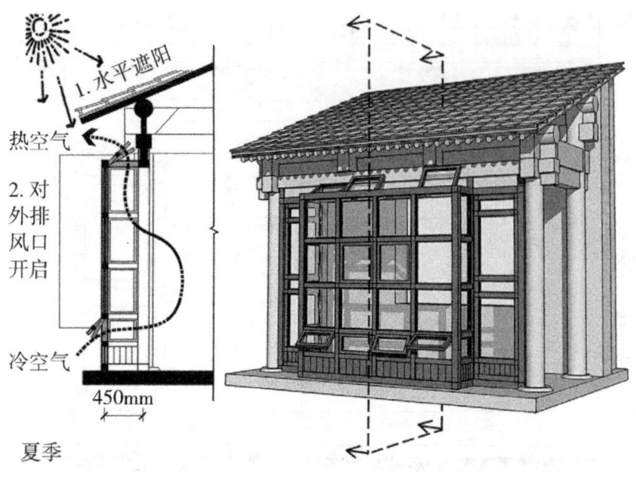

图5.29　附加阳光间设计单元夏季白天遮阳、散热通风示意图

（1）夏季白天遮阳、通风散热

为防止夏季白天附加阳光间式太阳房得热过多导致的温度过高问题，需要合理地进行附加阳光间的遮阳、通风散热设计（图5.29）。

①外挑深远的挑檐可作为附加阳光间的水平遮阳，防止夏季直射阳光照进室内，以减少太阳辐射热，避免夏季室内过热，保护室内物品不受阳光照射。

②将附加阳光间凸出檐廊450mm，在其顶部和底部都均匀地开设排风口，利用附加阳光间内部空气的热压差，即通常讲的“烟囱效应”来实现附加阳光间的自然通风，即夏季白天附加阳光间内空气被加热，密度减小而上升，在附加阳光间上部设置排风口可将污浊的热空气从室内排出，同时阳光间的底部形成了负压，室外新鲜的冷空气则从附加阳光间底部设置的排风口被吸入，引入新风，维持室内良好的空气品质，更好地满足人体热舒适的需求，实现有效的被动式制冷。

（2）冬季夜晚蓄热、保温设计

土族庄廓房屋附加阳光间冬季夜晚过多的热损失，一方面是因为附加阳光间围护结构所用单层普通玻璃的导热系数过大导致其夜晚保温性能较差而引起的；另一方面是因为附加阳光间进深尺寸过大、缺乏夜晚保温装置而引起的。因此，解决附加阳光间冬季夜晚过多热损失而引起的室温日波幅太大的问题，需要从玻璃选型、进深尺寸、保温装置的设置等三方面考虑（图5.30）。

①单层普通玻璃热阻很小，导热系数大，仅适用于较温暖地区，在严寒地区，应采用中空玻璃降低传热系数，限制热传导，提高保温性。中空玻璃目前一般采用的形式是在双层玻璃中间的边缘处夹以铝型条，内装专用干燥剂，并采用专用的气密性粘结剂密封，玻璃间充以干燥气体或惰性气体。玻璃的厚度一般采用3mm，面积较大的采用5mm，其间距多采用6mm、9mm。[76]

②综合房屋使用功能和附加阳光间的热性能，最终确定附加阳光间进深为1.5m。

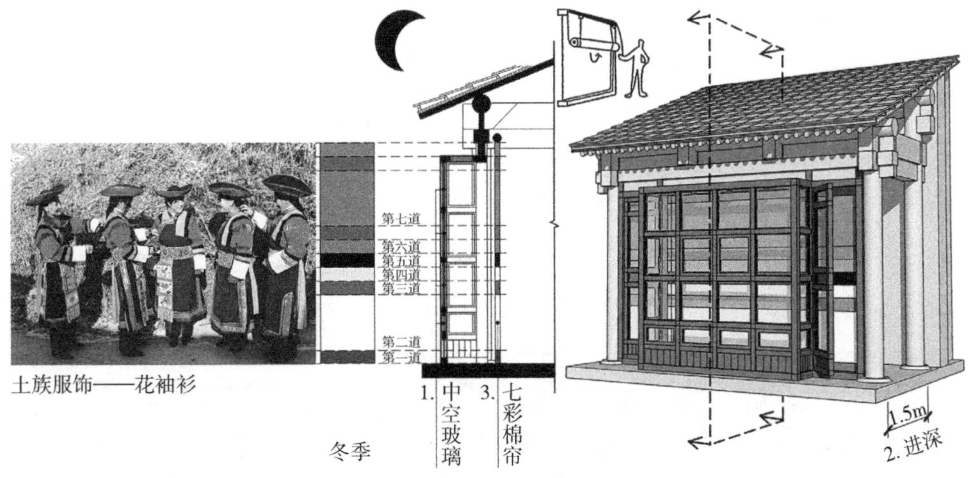

图5.30　附加阳光间设计单元冬季夜晚蓄热、保温示意图

③附加阳光间应加设棉帘保温装置，减少夜晚室内热量通过玻璃窗散失，有效地解决附加阳光间夜晚保温问题。

土族服饰文化是土族民俗文化中重要的组成部分，是第二批国家级非物质文化遗产。在土族服饰文化中，最富有特色的莫过于土族妇女（老年妇女除外）的“花袖衫”了，花袖衫又称“七彩袖”，土族语称“苏秀”。它并不是一件完整的可以单独穿着的服装，而是缝接在坎肩或斜襟小领长衫肩背部的套袖筒，由红、黄、橙、蓝、白、绿、黑七色手纺布或绸缎夹条缝制而成，色彩细条，对比鲜明，艳丽夺目，美观大方。从底层数，第一道为蓝色，象征蓝天；第二道白色，象征甘露；第三道绿色，象征青苗青草；第四道黄色，象征麦垛；第五道为黑色，象征土地；第六道橙色，象征金色的光芒；第七道红色，象征太阳。长期以来，由于土族妇女喜欢五颜六色的花袖衫，所以人们习惯称她们为“穿彩虹衣衫的人”，有土族人居住的地方则被称为“彩虹之乡”，具有浓郁的民族风格。将土族服饰中的色彩文化用于棉帘的装饰之上，有助于突出土族的民族特色，提高建筑风格的民族识别性。

4）装饰设计

传统几何纹样的花格木窗样式丰富多样，做工精细考究，不仅具有特色鲜明的装饰作用，而且饱含着丰富的民族文化内涵，传递独具的文化寓意，表达土族人民的文化理想。结合现代建筑材料铝合金，研究寄托土族人民求吉呈祥、消灾弭患的传统民俗符号的内在建造逻辑，将其加以简化、抽象，以装饰性的方式应用于附加阳光间的基本图形单元，以此现代建造技术的本土化表达。现代附加阳光间的形式不仅能够有效地应对传统形式语言缺失的困境，而且有助于唤起人们对于传统的尊重（图5.31）。

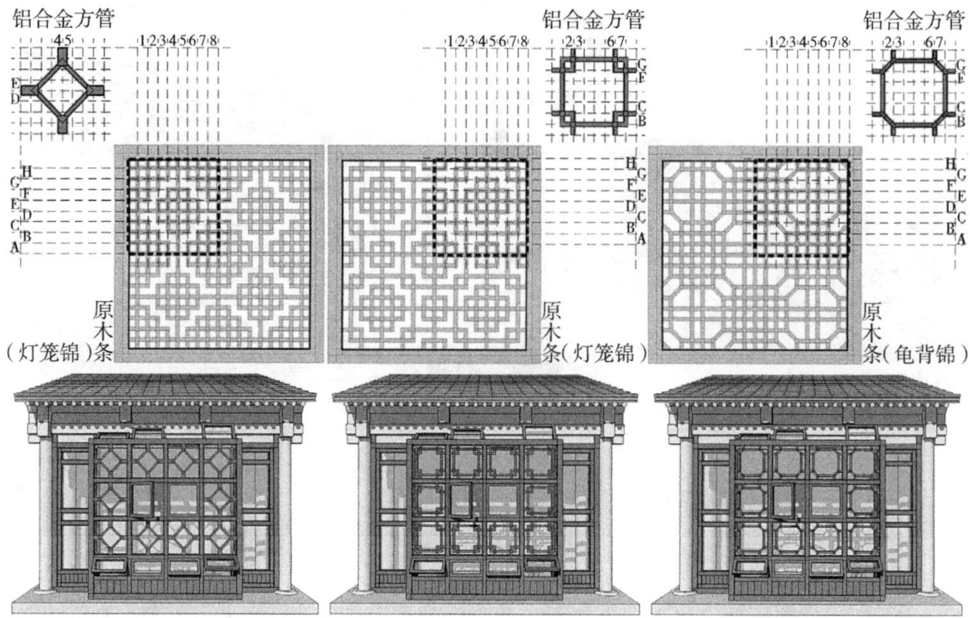

图5.31　附加阳光间设计单元装饰形式设计

5.3.3　直接受益式太阳房门窗的建构形式

1. 直接受益式太阳房

直接受益式太阳房是使太阳光透过透光材料直接进入室内的采暖方式，是建筑物利用太阳能采暖最普遍、最简单的方法（图5.32、图5.33）。

白天，太阳辐射通过南向的大面积玻璃进入室内，照射到地面和墙面上，太阳辐射

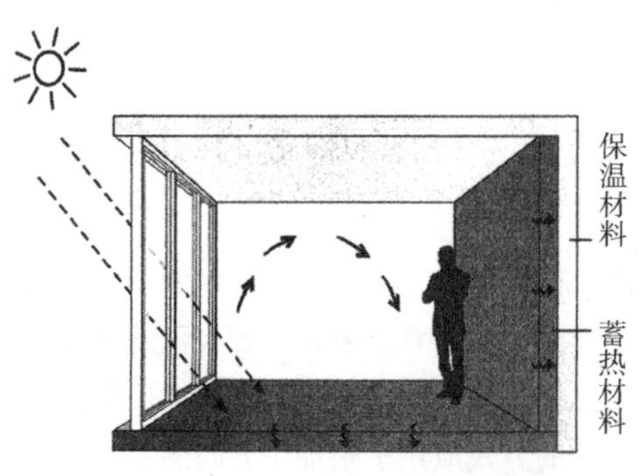

图5.32　直接受益式太阳房白天热利用过程
（来源：徐燊主编．太阳能建筑设计［M］．北京：中国建筑工业出版社，2014：33.）

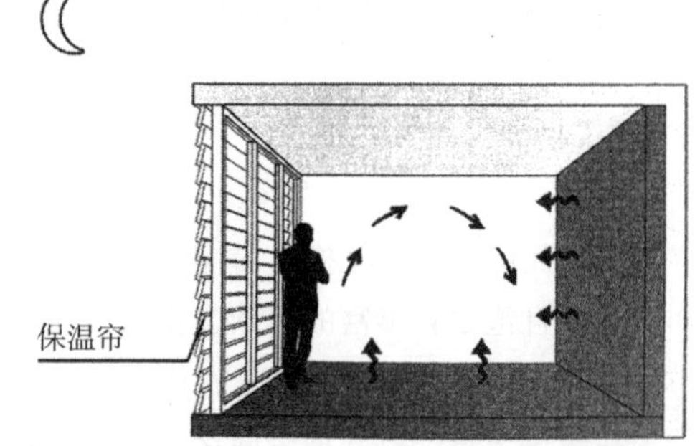

图5.33　直接受益式太阳房夜间热利用过程
（来源：徐燊主编．太阳能建筑设计［M］．北京：中国建筑工业出版社，2014：33.）

被地面或墙体内的蓄热材料吸收转化为热量。这些热量一部分以对流的方式加热室内空气，一部分以辐射方式与其他围护结构内表面进行热交换，还有一部分将被墙体或地面中的蓄热材料储存起来在夜间为室内继续供暖。夜间，在放下保温窗帘或关闭保温窗扇后，储存在底板和墙体内的热量逐渐释放，使室温能维持在一定水平。[38] 33

2. 铝合金门窗的标准化构造模式探索

铝合金门窗取代传统木制门窗成为现代庄廓房屋的主流形式，大面积的玻璃门窗作用同直接受益门窗，使得房屋成为直接受益式太阳房，增强了房屋利用太阳能的效率。冬季白天，太阳辐射通过大面积直接受益门窗进入室内，直接照射到蓄热能力较大的室内地面、墙面和家具上，吸收大量的太阳能，提高室温，同时储存热量，改善室内热环境质量，减少冬季采暖能耗，是一种最普遍、最简单和最朴素的房屋利用太阳能的方法。

1）铝合金门的形式

借鉴传统四扇木格子门的形式语言，继承、延续上下均分的六抹隔扇分隔形式，采用古铜色铝合金型材和玻璃，形成上下均分的六冒头隔扇分隔形式（图5.34）。

依据正房、厢房房屋高度的差异，铝合金门的尺寸可分为2400mm（高）×2800mm（宽）、3000mm（高）×2800mm（宽）两种，每扇门宽700mm。高3000mm的门上部设固定式亮子，尺寸为700mm（高）×700mm（宽），亮子的形式借鉴土族传统木窗正方形的基本图形单元，以铝合金方管制造的简化、抽象的传统几何纹样装饰其中，以此实现传统构造形式的现代技术表达。

铝合金门两侧为固定扇，中间两扇开启方式建议采用推拉门，由于其沿滑轨水平左右移动开闭，没有平开门的门扇扫过的面积，开启时不占空间。

铝合金门主要由门框、门扇和玻璃组合而成。

（1）门框是门的骨架，主要作用是固定门扇、亮子并与门洞间相联系，其组成与门扇的形式、数量、组合方式有关，一般多由上、下框，边框组成，有亮子的门设有中横框，多扇门设有中竖框。

（2）门扇是门的开启部分，一般由上、中、下冒头以及门梃、门芯板和玻璃组成。

2）铝合金窗的形式

（1）规矩方正的铝合金窗

借鉴土族传统木窗的形式语言，以正方形为基本图形单元，采用古铜色铝合金型材和玻璃，形成方格网状分隔形式的铝合金窗（图5.34）。

根据正房、厢房房屋高度的差异，铝合金窗的尺寸可分为1500mm（高）×1500mm

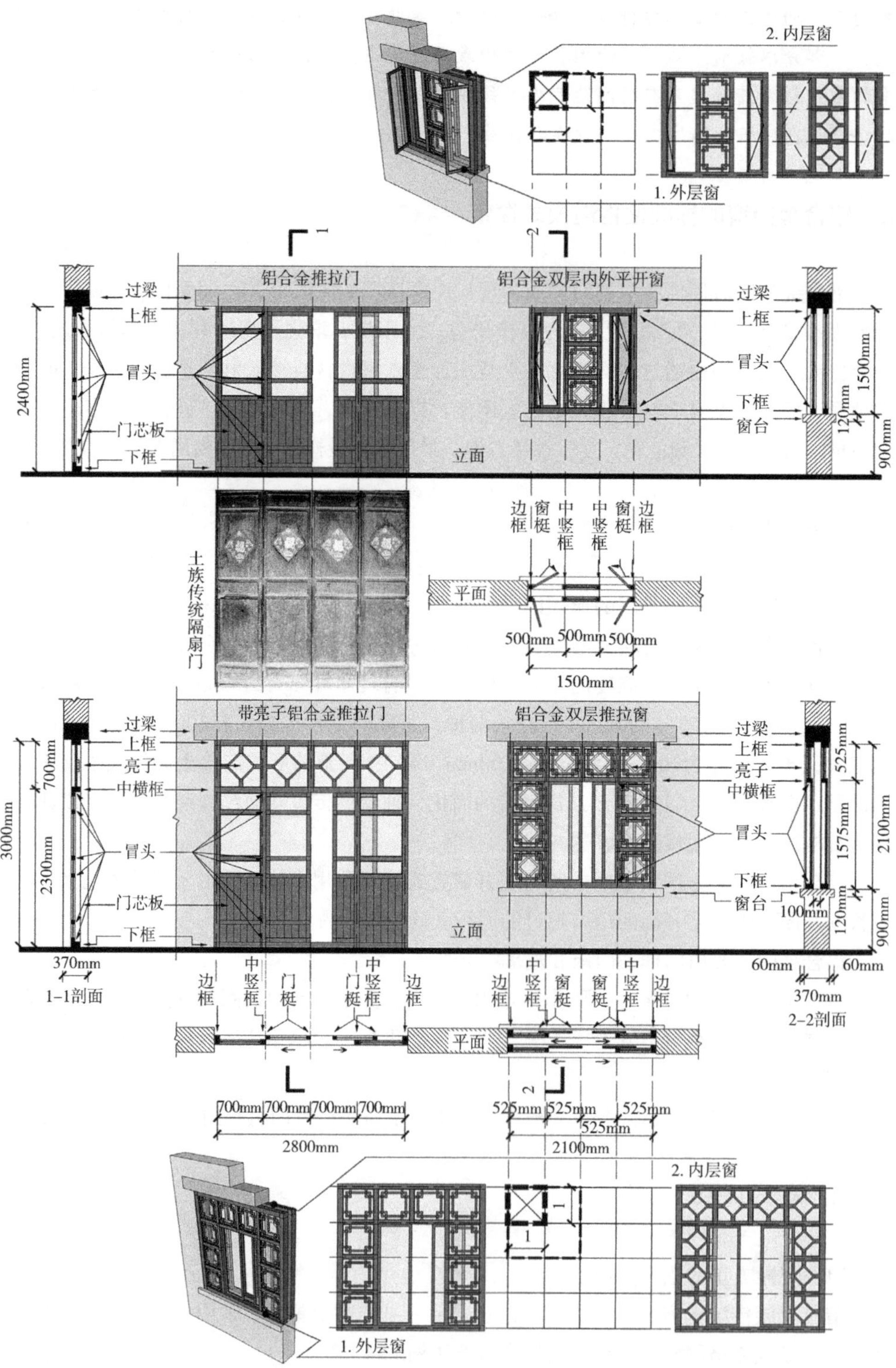

图5.34　铝合金门窗构造形式设计

（宽）、2100mm（高）×2100mm（宽）两种：高1500mm的窗中间为固定扇，两侧开启方式建议采用平开窗，构造简单，制作、安装、维修、开启等都比较方便；高2100mm的窗上部设固定式亮子，两侧为固定扇，中间两扇开启方式建议采用水平推拉窗，开启时不占据室内外空间。铝合金窗的固定扇均以铝合金方管制造的简化、抽象的传统木窗几何纹样装饰，以此实现现代建造技术的本土化表达。

铝合金窗主要由窗框、窗扇和玻璃组合而成。

①窗框是窗的骨架，安装固定于墙洞里，以便安装及支承窗扇，其组成与窗扇的形式、数量、组合方式有关，一般多由上、下框，边框组成，有亮子的窗设有中横框，多扇窗设有中竖框。

②窗扇是窗的开启部分，一般由上、中、下冒头以及窗梃和玻璃组成。

（2）铝合金双玻璃窗

单层窗的热阻很小，仅适用于较温暖地区，在寒冷地区，应采用双玻璃窗，即指窗口有两层窗扇，每一窗扇仅有单层玻璃，双玻璃窗之间的空气层厚度为100mm。这不仅是室内正常气候条件所必须，也是节约能源的重要措施。

当采用普通双玻璃窗时，内层应尽可能做得严密一些，而外层的窗扇与窗框之间，则不宜过分严密，以便使冬季水蒸气通过缝隙，由室内向室外扩散。如果内层不严而外层严，则水蒸气进入双玻璃窗之间的空气层后，就会排不出去，从而在外层窗玻璃内表面上，大量结露结霜，其后果是严重降低天然采光效果[77]。

当采用平开窗时，双玻璃窗的开启方式为内外开，铝合金双玻璃窗的窗框在内侧与外侧均做铲口，内层向内开启，外层向外开启，结构安装合理。这种窗内外窗扇基本相同，开启方便。

5.3.4 集热蓄热墙式太阳房的建构形式

1. 集热蓄热墙式太阳房

1956年，法国学者菲利克斯·特郎勃等提出了集热蓄热墙的设计方法，即在直接受益式太阳房后面筑起一道重型结构墙。结构墙的外表面涂有高吸收率的涂层，以增加太阳辐射吸收率，其顶部和底部分别开有通风孔，设有可控制空气流动的活动门，可以根据不同时间段和需要控制对流换热的模式[38]37。

集热蓄热墙式太阳房的集热和热利用过程是，太阳辐射透过玻璃外罩照射到集热蓄热墙上，集热蓄热墙所吸收的热量通过三个途径加热室内：一部分热量加热玻璃外罩和墙体之间的空气，使空气温度升高、密度降低，与室内空气形成热压，进而通过蓄热墙的孔洞实现对流换热，加热室内空气；一部分热量通过集热蓄热墙体向内部辐射热量，加热室内空气；第三部分热量被蓄热体储存起来，在夜晚以辐射和对流的方式继续向室内供热。[38]37（图5.35~图5.37）

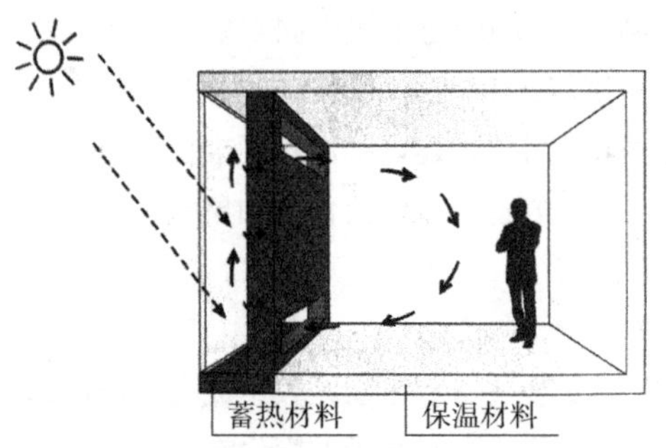

图5.35　集热蓄热墙式太阳房白天热利用过程
（来源：徐燊主编. 太阳能建筑设计［M］. 北京：中国建筑工业出版社，2014：37.）

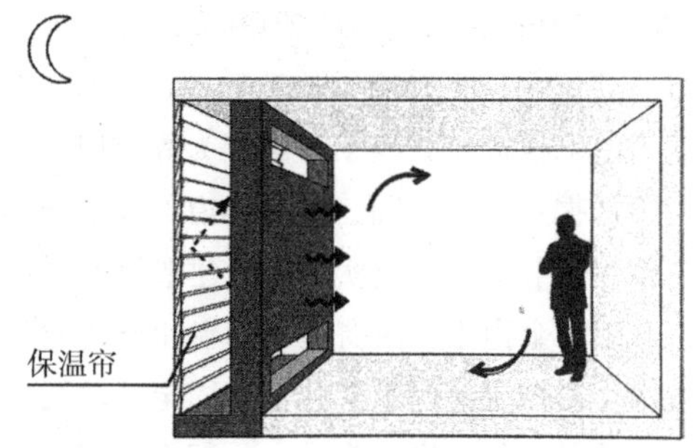

图5.36　集热蓄热墙式太阳房夜间热利用过程
（来源：徐燊主编. 太阳能建筑设计［M］. 北京：中国建筑工业出版社，2014：37.）

2. 集热蓄热墙式太阳房标准化构造模式探索

1）集热蓄热墙

（1）太阳辐射吸收系数

通过常用围护结构表面太阳辐射吸收系数ρ_s值可以看出，外饰面材料颜色越深，太阳辐射吸收系数ρ_s值越大，墙体吸收太阳辐射越多。因此，建议集热蓄热墙采用深色油漆涂饰（表5.4）。

图5.37　集热蓄热墙的构造方式
（来源：徐燊主编. 太阳能建筑设计［M］. 北京：中国建筑工业出版社，2014：38.）

（2）色彩的提取

①服饰色彩文化

土族人在服饰色彩的选择上喜爱黑色：土族青年男子一般都穿小领、斜襟、袖口镶黑边的白色短褂，外套黑色，下身穿黑色的大裤裆，小腿扎着“黑虎下山”（即上黑下白）的绑腿带，头戴黑色翻边纹毡帽或耳帽子；土族老年妇女，一般头戴黑色的卷边、圆顶绒毡帽，小领、斜襟长袍上面套有黑色的坎肩；土族盘绣以黑色纯棉布做底料，再选面料贴上，绣时一般七色俱全，配色协调，鲜艳夺目。

常用围护结构表面太阳辐射吸收系数 ρ_s 值　表 5.4

面层类型		表面性质	表面颜色	太阳辐射吸收系数 ρ_s 值
石灰粉刷墙面		光滑、新	白色	0.48
水泥粉刷墙面		光滑、新	浅灰	0.56
红砖墙		旧	红褐色	0.75
油漆	蓝色漆	光滑	深蓝色	0.88
	灰色漆	光滑	深灰色	0.91
	黑色漆	光滑	深黑色	0.92

来源：GB 50176-2016. 民用建筑热工设计规范［S］. 北京：中国建筑工业出版社，2011：91.

图5.38 佑宁寺建筑色彩

②宗教色彩文化

“格鲁派按照教义的规定，要将佛堂、佛殿刷成红色的，红色在这里象征着至高无上的权威，但是达赖喇嘛居住的院落房间、放置嘛呢转经筒的转经房外墙常用黄色，表示无上的尊贵。”[78]土族将佛教教义中推崇的颜色应用到寺院建筑中是表达虔诚敬意的方式，是一种不可言传的宗教思想通过具象的展现让人们切实地感受到的方式。大块红色、黄色、白色的纯色墙面，大面积的金色屋顶，黑色的门窗套，加上局部艳丽色彩图案的点缀，格鲁派寺院形成壮丽的色彩构成（图5.38）。

对比土族寺院所用的色彩可以发现，黑色、红色太阳辐射系数最大。

（3）集热蓄热墙的构造形式

结合土族的服饰色彩文化、宗教色彩文化，提取黑色、红色两种太阳辐射吸收系数大的颜色作为集热蓄热墙的饰面颜色，运用这两种颜色的组合将复杂巧妙的盘绣图案加以提炼、简化作为集热蓄热墙的饰面装饰图案。

通过油漆涂饰的方式在集热蓄热墙上用太阳辐射吸收系数最大的黑色作为盘绣图案的底色，红色勾画盘绣图案：先在红砖墙上用树脂涂料二道饰面，封底漆一道，再用水泥、石灰膏、砂浆粉面两层，总厚度为14mm左右，最后刷光油漆，一般情况下，油漆至少涂刷一底两面。这种形式不仅延续土族人民所喜闻乐见的形式，而且有助于突出土族的民族特色，提高建筑风格的民族识别性（图5.39）。

2）集热蓄热墙玻璃幕的构造形式

借鉴土族传统木窗的形式语言，以正方形为基本图形单元，采用古铜色铝合金型材和玻璃，形成600mm×600mm方格网状分隔形式的铝合金玻璃幕墙，总体尺寸为

2400mm × 2400mm（图5.40）。

正方形基本单元中以铝合金方管制作的简化、抽象的传统木窗几何纹样装饰，配合集热蓄热墙上的盘绣图案，为土族人民所喜闻乐见，具有浓厚的民族特色，唤起人们对于传统的尊重，提高建筑风格的民族识别性，能够有效地解决现代建造技术的本土化表达。

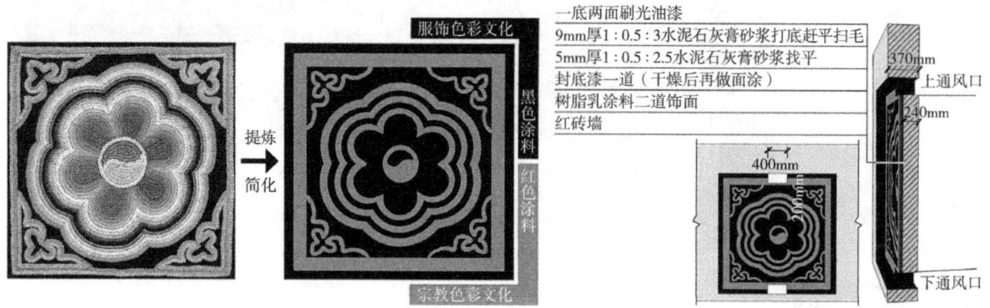

图5.39　集热蓄热墙构造形式设计

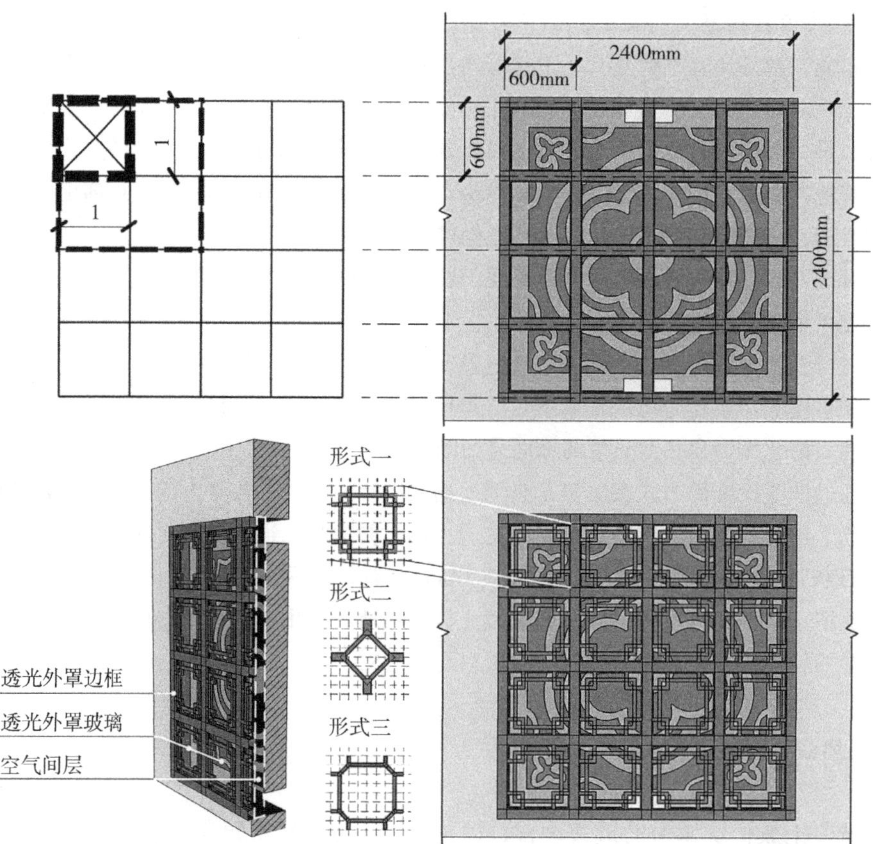

图5.40　集热蓄热墙玻璃幕构造形式设计

5.4 适宜绿色建筑技术的土族化与现代化

5.4.1 屋面集成主动式利用太阳能系统

太阳能作为一种绿色清洁能源在环境生态保护和减轻能源危机等方面起到关键作用。青海河湟地区地处青藏高原腹地，海拔高，大气层稀薄且干净，太阳直接辐射强，日照时间长，属于我国太阳能资源较丰富区之一，具有利用太阳能资源的良好条件。

随着技术、经济的发展，土族人民已经开始尝试利用当地丰富的太阳能资源，除前述章节中述及被动式利用太阳能的各类策略和方法，还以机械设备干预等手段利用太阳能及其相关特性的主动式利用太阳能，即在房屋中采用光热转换、光电转换等设备来获取并转换太阳能，通过太阳能热水技术、太阳能采暖技术、太阳能发电技术，很大程度上满足房屋在运行过程中对供热水、采暖、用电等方面的要求。

通过了解太阳能热水系统、太阳能采暖系统和太阳能光伏发电系统的组成及工作原理，我们可以看出，主动式利用太阳能系统除太阳能板（太阳能集热器、太阳能光伏电池板）必须设置于房屋的外围护结构之外，其他组成部分均可以在房屋内部根据功能需求选择适宜空间布置。因此，主动利用太阳能系统与房屋一体化设计问题的关键是太阳能板与外围护结构的一体化设计（图5.41~图5.43）。

1. 太阳能板安装倾角

太阳能板的方位角和倾斜角对太阳辐照量的收集会产生影响。太阳能板宜朝向正南放置，或在南偏东、偏西40° 的朝向范围内设置；太阳能板倾斜角近似等于当地纬度时，可获得最大年太阳辐照量，一般可在当地纬度±10° 的范围内选择。如果希望在冬季获得最佳的太阳辐照量，倾角可选定为当地纬度增加10° ，如果希望在夏季获得最佳

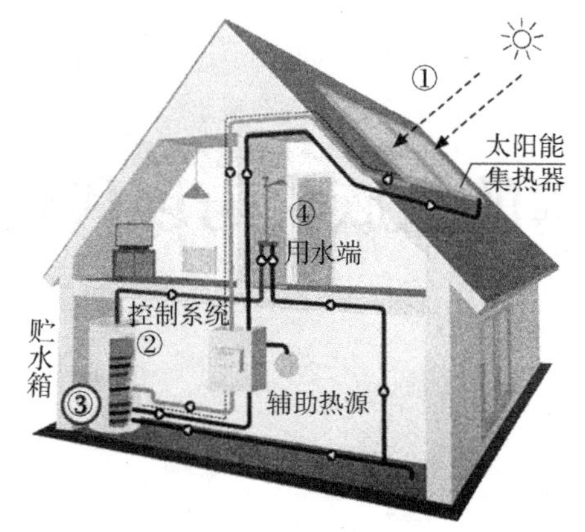

图5.41　太阳能热水系统
（来源：徐燊主编．太阳能建筑设计［M］．北京：中国建筑工业出版社，2014：75．）

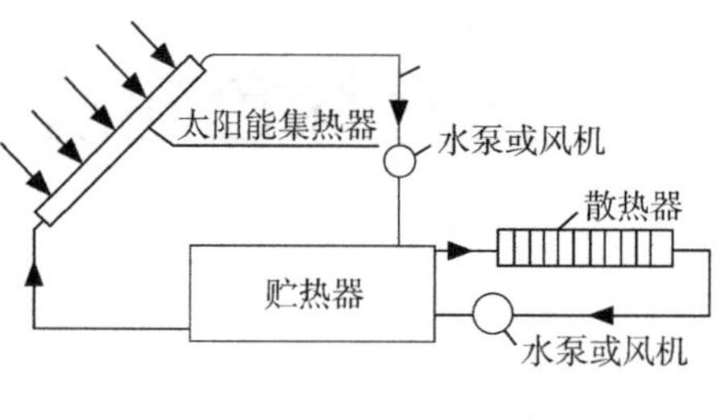

图5.42　太阳能采暖系统
（来源：冉茂宇，刘煜主编．生态建筑［M］．武汉：华中科技大学出版社，2014：264．）

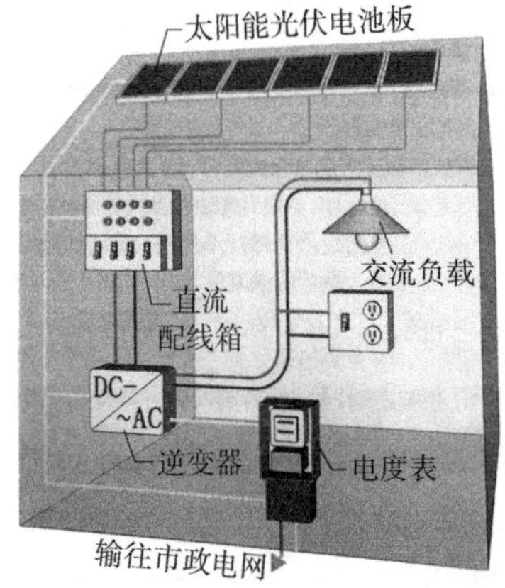

图5.43　太阳能光伏发电系统
（来源：徐燊主编．太阳能建筑设计［M］．北京：中国建筑工业出版社，2014：115．）

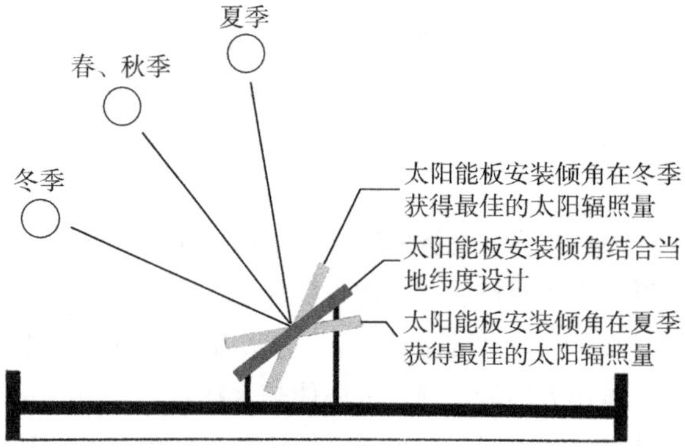

图5.44　太阳能板安装倾角设计
（来源：徐燊主编．太阳能建筑设计［M］．北京：中国建筑工业出版社，2014：19．）

的太阳辐照量，则应比当地纬度减少10°。[38]86青海河湟地区纬度在北纬35°～38°之间，以37°计算，冬季长逾半年，考虑冬季获得最佳的太阳辐照量，因此，太阳能板的安装倾斜角宜为47°（图5.44）。

2. 平屋面集成太阳能板

由于太阳能集热器要占据一定空间，同时考虑集热效率，首选屋顶作为集热器的放置位置。[79]结合土族现代平瓦屋顶的适宜坡度21.8°，考虑土族地区最佳太阳辐照量条件下的太阳能板安装倾角47°，综合太阳能板与屋面结合的功能性、安全性、美观性等

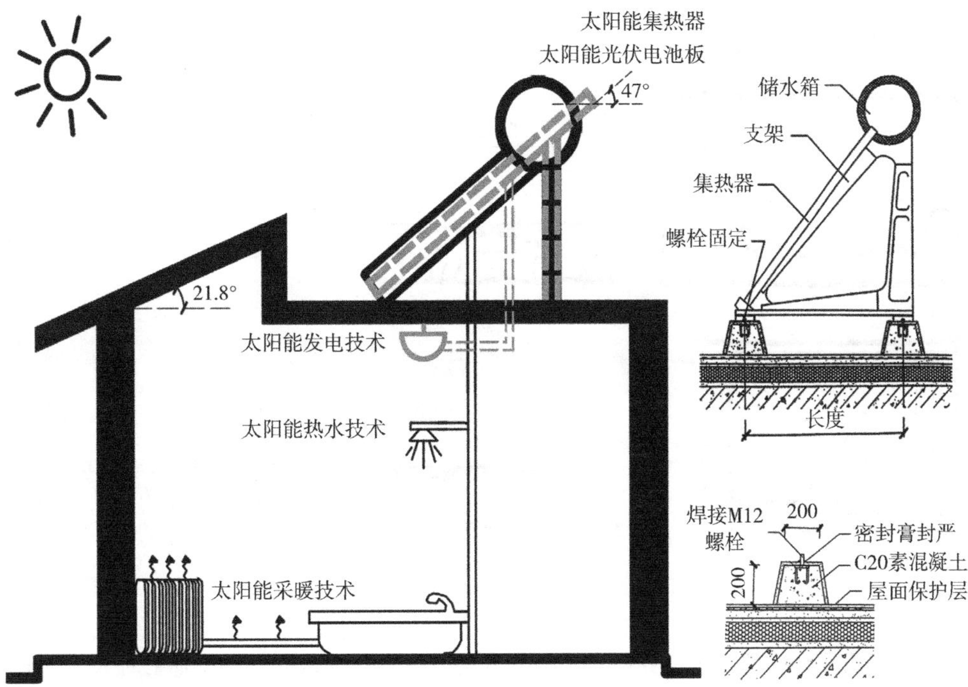

图5.45　平屋面集成太阳能板
（来源：薛一冰，杨倩苗，王崇杰等编著．建筑太阳能利用技术［M］．北京：中国建筑工业出版社，2014：52.）

方面的需求，建议在土族庄廓房屋适宜的位置设置一定的平屋面集成太阳能板，以实现太阳能板与房屋的一体化设计（图5.45）。

1）平屋面安装太阳能板时，对房屋朝向没有特殊要求，可以根据屋面位置、大小采取最佳方位角和倾斜角自由布置以实现最佳太阳辐照量，并且能够提供安装太阳能板的面积相对较大。

2）平屋面安装太阳能板时，在解决承载力、连接点与保护层的构造问题上较坡屋面更为简单易行，并且系统管线易于隐蔽。

3）平屋面安装太阳能板时，便于上人安装、检修、维护。

5.4.2　多功能吊炕

1. 土族传统火炕

在土族传统庄廓中，由于被动地获得太阳辐射热量往往不能满足室内热环境的需求，因此，利用主动采暖是必要的。火炕采暖是土族传统庄廓普遍使用、比较直接和有效的取暖方式，采取直接和地面相接的落地式炕体形式，它是土族人民应对严寒气候环境的一种极富聪明才智的创造，一直沿用至今。火炕作为土族传统庄廓主要的采暖形

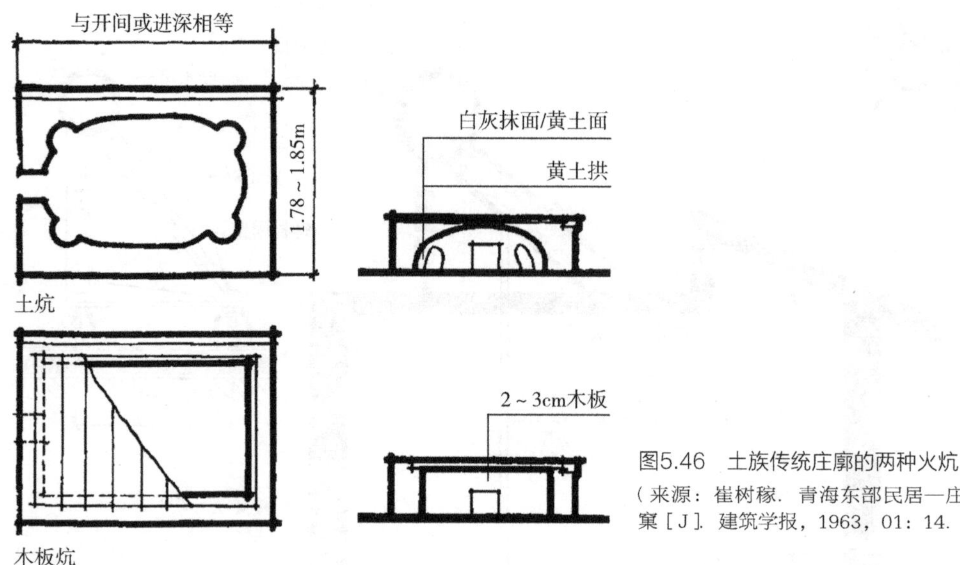

图5.46　土族传统庄廓的两种火炕
（来源：崔树稼．青海东部民居—庄窠［J］．建筑学报，1963，01：14.）

式，即利用提高局部区域各界面层表面温度的方法，减少该区域内冷辐射对人体的影响，产生一种“缓冲”的防护：火炕加热后，炕体将热量传递到炕面，使炕表面温度升高，周围的室温因为热传导而随之升高，能够创造出相对舒适的室内热环境。为增加采暖效果，在使用中还会采取局部采暖方式，即利用火盆进行小范围取暖，其优点是安全、易于保存火种、节省能源、使用方便。

土族人家的火炕主要有土炕和木板炕两种。土炕的做法是先以干土堆成拱形，上打草泥抹平，干透后由喂炕口掏去干土，成黄土“壳体”[80]（图5.46）。土族人家的火炕一般沿着山墙建造，形成满间炕或布置于居室南侧，临南窗布置，加火洞根据火炕的布置设在院落两山室外漏角处或者卧室窗下，用焖火的烧法，以在农村常见的牲畜粪便、柴草、煤等为燃料，炕不带烟囱，烟气由加火洞排出。

有的采用灶连炕的形式，这种方式一般用于卧室和厨房紧连的情况下，即将锅灶与卧室中的炕通过设于二者隔墙上的烟道相连，从而利用做饭时的高温烟气来加热火炕，提高了燃料的热利用率（图5.47）。

传统火炕尽管优点很多，但由于其构造、形式、材料及工作原理等方面不尽合理：烟气流动慢、灶门大、灶膛大、无炉排、无插烟板、无通风道……导致室内环境热舒适性差。

1）热效率低下。使用时燃料不能充分燃烧，每年要烧掉大量农作物秸秆、畜粪和柴薪等生物质燃料，热转化过程中产生大量烟尘，导致室内外空气和环境的污染，引起巨大的能源浪费和环境污染等问题。

2）热损耗较多，保温性能差，大部分的热量被地面和炕体吸收。

3）炕体表面的温度分布不均匀。

图5.47 土族传统庄廓的灶连炕

4）卫生条件差。火炕进料口所在墙面因烟火容易从灶门窜出而长期受烟尘熏烤变黑，影响建筑外观。

2. 多功能吊炕

在能源紧缺的今天，研究炕的形态，改进炕的效能，并倡导炕的有效利用，对于弘扬土族传统炕文化、改善土族人民生活具有重要的现实意义。

多功能吊炕是一种架空的炕连灶形式，全称“高效预制组装架空火炕”，也叫架空炕，简称“吊炕”或“吊洞炕”。“吊炕”是我国在“七五”“八五”期间，由辽宁、吉林两省的农村能源科技人员经过反复研究、不断实践而研制出的新型架空炕。20世纪90年代初期，“吊炕”技术开始在全国范围内进行推广。据辽宁省农村能源办公室统计，在2004年末全国大约有1956万铺架空炕，约占总火炕数的30%。[81]6

“吊炕”由底板支柱、底板、面板支柱、面板、炕内分烟墙、烟插板等组成，其构件均可工厂化生产，进行组装式搭砌。[82]“吊炕”底部架空，一般高于地面20～30cm，在炕底板上放置支柱用于支撑炕面板，形成高度为20cm左右的烟道，炕板的材料有石板、土坯、混凝土和黏土沙等。[81]6（图5.48、图5.49）

“吊炕”基于燃烧和传热的科学原理，是人们在传统火炕的原理基础上加以技术革新后衍生出来的新型架空炕，增加了保温措施，提高了余热利用效果，扩大了火炕的受热面和散热面，在热能利用及提高室内温度等方面都有了明显的改善：“吊炕”能使室

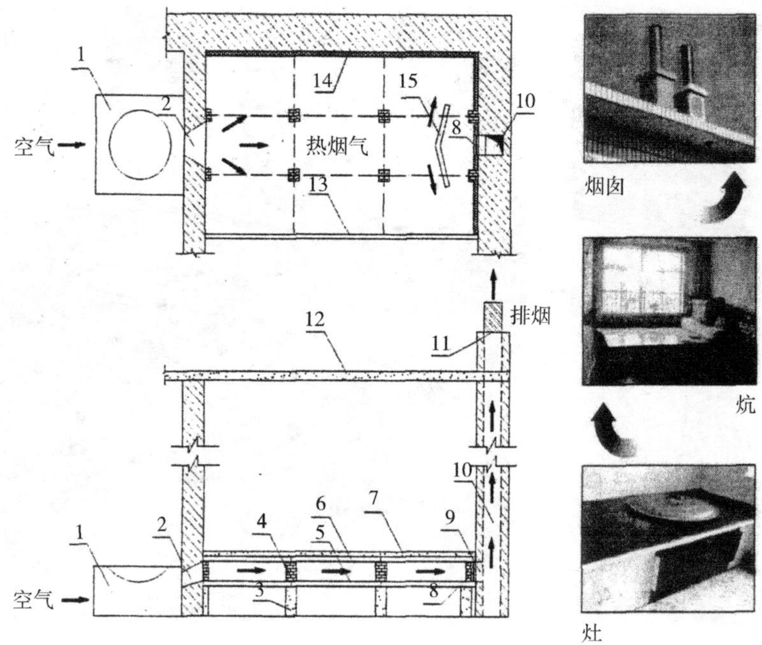

1-灶；2-进烟口；3-底板支柱；4-面板支柱；5-底板；6-面板；7-抹面层；8-烟气插板；9-排烟口；10-烟道；11-烟囱；12-房顶；13-前炕墙；14-保温墙；15-炕内分烟墙

图5.48 “吊炕”系统结构图

（来源：庄智. 中国炕的烟气流动与传热性能研究［D］. 大连理工大学，2009：6.）

图5.49 吊炕

（来源：化佳欢. 青海东部地区传统生土民居的生态节能研究［D］. 青海大学，2015：44.）

温平均保持在18℃以上，一次烧火保温时间就在16～24小时[83]45；“吊炕”的综合效率提高了近70%～80%[84]；在不增加任何辅助采暖实施和燃料消耗的情况下，“吊炕”比落地式火炕可提高室温4～5℃[85]；“吊炕”热效率高，从传统土炕的14%～18%，提高到25%～35%，提高近一倍[83]45；“吊炕”所需燃料量仅为传统土炕的1/2～2/3，烟尘和CO_2的排放量大为减少，有效净化了空气污染，保持了生态环境的平衡，改善了农村的生态环境[83]45。因此，“吊炕”具有热舒适性好、热效率高、节约燃料、均温性好、保温时间长等优点，可以提高土族人民的生活质量，改善农村的生态环境，被认为是目前最具有代表性的先进的火炕形式。

5.5
本章小结

本章从影响土族庄廓发生根本性变化的建筑构件建构模式入手研究，基于土族传统平土屋顶、生土墙体、木制门窗建筑构件建构模式背后应用建筑材料并将之构筑成整体的创造过程和方法，挖掘它们形式的内在建构逻辑，分析一个形式变与不变的合理轨迹，推导它们从历史到今天的发展规律，合理运用、继承传统的构造和结构体系，将蕴含于其中的文化符号、建造经验和生态智慧转变为科学化的设计技术和方法，与现代建筑材料、结构体系、建造技术相结合，探索既能延续地方风格和民族特色，又能适应现代化、城镇化需求的形式原真的新型建筑构件建构模式——屋顶建筑构件建构模式、墙体建筑构件建构模式、门窗建筑构件建构模式和适宜绿色建筑技术建筑构件建构模式，以此改善土族传统庄廓原有不足和现代庄廓盲目混乱、新旧断层的现象，为其注入新的活力，解决土族建筑在文化传承问题、质量问题、生态问题等方面的困境。

土族新型建筑模式语言的设计实验

6.1 土族新型庄廓院落空间组织模式

6.2 土族新型庄廓建构设计实验

6.3 土族新型建筑模式语言的其他探索

6.4 本章小结

土族原型建筑模式语言是土族人民在生产力落后、物资资源匮乏的条件下，经过数百年一系列试错、校正的过程，逐步恰当地、合适地适应土族地区自然要素和人文要素而形成的，它们以极经济的技术水平，取得了普遍为人认可的人文价值、艺术价值和生态价值，反映了浓厚的地方风格和民族特色。原型建筑模式语言帮助我们抓住土族传统庄廓建筑问题的本质，有助于我们清晰地、准确地掌握良好传统形式产生的内在建构逻辑，饱含着深刻含义的民族建筑原型。

土族现型建筑模式语言是土族人民借鉴现代城市建筑形式，基于现代建筑材料、结构体系、建造技术而形成的，在一定程度上适应了土族人民的现代生活方式，提升了土族人民的居住生活质量，具有一定的时代进步意义。现型建筑模式语言帮助我们认识传统形式不再适合新时代需求的原由，了解一个形式变与不变的合理轨迹，推导它们从历史到今天的发展规律。

因此，继承原型建筑模式语言中优秀的、有活力的传统模式，结合现型建筑模式语言中积极的、进步的现代模式，将两者有机地结合，形成新型建筑模式语言用以指导实践，能够有效地应对土族建筑在文化传承问题、质量问题、生态问题等方面的困境。

6.1 土族新型庄廓院落空间组织模式

6.1.1 土族新型庄廓空间组成要素

通过土族传统庄廓和现代庄廓的对比研究可以看出，现代土族人民依然是以家庭为单位拥有属于自家的庄廓，每户庄廓仍然是利用院墙作为所属宅基地的边界。因此，土族新型庄廓可继续沿用院墙、房屋、大门三个基本要素按照一定空间组织规律组合的生成过程。然而，土族传统庄廓一般结合地形坐北朝南布置，大多因循东南向入口，户与户之间仅能通过水平方向道路相连。由此，群落总体呈现为水平方向延伸的空间格局，庄廓之间组合的灵活性差，布局相对松散，公共土地空间资源绩效太低。

结合新型庄廓组合的节地、便捷、高效等现代需求，本书提出“新型庄廓+宅旁绿地”的庄廓单元结构：新型庄廓尺度以7分的规模为限，坐北朝南布置，不仅继承传统庄廓东南向入口，而且需要增加东、西向入口的庄廓，以实现庄廓之间能够多向拼合的要求，改善庄廓布置的灵活性，提升庄廓的自由组合性，从而减少每个庄廓所需公共交通的用地，提高公共土地空间资源绩效；宅旁绿地可根据庄廓单元组合关系自由、灵活布置，以营造丰富的室外空间环境景观效果。

因此，新型庄廓由宅旁绿地、院墙、房屋、大门四个要素按照一定空间组织规律组合而成（图6.1）。

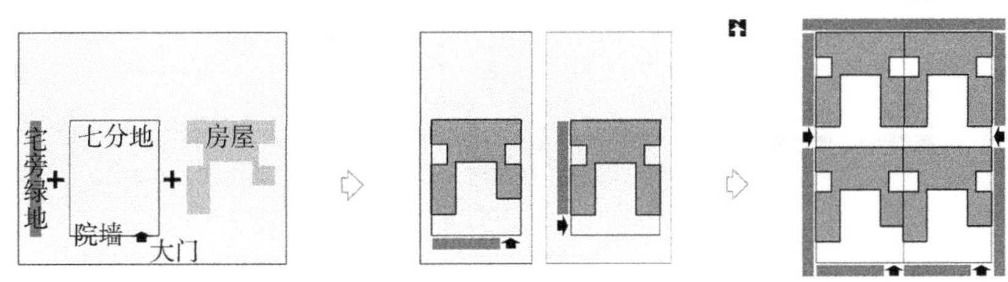

图6.1　土族新型庄廓组合空间模式图

6.1.2 土族新型庄廓空间组织形式

社会、经济、技术及文化的发展与变化，在一定程度上改变了土族人民的经济条件、生活观念和生活方式，但由于土族聚居区的气候、地形、地貌、水文等自然地理环境未曾发生任何变化，同时土族人民的基本生产文化活动、宗教信仰文化还具有鲜活的生命力。因此，土族现代庄廓虽然呈现功能向正房集中发展的趋势，但依然延续了院墙、房屋、大门三个基本要素有机组合生成的方式，继承了传统外封内敞格局的合院式空间布局形式。因此，新型土族庄廓空间组织形式应继承传统生态经验作用下的、传统民俗文化作用下的以及传统信仰文化作用下的传统空间组织模式，结合现代功能需求、绿色生态化原则，修整和改进传统院落式空间格局以适应现代需求，不仅能够继承土族传统的建筑文化，而且能够适应时代的要求，有效解决乡土建筑现代化、现代建筑土族化的问题（图6.2）。

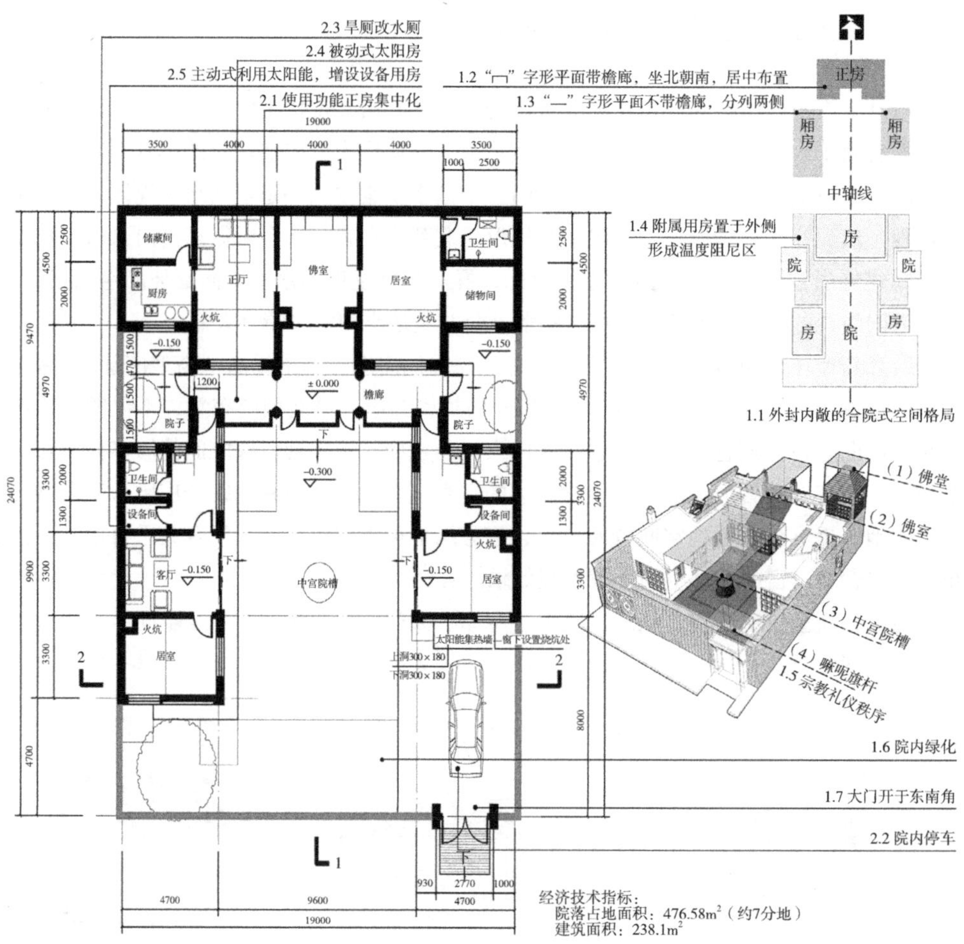

图6.2 土族新型庄廓空间模式图

1. 传统空间组织模式

1）外封内敞的合院式空间格局

土族新型庄廓延续院墙、房屋、大门组合而成的外封内敞的合院式空间组合形式，有利于继承传统有活力和有生命力的功能需求、生态经验、信仰文化作用下的传统形式，传承地方风格和民族特色。

2）正房“┌┐”形平面带檐廊，坐北朝南，居中布置

带檐廊的“┌┐”形平面正房在土族地区仍具有鲜活的生命力，它是土族人民结合封闭合院特点，长期应对严寒气候条件，根据本民族生产、生活需求形成的独具特色的房屋空间组织形式。继承与发展传统空间的形式不仅有利于土族人民延续还未发生改变的生活习惯，杜绝空间形式颠覆性变化引起的生活方式的突变，而且有利于传统建筑形式的传承，便利地方风格、民族特色的表达。

3）东、西厢房“一”字形平面不带檐廊，分列两侧

不带檐廊的“一”字形平面厢房是土族人民结合封闭合院特点，综合考虑功能、经济、节能等因素，根据传统礼制等级思想形成的区分长幼有序建筑秩序的房屋空间组织形式。继承与发展传统空间的形式不仅有利于唤起人们对传统礼制等级思想的尊重，而且符合文脉、经济、绿色的发展原则。

4）附属用房置于外侧，形成温度阻尼区

土族新型庄廓继承土族应对严寒气候的传统生态智慧，秉承非平衡保温的设计理念，将热舒适性要求低的附属用房——厨房、卫生间、储藏间等布置在外侧，减少主要使用房屋与外界空气的接触面积，有利于保持室内热环境的相对舒适、稳定。

5）宗教礼仪秩序

以藏传佛教格鲁派为主体信仰的多元信仰文化在土族地区仍具有鲜活的生命力，它要求继承佛堂、佛室、中宫院槽、嘛呢旗杆构成的宗教礼仪秩序，延续土族人民日常洗晒、礼拜的宗教信仰活动，同时通过具象的展现让人们切实地感受土族人民虔诚的、不可言传的宗教思想。

6）院内绿化

建筑绿化是指在建筑物周围保留或种植乔、灌木、花草或盆栽植物，以优化建筑生态环境。建筑绿化主要可以用作遮阳、降温，是营造建筑微气候的重要手段之一，也是传统建筑院落中常见的手段之一。[86]庄廓合院内引入地域常见植物配置，实现局域小环境防风、遮阳，不仅有利于调节微气候环境，而且有助于营造合院内良好的环境景观效果。

7）大门开于东南角

传统庄廓大门的空间布局不仅有利于营造丰富的空间体验，而且是针对当地严寒、风沙自然条件的有效应对措施。结合新型庄廓的空间组织形式，将传统建造智慧、生态智慧与现代建筑空间有机结合，有助于实现乡土建筑走向现代化和绿色生态化。

2. 现代空间组织模式

1）使用功能正房集中化

相较于传统庄廓房屋的空间大小，基于现代建筑材料、结构体系、建造技术建造的房屋具有更大的开间、进深尺寸，有效推进了使用功能正房集中化的趋势，增强了厨房、卫生间、储物室等辅助功能用房与正房的联系，有效解决了传统合院分散式布局造成的不便、低效。

2）院内停车

随着时代的变迁，机动车和现代农业机械逐步走进土族人民的家庭，由此带来庄廓内需要提供足够宽大的空间停放它们的实用要求。基于新型庄廓的空间组织形式，结合大门出入口，在庄廓东南角划分出4.7m（宽）×8m（长）的空间停放车辆，不仅方便车辆的通行，而且不会破坏、影响合院内部的空间组织关系。

3）旱厕改水厕

传统旱厕功能单一，卫生条件差，清扫任务繁重，已不再满足土族人民对现代城市生活方式追求的需求，因此，将现代城市居住建筑卫生间的基本功能形式用于庄廓，与主要使用房屋有机结合，能够方便、满足土族人民如厕、洗浴、洗漱等多功能于一体的需求，是未来发展的必然趋势。

4）被动式太阳房

被动式太阳房是土族人民利用现代绿色建筑技术解决现代庄廓绿色生态化发展的有力探索，由此带来了高效的经济和生态效益，因此，结合新型庄廓空间合理设置被动式太阳房是土族民居建筑更新、发展的必然趋势。

5）主动式利用太阳能，增设设备用房

太阳能热水系统、太阳能采暖系统和太阳能光伏发电系统等现代绿色建筑技术在很大程度上满足了土族庄廓在运行过程中对热水、采暖和用电等方面的需求，应当大力推广与普及，然而它们都需要提供一定空间安装必要的设备。因此，结合新型庄廓空间合理设置设备间以布置主动式利用太阳能系统的构配件同样尤为重要。

6.1.3 土族新型庄廓空间尺度大小

19m×24.07m（约7分）的居住单元。

1. 房屋

正房主体带1.5m檐廊，继承传统庄廓房屋三开间的空间格局，中间佛室、两侧居室，一字排开，空间使用灵活性较强。厨房、卫生间等主要辅助用房集中于正房两侧，方便使用。在正房功能空间布局集中的前提下，正房平面19m开间，对各种使用要求均有良好的适应性；正房进深7.97m是按照组合要求推算而来，既能适应基本功能需求，又能满足正房日照采光等基本需求。

东、西厢房与正房檐廊相连接，根据组合要求，进深确定为4.7m；开间为3.3m，空间大小适宜。

2. 合院

合院在现有农村生活的使用情境下，既代表土族传统生活的典型模式，又体现空间布局的典型范式。结合正房、东厢房、西厢房的空间组合要求，共设置3个合院：位居庄廓中心的合院9.6m×9.9m，连接各个房屋，正中立中宫院槽，合院宽敞方正，便于纳阳，既满足土族人民日常生活起居活动，又提供了宗教信仰活动的空间场所，同时，配合庄廓南侧14.3m×4.7m院内绿化景观，改善调节院内微气候环境；位居正房两侧的合院3.5m×4.97m，具有衔接、过渡、提供景观、采光等作用。

入口考虑日常农用车或家庭用车的停车要求，单独区划4.7m×8m的院落空间，同时作为入口与合院的过渡空间。

6.2
土族新型庄廓建构设计实验

6.2.1 土族新型庄廓大门建构设计实验

1. 庄廓大门传统构造模式挖掘

土族传统庄廓大门略低于院墙，硬山式双面平屋顶形式，采用砖木混合结构。首先，门框、门扇与院墙平齐；其次，向内向外各扩展出0.6m左右做檐柱，形成门廊，起到遮阳防雨的作用；再次，在其上建造简化后的抬梁式木结构的门头：柱间用梁枋连接，屋檐下是6层层叠有序的梁枋，辅以出挑的椽子，起支撑屋檐的作用，屋檐上铺以5%~7%坡度比的厚厚的黄土草泥，以利于排水；最后，在门廊左右两侧用砖砌筑实心的山墙，将檐柱及檩木梁架全部封砌在山墙内（图6.3）。整个大门左右对称，上下两个部分疏密有致，十分讲究构造的匀称。

由精雕细刻的木梁枋结构门头与比例考究的砖砌墀头组合而成的大门作为传统庄廓院墙上开设的唯一洞口，打破了院墙粗犷单调的形象，显得醒目、突出，檐口出挑深远，形成丰富强烈的阴影效果，成为土族传统庄廓院墙的点睛之笔。

1）门头

门头是在门的上方做小屋顶，既可遮阳防雨，又具装饰作用。用木结构做成的屋顶，有梁、枋；有支撑屋顶出檐的斗栱或撑木；有顶上的屋脊、小兽。后来，这种门头逐渐减少了遮阳防雨的功能而成为单纯的装饰了，并且为了防止日晒雨淋对木料的腐蚀，出现了大量的砖制门头，不过它们还是保留着木结构的形式，用砖制作出梁枋、出檐、屋顶的样式。无论是木制、砖制的门头都充分运用了装饰手法。在门头的梁枋、牛腿上，在屋顶的屋脊上都布满了雕刻。[87]土族传统庄廓大门的门头，延续了屋面、檩

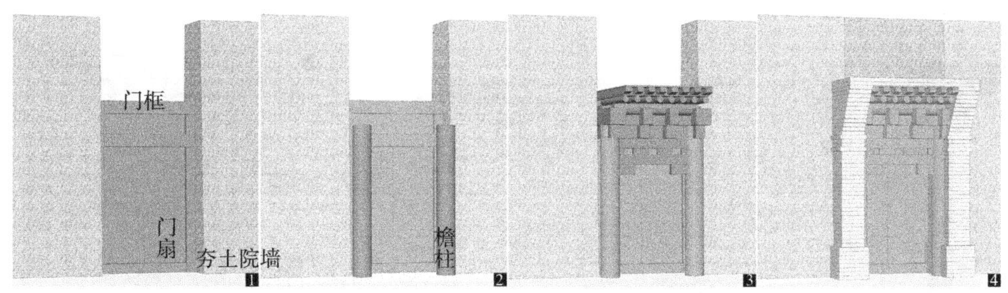

图6.3　土族传统庄廓大门建造过程

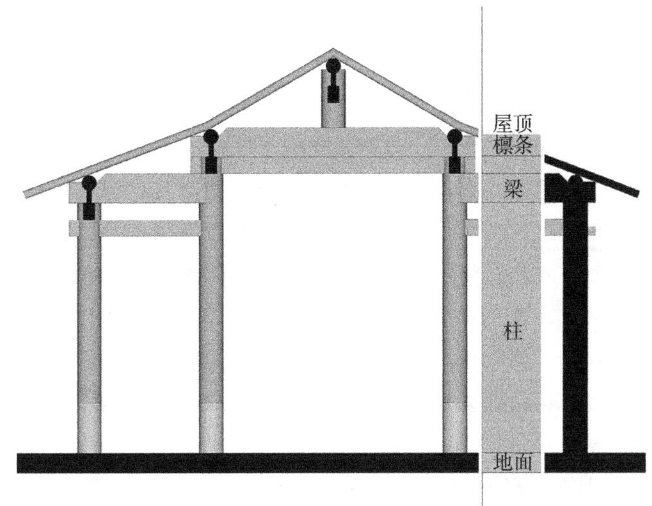

图6.4　抬梁式木结构受力体系

条、梁、柱、地面自上而下的传统抬梁式木结构受力体系（图6.4）。

大门平屋顶的形式呼应了土族所处地区干旱少雨的气候条件，同时也为民俗土族婚礼娶亲活动中，阿姑们从大门屋顶给纳什金向下泼水提供了上人屋面的活动区域。屋檐下可分为结构构件及其联系装饰构件两部分：屋檐下两层出挑的椽子和檩条承受屋顶的重量，材料为原木不加装饰，体现了其结构的原真性；檩条下一般为六层相叠的木梁枋，在檐柱之间起联系稳定和装饰作用，其上布满了精美细腻的木雕装饰（图6.5）。

整个门头给人印象最为深刻的就是檩条下层叠的木梁枋，其上木雕图案题材多样：多为植物花卉、虫鸣鸟语或者吉祥如意的图案，轻巧精美，与庄廓院墙粗犷、笨重的形象形成鲜明的对比，同时，它也体现了主人的财力及身份地位。经济条件较差的人家，在这部分表现较为简洁，没有任何多余的装饰，仅展现门头最真实的必须的结构构件，门头虽缺少了华丽的雕梁画栋，却更显出其“土气”、朴素简单的自然之美，体现了土族人民朴素的经济、功能适用观。

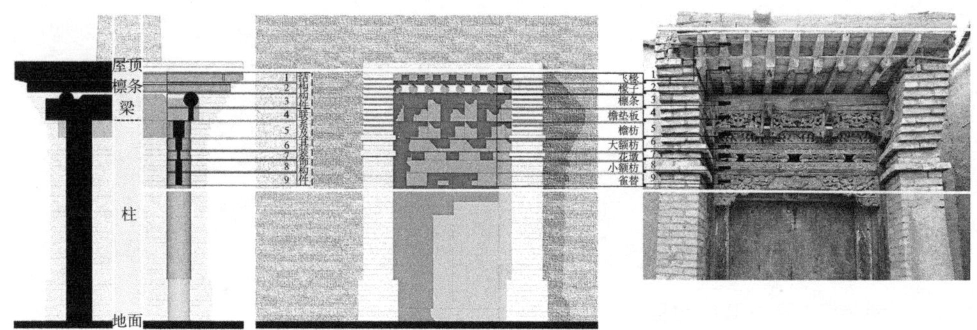

图6.5　土族传统庄廓大门门头

2）墀头

硬山建筑山墙在檐柱以外的部分现均叫作墀头（俗称腿子），墀头分为上、中、下三个部分：下段叫作裙肩（也称作下肩、下碱），中段为上身墙，上部是盘头；墀头上身墙之上为盘头和戗檐，盘头由几层形状特殊的砖件组成，从下而上分别为荷叶墩、半混、炉口、枭、头层盘头、二层盘头；在盘头之上，置以倾斜的戗檐砖，其上便是屋顶檐口了。[88]北京四合院大门墀头建造考究精致，比例尺寸规制协调，重视戗檐的雕刻装饰，砖雕装饰题材多样，制作精美，具有丰富文化内涵与深刻寓意的美好愿望（图6.6）。

相比北京四合院精美考究的大门墀头，土族传统庄廓大门的墀头更显朴素，没有层次丰富的盘头及装饰精美的戗檐，仅表达其自身合理的结构逻辑关系。通过对土族传统庄廓大门的调研可以发现，每家每户墀头的高低、宽窄虽不尽相同，但均采用红砖砌筑，利用砖层层出挑的层叠手法依据一定的比例尺寸关系建构墀头的裙肩、上身墙、戗檐及盘头三部分，相同的材料、相同的砌筑工艺、相近的比例尺寸关系保障了每家每户大门墀头造型的协调与统一。

（1）墀头的比例

承载大门实用功能最重要的一部分是门扇，它的宽度决定了大门门洞的宽度，土族传统庄廓大门一般由两扇不小于60cm的门板组成，加之门框的宽度，大门门洞的宽度多为1.4m左右；墀头的高度即门洞的高度，通过调研可以发现，土族传统庄廓大门墀头的高度一般由48块红砖平砌而成，高度多为2.88m左右。通过以上数据可以看出，土族传统庄廓大门门洞的高宽比为2：1。

从墀头调研资料的汇总可以看出，墀头的戗檐及盘头/上身墙+裙肩的比例可分为1：2、1：1.78、1：2.25；墀头的上身墙/裙肩的比例可分为3：1、3.6：1、2.6：1；墀头的戗檐/盘头的比例可分为3：1、3.5：1、3：1。通过以上数据可以发现，虽然墀头各部分的比例关系并不完全一样，但都是在基于整体比例关系的基础上略微有些调整。根

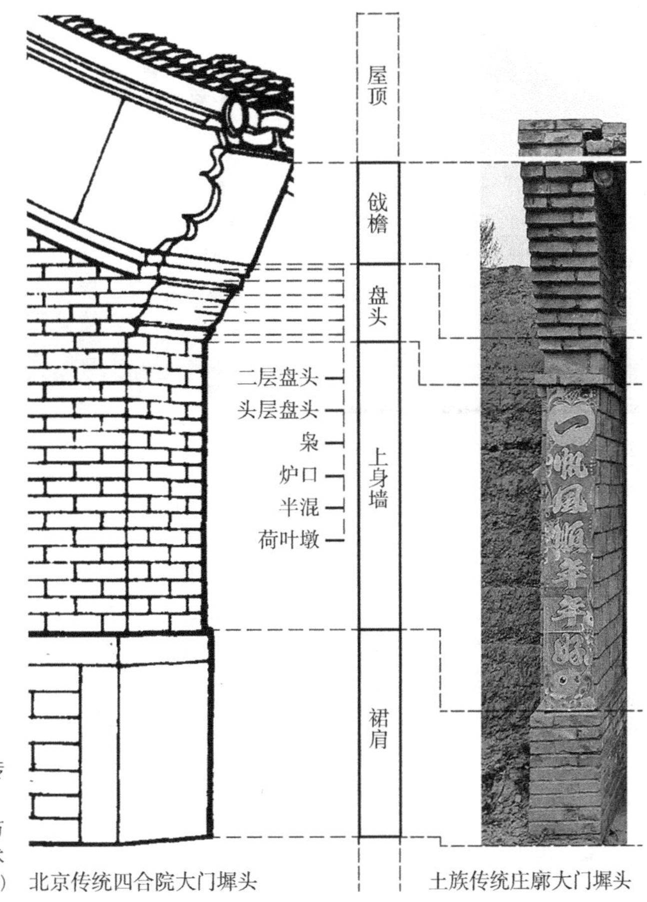

图6.6 北京传统四合院、土族传统庄廓大门墀头对比研究

（来源：改绘自尤贵友，关双来，程万里. 清式硬山墀头的设计与施工技术［J］. 古建园林技术，1984，04：06.）

据各部分比例关系的数据统计，考虑到方便指导施工建造的原则，可以总结出土族传统庄廓大门墀头各部分的比例关系：戗檐及盘头/上身墙+裙肩的比例为2：1；墀头的上身墙/裙肩的比例为3：1；墀头的戗檐/盘头的比例为3：1（图6.7）。

（2）墀头的砌筑工艺

裙肩、上身墙、盘头及戗檐将墀头在高度上分为三部分，上身墙的高度占据了整个墀头高度的1/2，它的宽度决定了整个墀头的宽度；裙肩的宽度需比上身墙伸出一部分；盘头的中间部位及戗檐延续上身墙相同的宽度，盘头作为上身墙与戗檐的过渡部分，在与上身墙及戗檐衔接的部位需要伸出一部分，保持与裙肩宽度一致。

土族传统庄廓大门墀头采用红砖（尺寸为240mm×115mm×53mm）砌筑，上身墙部分通常采用“勾尺咬”（又叫勾丝咬、狗子咬）的砌筑方式，即一整砖加一丁头搭成勾尺形，一丁一顺砌筑，墀头看面宽度为一长身加一丁头再加一灰缝。虽砌筑方式统一，但因砖平砌与立砌尺寸不同，所以上身墙的尺寸宽度分为370mm与300mm两种（图6.8）。

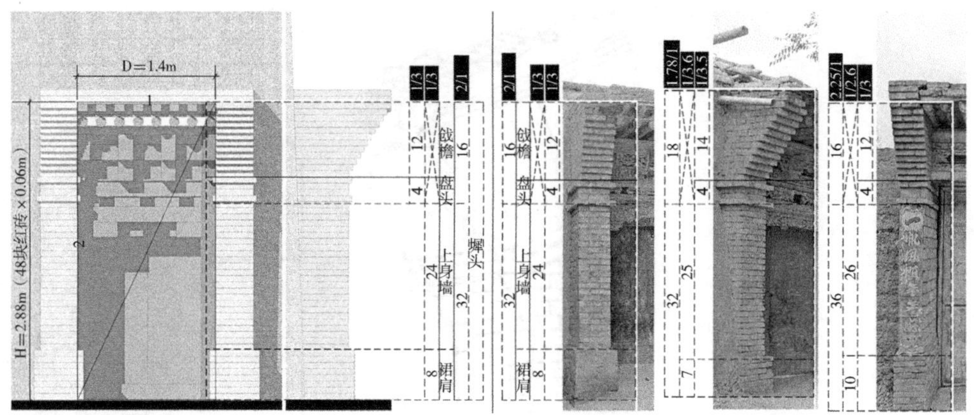

图6.7 土族传统庄廓大门墀头比例解析

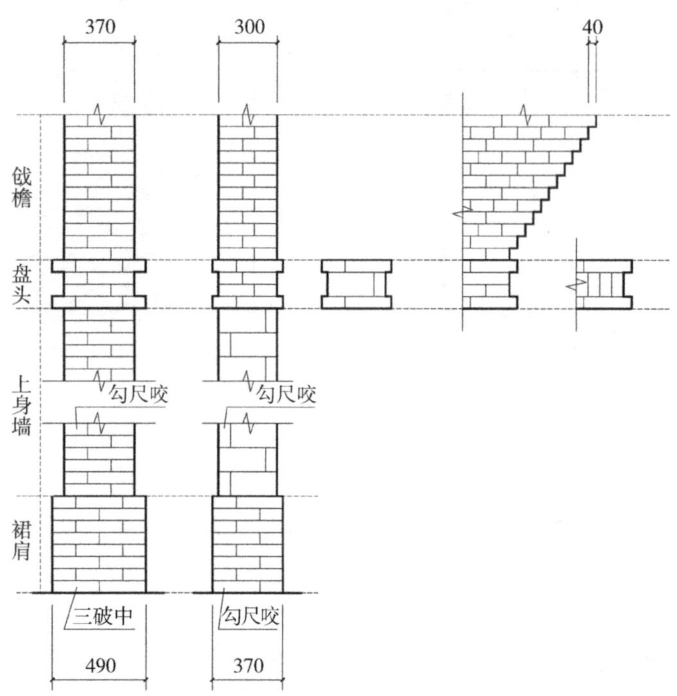

图6.8 墀头砌筑排砖示意图

①当上身墙采用“勾尺咬”（砖平砌）的砌筑方式时，它的宽度为370mm；裙肩部分采用“三破中”（即墀头看面宽度为两个长身加一灰缝，或是中间的一长身加两端丁头和两竖缝）的砌筑方式，比上身墙伸出一部分，它的宽度为490mm；盘头的中间部位及戗檐延续上身墙平砌的“勾尺咬”（砖平砌）的砌筑方式，宽度为370mm；盘头与上身墙及戗檐的衔接部分采用“三破中”的砌筑方式，与裙肩保持一致，宽度为490mm。

②当上身墙采用“勾尺咬”（砖立砌）的砌筑方式时，它的宽度为300mm；裙肩部分采用“勾尺咬”（砖平砌）的砌筑方式，比上身墙伸出一部分，它的宽度为370mm；盘头的中间部位及戗檐采用“勾尺咬”（砖平砌）的砌筑方式，但需要对平砌的顺砖进行裁切，宽度保持与上身墙一致，它的宽度为300mm，盘头的中间部位也可采用“勾尺咬”（砖立砌）的砌筑方式；盘头与上身墙及戗檐的衔接部分采用“勾尺咬”（砖平砌）的砌筑方式，与裙肩保持一致，宽度为370mm。

戗檐位于墀头的顶部，它的山面利用红砖层层出挑40mm的方式形成层叠而上的韵律造型，保持与木结构屋面在山墙面出挑造型的一致性，不论是墀头的看面或者山面，戗檐都成为整个墀头最富有节奏与变化的部分，是整个墀头最具有装饰性的部位。

2. 庄廓大门现代构造模式探索

土族传统庄廓大门是整个庄廓建造精华的浓缩，蕴含着土族人民长久以来应对自然气候条件、生产生活环境的生存智慧。然而，随着现代土族乡村建设浪潮的繁荣，传统构造模式已无从应对突如其来的新功能、新材料和新技术，传统庄廓大门正逐步走向衰败，随之而来的是盲目混乱、新旧断层的现象层出不穷，现代与传统对立严重，因此，庄廓大门的更新与发展已成为不可回避的问题。

提炼土族传统庄廓大门的构造模式，有机结合现代功能、材料和技术，探索传统构造形式现代表达的新型适宜技术，是本研究解决土族传统庄廓大门风貌发展问题的策略与方法。

①硬山式双面平屋顶；

②屋面低于围墙；

③不可或缺的门头组成部分；

④比例考究的墀头部分。

根据当代庄廓大门的功能需求，确定大门的尺寸为2400mm（宽度）×2100mm（高度）。按照传统庄廓大门门洞的比例关系，门洞的高度应该为4800mm，综合节省材料、降低建造成本的需求及保障大门功能的前提下，确定门洞的高度为3240mm。

结合砖混结构的受力特点及建造工艺，提出土族庄廓大门当代发展的构造模式：延续传统庄廓大门墀头的形式特征及比例尺寸关系，遵循砖混结构体系中屋面、楼板、墙体、地面自上而下的结构受力特点，形成不可缺少的结构部分，在过梁及楼板中间形成门头的部分，此处可以采用多种材料演绎传统门头的形式，形成具有装饰性的部分。

1）墀头

土族传统庄廓大门的墀头经历了由无到有、由简到繁的发展变化过程，最终形成了

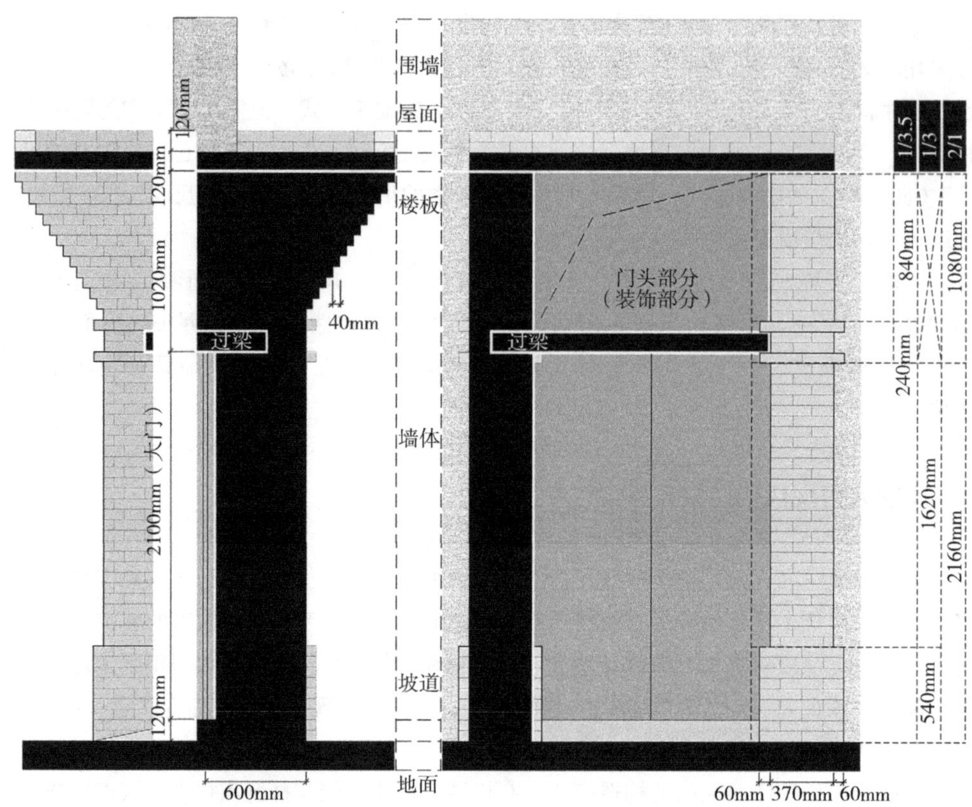

图6.9　土族新型庄廓大门墀头构造形式设计

成熟稳定的建造技术、协调适宜的比例关系，在土族传统庄廓大门的建造过程中得到了大量的推广，进而形成土族独具特色的墀头形式。砖木结构的特点使得墀头在传统庄廓大门上更多体现空间限定及装饰的附属作用，然而结合砖混结构的特点，墀头具有更直接的结构支撑作用。

根据现代庄廓大门的尺寸，墀头宽度为370mm，各部分的比例关系如下：戗檐及盘头/上身墙+裙肩的比例为2：1；墀头的上身墙/裙肩的比例为3：1；墀头的戗檐/盘头的比例为3：1。即裙肩高540mm，上身墙高1620mm，盘头高240mm，戗檐高840mm，墀头总高3240mm（图6.9）。

2）门头

（1）门头装饰部分简化演绎传统庄廓大门门头的木梁枋结构部分，采用100mm×100mm的方木椽条与60mm厚的木垫板模仿传统门头屋檐出挑的椽头形式，当保持与墀头的戗檐相同斜度的条件下，采用从下到上层叠出挑六层的建造方式，呼应传统庄廓大门门头六层木梁枋的构造形式。

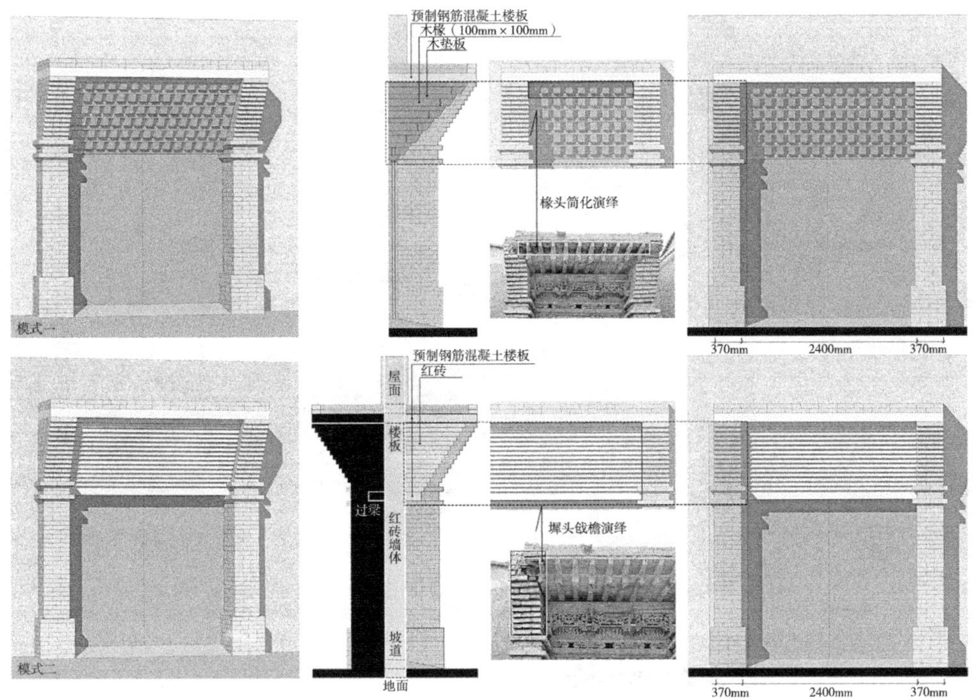

图6.10　土族新型庄廓大门形式设计

（2）门头装饰部分采用红砖，简化演绎传统庄廓大门墀头的戗檐部分，在过梁上采用从下到上层层出挑40mm的建造方式，保持与墀头的戗檐相同的斜度（图6.10）。

6.2.2　土族新型庄廓院墙建构设计实验

1. 土族现代红砖院墙

土族现代庄廓延续了传统庄廓外封内敞的合院式基本格局，院墙作为合院式庄廓的必要组成要素，主要起围护、分隔院内外空间，联系房屋、大门，防风防沙，保障安全隐私等功能，保证院内环境的稳定、宜居。经调研可以发现，土族现代庄廓院墙均使用红砖砌筑而成，低于大门、房屋的高度，高约2.1m，厚度均为240mm。根据院墙顶部檐口红砖砌筑方式的不同，院墙可分为以下两种形式（图6.11）。

1）院墙顶部直接用丁砖大角度立砌形成檐口，与院墙保持平齐；在院墙顶部出挑一层共两皮砖，挑出长度约为60mm，然后在其上用丁砖大角度立砌形成檐口。两种方式都是在顶部压一皮顺砖封顶。

2）院墙顶部出挑一皮或两皮砖，挑出1/4砖，约60mm，其上将丁砖、立砖按照一定角度间隔重复砌筑，立砖底部与丁砖底部平齐，形成凸凹有致的轮廓，最后在顶部压一

图6.11　土族现代庄廓红砖院墙形式

皮顺砖封顶。

2. 院墙顶部砌筑方式的土族特色表达

土族现代红砖院墙是对传统夯土院墙的现代建筑材料的更新，与传统夯土院墙相比，现代红砖院墙不再单一构成整个庄廓的围合界面，它成为房屋与房屋之间、房屋与大门之间的连接过渡部分，庄廓的整体风貌开始由房屋外围护墙体与院墙共同形成的封闭完整的界面所控制。现代红砖院墙虽然在一定程度上满足了庄廓围护、分隔等方面的功能作用，但其与现代庄廓大门、房屋的连接过于独立、生硬，缺乏整体性，从而影响现代庄廓的整体风貌。因此，用现代庄廓房屋外纵墙檐口的构造形式统一现代红砖院墙顶部檐口的构造形式，有助于红砖院墙与现代庄廓房屋形式的统一与协调，有利于统一庄廓整体风貌（图6.12）。

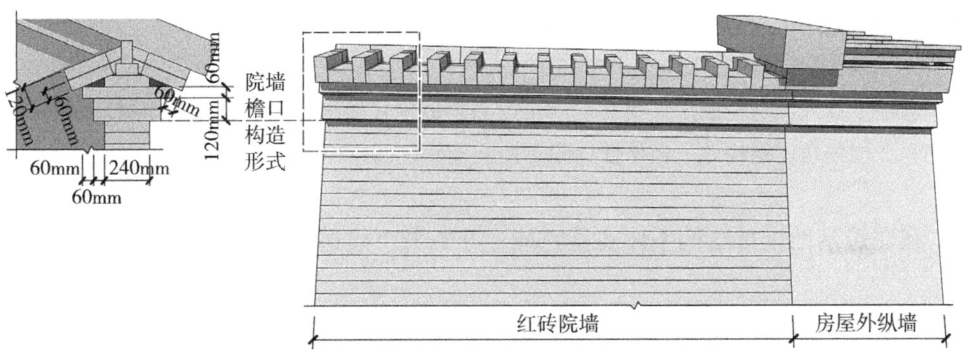

图6.12　土族新型红砖院墙构造形式设计

1）现代庄廓院墙使用红砖砌筑，厚度为240mm，高度与庄廓房屋外纵墙檐口保持一致。

2）为了统一院墙与房屋的外界面形式，院墙顶部红砖檐口的砌筑方式延续庄廓房屋外纵墙檐口线脚的砌筑方式，即在院墙顶部用红砖外挑两层，第一层两皮砖，第二层一皮砖，每层挑出1/4砖，长度约60mm。

3）结合房屋外纵墙檐口的出挑方式，院墙顶部红砖线脚砌筑完成后，在其上将丁砖、立砖沿房屋屋面坡度方向外挑1/4砖，约60mm，间隔重复砌筑，立砖底部与丁砖底部平齐，形成凸凹有致的轮廓，与房屋外纵墙檐口形式保持一致，最后在顶部用顺砖立砌的方式封顶。

6.2.3　土族新型庄廓房屋建构设计实验

建筑构件建构模式告诉我们如何直接建造建筑以及如何建成其详细的细节，每一模式都阐述了使用建筑材料实现某种基本的功能需求，并表达一定的艺术和文化内涵的建造技术，在它们的作用下我们能够生动地看到名副其实的建筑的产生过程。通过土族传统建筑构件建构模式的适应性分析及现状发展趋势可以看出，基于土族地方风格、民族特色的传统建筑构件建构模式，唯有结合现代建造技术以适应时代的需求才可以得到继承、发展。

1. 根据平面布局方案，确定结构的基本原理，以使平面构想能直接付诸实施。

1）木梁架承重结构

正房檐廊采用木梁架承重结构体系，继承传统形式复杂、层次丰富的木梁枋结构形式，突出正房的主体地位，反映土族传统艺术和美学观念，发挥传统形式的民族特色表达优势。

2）横墙承重结构

满足土族人民对庄廓房屋更大空间尺度需求的现代要求，房屋主体采用横墙承重结构体系，增强房屋结构性、经济性、耐久性和现代性。

2. 在建筑基地上待结构主体实施完成，开始着手建造房屋的主构架。

1）红砖墙体

庄廓房屋外围护结构墙体统一采用370mm厚砖墙，施工操作简单、快速、经济，结构安全性能突出，耐久性强，结构、保温、隔热和围护一体化，延续传统庄廓厚重的建筑形式。

2）平瓦屋顶屋面

庄廓房屋屋顶均采用水泥平瓦铺设，有利于主体结构简化防水构造，防水、保温、隔热和围护一体化，坡度为1：2.5（屋面坡度角21.8°），坡向内院与宅旁绿地，实现雨水收集与再利用。

3）平瓦屋顶檐口

以传统平土屋面外挑深远的圆木椽条挑檐为原型，利用现代建筑材料钢筋混凝土椽条演绎传统檐口构造形式，不仅回应土族地区的自然气候条件，而且延续传统形式以利于表达地方风格、民族特色。

4）红砖院墙

红砖院墙统一采用240mm厚砖墙，施工操作简单、快速、经济，结构安全性能突出，耐久性强，延续传统高院墙、矮房屋的建筑形式，利于防风防沙，有助于院内形成稳定的生活环境。

3. 在房屋的主构架内，选定门窗开口的正确位置。

1）附加阳光间式太阳房

结合正房檐廊设置附加阳光间，通过夏季、冬季热工性能设计改进现状附加阳光间性能的不足，以土族传统木制门窗为原型，利用现代建筑材料铝合金、玻璃演绎传统木制门窗构造形式，反映土族艺术和美学观念，表达土族社会意识形态，以利于地方风格、民族特色的继承与延续，最终实现附加阳光间与房屋设计、建设一体化。

2）直接受益式太阳房

秉承非平衡保温设计理念，北向不开窗，东西少开窗，南向开大窗，铝合金门窗演绎传统门窗构造形式，反映土族艺术和美学观念，表达土族社会意识形态，表达地方风格、民族特色。

3）集热蓄热墙式太阳房

南向墙面充分利用被动式太阳能设计，采用集热蓄热墙，改善民居建筑居住热环境，推广绿色生态新技术，铝合金玻璃幕墙融合民族形态，演绎传统门窗构造形式，反映土族艺术和美学观念，表达土族社会意识形态。

4. 修饰表面。

1）水泥石灰砂浆草泥抹面

以传统草泥抹面的构造形式为原型，利用当地丰富的黄土资源，对其进行现代性能提升，增强其耐久性、防水性和美观性，延续传统草泥抹面颜色、肌理形式，反映土族艺术和美学观念，表达地方风格、民族特色。

2）土族传统盘绣图案的墙面装饰

将土族独具特色的盘绣图案作为墙面装饰图案，有助于突出土族的民族特色，提高建筑风格的民族识别性。

5. 利用现代绿色建筑技术完善房屋（图6.13）。

1）屋面集成太阳能热水、采暖、发电系统

充分利用区域太阳能资源，推进民居建筑绿色生态化发展。太阳能热水系统、太阳能采暖系统和太阳能光伏发电系统等现代绿色建筑技术在很大程度上满足了土族庄廓在运行过程中对热水、采暖和用电等方面的需求，应大力提倡、推广和普及。

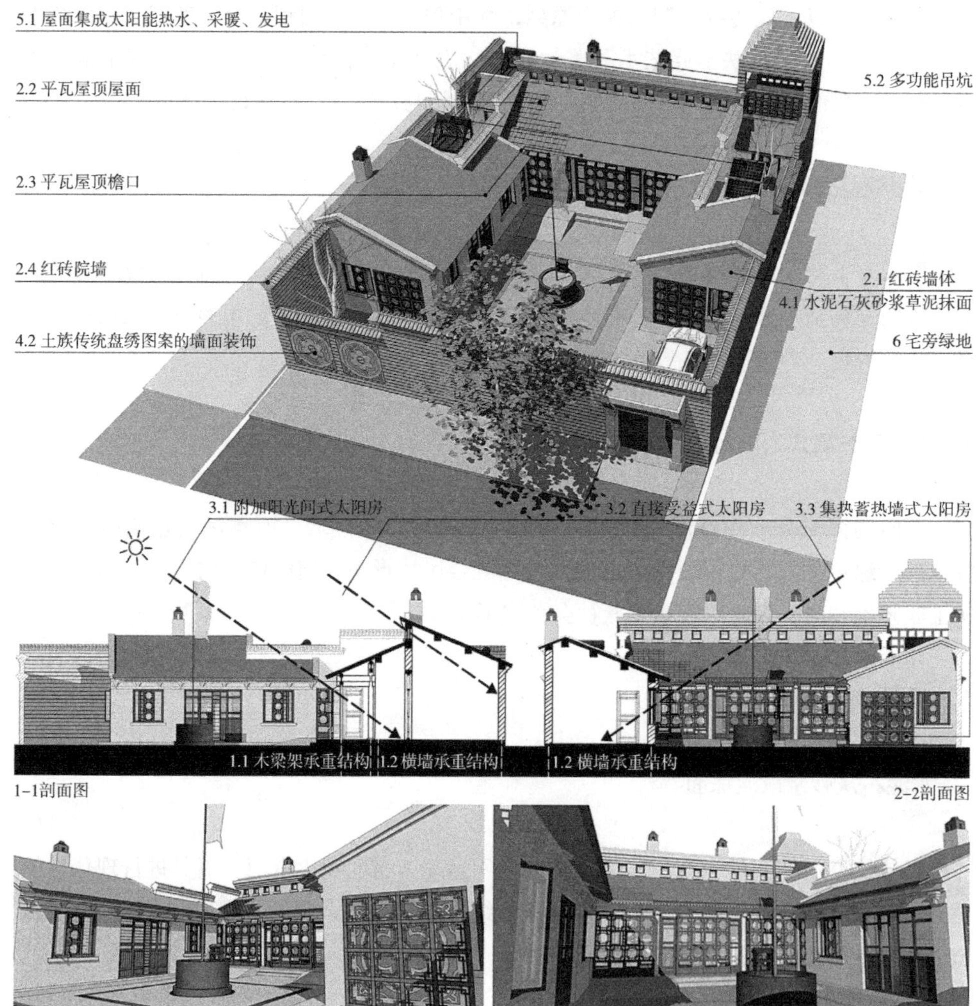

图6.13　土族新型庄廓房屋构造形式设计

2）多功能吊炕

改善传统火炕的性能缺陷，引入热舒适性好、热效率高、节约燃料、均温性好、保温时间长的多功能吊炕，实现火炕、灶的一体化设计，保留传统砖砌烟囱，回应传统建筑形式。

6. 建造室外细节以修饰室外空间环境（图6.14）。

根据单元组合空间关系灵活布置宅旁绿地，营造丰富的室外空间环境景观效果。

图6.14　土族新型庄廓空间组合模式

6.3
土族新型建筑模式语言的其他探索

6.3.1　土族城镇建筑发展的现实问题

互助土族自治县是我国唯一的土族自治县，是土族人口最多、最为集中的地方，地处青海与甘肃，西宁与海北、海东二省三州（市、地）七县交界处。

改革开放以来，在现代化、城镇化的巨大冲击作用下，互助土族自治县建成区范围不断扩大，以简单、经济、快捷为特点的现代建筑理论因能够快速地适应大范围、大面积的建设需求而得到广泛的普及和推广，成片的新建筑如雨后春笋般出现。然而，伴随着建设的不断深入，历史残存遗留的、能够反映土族民俗文化特质的、具有朴素自然特色的土族建筑形式逐渐被湮没在粗暴的钢筋混凝土丛林之中，随处可见钢筋混凝土和大面积玻璃的全封闭大厦，它们全然不顾地域的自然条件、民族文化和以地方材料为基础的有效适宜的传统技术。现代建筑的流行逐渐造成互助土族自治县城镇风貌的地域性、民族性、文化性丧失，整个城镇建筑风貌开始显得贫乏、枯燥、单调。由此，土族城镇建筑民族风貌改造的现代化命题由此产生（图6.15）。

图6.15　互助土族自治县现状建筑风貌

6.3.2 城镇商业建筑有机更新设计实验

本书选择互助土族自治县老城区核心地段威远镇十字街中心鼓楼东北角的武汉商贸城作为研究对象。

1. 武汉商贸城的建设现状

武汉商贸城是一座三层高度的，底商上住形式的，平屋顶建筑。结合框架结构形式的特点，整座建筑在水平方向被划分成一个个独立的、单元式的临街商铺：1层沿街界面通过柱子被分隔成一间间对外开放的商铺，2层、3层通过相同宽度的大面积玻璃窗与1层取得统一，1层和2层之间、3层顶部均出挑0.6m左右坡屋顶形式的雨棚，上覆深灰色琉璃瓦。结合雨棚、屋顶的位置，整个建筑在垂直方向被划分为1层、2层和3层、屋顶三部分，呈现三段式结构形式。

灰色大理石外包柱子、仿砖砌肌理的灰色涂料饰面墙体、分隔简单的普通钢制门窗、深灰色琉璃瓦坡屋顶等构件形式都是基于现代建筑材料、现代建造技术特点的现代形式，并未考虑民族传统建构形式的继承、发展，因此，由这些构件共同组合而成的武汉商贸城并未展现出独具特色的地方风格和民族特色，而是陷入千篇一律的现代城市建筑形式。

2. 武汉商贸城土族民族风貌改造设计实验

针对武汉商贸城民族特色表达不足的现实问题，在保障结构主体不变、水平方向单元分隔不变、垂直方向三段式结构形式不变的条件下，选择土族庄廓大门作为设计原型，提取墀头、门头的构造形式统一立面，同时结合前文提炼的土族墙体构件建构模式、门窗构件建构模式，以改变当前柱子、墙体、门窗和屋顶使用的粗野的而且支离破碎的语言的窘境，力图探索回应地方风格、民族特色的城镇建筑风貌的设计方法（图6.16）。

1）墀头

借鉴传统庄廓大门墀头的构造形式解决武汉商贸城当前柱子的地方风格、民族特色表达。以武汉商贸城两间商铺为一组，结合两侧原有柱子沿外侧在1层、3层位置用空心方管做墀头造型统一柱子形式，延续传统墀头的比例关系：戗檐及盘头/上身墙+裙肩的比例为2∶1；墀头的上身墙/裙肩的比例为3∶1；墀头的戗檐/盘头的比例为3∶1。

2）门头

借鉴传统庄廓大门门头的木梁枋结构部分构造形式解决武汉商贸城当前出挑雨棚的

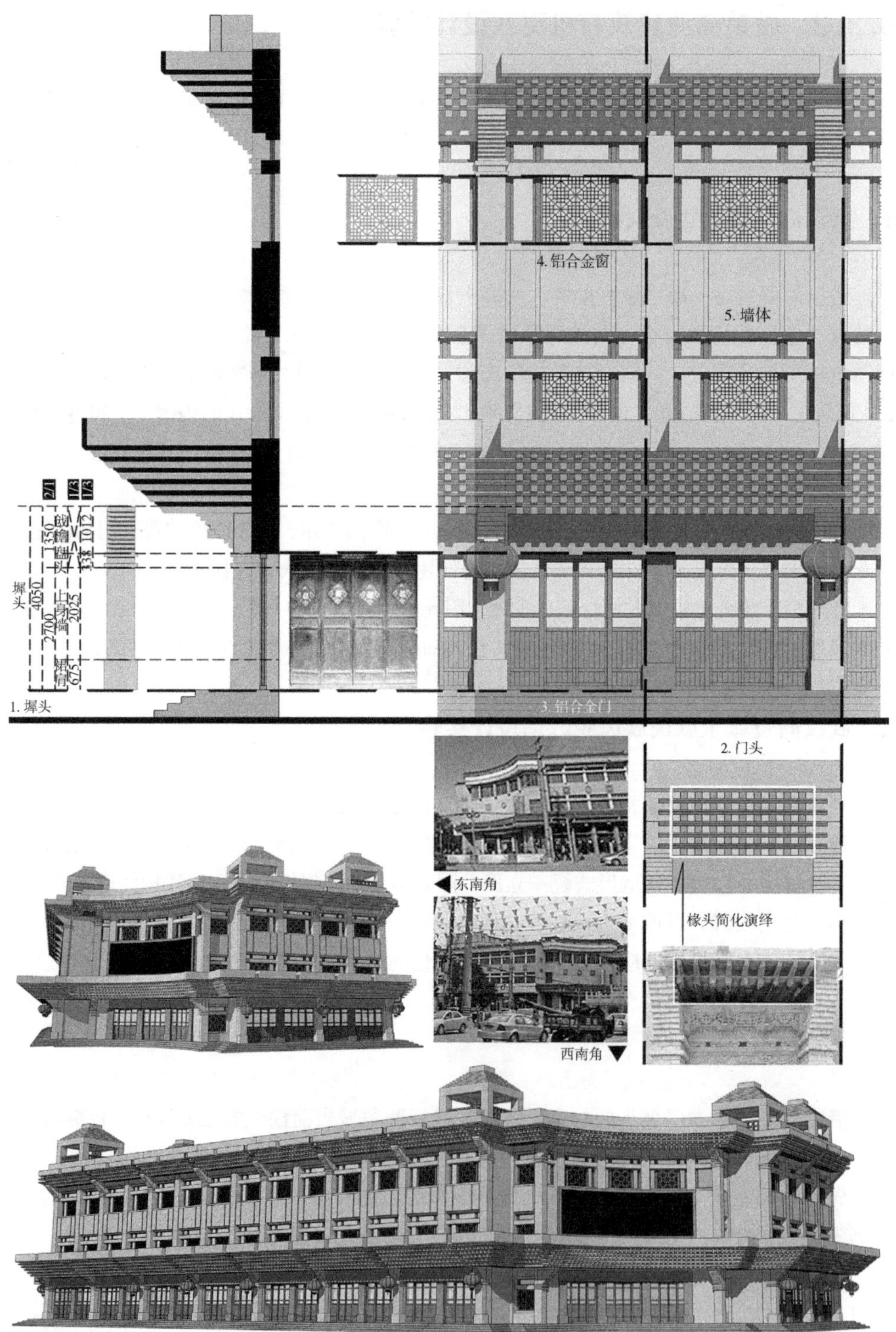

图6.16　武汉商贸城民族风貌改造设计实验
（来源：陕西省县城新型镇村体系创新团队）

地方风格、民族特色表达。采用150mm×150mm的古铜色铝合金空心方管与100mm厚的古铜色铝合金垫板模仿传统门头屋檐出挑的椽头形式，在保证其与墀头戗檐相同斜度的条件下，采用从下到上层层出挑的建造方式，将原有出挑的雨棚包于其中：1层最终形成6层层叠形式；2层最终形成4层层叠形式。

3）铝合金门窗

借鉴传统庄廓隔扇木门、平开木窗的构造形式解决武汉商贸城当前门窗的地方风格、民族特色表达。沿街1层商铺大门借鉴传统四扇木格子门的形式语言，继承、延续上下均分的六抹隔扇分隔形式，采用灰色铝合金型材和玻璃，形成上下均分的六冒头隔扇分隔形式；2层、3层窗户在保障两侧均有开启扇的条件下，居中位置借鉴土族传统木窗的形式语言，以正方形为基本图形单元，采用灰色铝合金型材和玻璃模仿传统几何纹样。

4）墙体

墙体统一用水泥石灰砂浆草泥抹面统一，在颜色、肌理、形式上回应传统草泥抹面的形式，为土族人民所喜闻乐见。

6.4 本章小结

本章通过土族新型庄廓、城镇商业建筑有机更新的2个设计实验，力图证明土族建筑模式语言为我们提供了一种解决土族复杂系统建筑问题的设计思想和设计方法，通过它我们能够快速地、自如地创作出既适应当地特有严寒条件，同时也能满足所应有的文化归属感的属于土族的、独特的具有民族文化特征的现代建筑。

结论与展望

7

7.1 研究结论及创新点

7.2 研究展望

本书选取土族民居建筑作为研究对象，从传统庄廓认知和现代庄廓现状入手，系统地对比分析了传统土族庄廓与现代土族庄廓的背景、特点和差异，引出乡土建筑现代化、现代建筑土族化的命题。通过探讨相关设计理论与创作方法，建立土族建筑模式语言的设计思想，并对原型建筑模式语言、现型建筑模式语言、新型建筑模式语言的内涵、机制、理念做了进一步的阐述，同时结合相关设计创作实践对新型建筑模式语言进行综合运用，以期充实土族地区人居环境建设理论体系，并最终为实现土族地区自然与人文环境的可持续发展作出一定的贡献。

7.1 研究结论及创新点

7.1.1 研究结论

通过以上基于土族庄廓原型、现型、新型的系统分析研究和理论探讨，研究结论如下：

1. 土族建筑模式语言分为建筑构件建构模式、院落空间组织模式和群落空间结构模式，它们将复杂系统的土族建筑问题分解成一个个相互联系但却具有相对独立性的人们容易掌握突破的众多模式，模式的设计方法缩小了设计者有限的能力与他所面临的复杂任务之间的鸿沟。通过每个模式设计问题的解决，整个富有地方风格、民族特色的完整的建筑会像形成句子一样简单地自我形成。

通过研究土族建筑从历史到今天产生、发展的演变过程，首次提出土族建筑归根结底是由一系列相互联系并按照一定顺序排列的，饱含适应气候、适宜技术、文脉传承、节能生态等方面设计问题的众多模式的集合，它们按照建筑材料、构造、构件、要素、单体、群落构成的语言系统组合形成土族建筑模式语言。它为我们提供了一种理性认知、解读土族建筑本质、结构和规律的途径和方法，从完整解决一系列模式出发，富有历史文化价值和鲜明地方风格、民族特色价值的土族建筑将根据这些模式的顺序自然而然地产生，能够改变当前土族建筑使用的粗野而且支离破碎的语言的窘境。

2. 现代建筑材料、结构体系、建造技术的普及发展使得传统建筑构件建构模式发生了颠覆性的变化，引起乡土建筑现代化、现代建筑土族化的时代命题。因此，采取适宜的建造技术处理包含材料模式和构造模式在内的建筑构件建构模式在时代适应、文脉传承和绿色生态等方面的设计问题，是我们解决当前复杂系统土族建筑问题的关键科学技术。

土族聚居区的气候条件、自然环境不随时代的变化而变化，同时土族人民的基本生产文化活动、宗教信仰文化还具有鲜活的生命力，所以，基于本土自然环境、传统生态经验、传统民俗文化及传统信仰文化作用下形成的土族传统群落空间结构模式和院落空间组织模式仍然适合于现代的自然和人文环境。因此，本书不再以空间研究作为主角，而是强调包含材料模式和构造模式在内的建筑构件建构模式的重要意义。每一建筑构件建构模式都阐述了材料的特性和构造的具体方法，构件的形式不仅满足基本的功能需求，而且具有一定的艺术和文化内涵。因此，合理运用、继承和转译传统的结构体系和构造形式，结合现代建筑材料、结构体系、建造技术等方面的优势，探索既能延续地方风格和民族特色的，又能适应时代需求的形式原真的新型建筑构件建构模式，有助于帮助我们解决土族建筑在文化传承问题、质量问题、生态问题等方面的现实问题。

3. 原型建筑模式语言是对土族传统民居建筑产生、发展过程中的建构智慧和生态智慧的全面系统的归纳和总结，它们反映了土族民居建筑在功能组成、空间分布、造型风貌、建筑材料、结构体系、建造技术、装饰习惯等方面是如何回应当地自然因素和人文因素的，通过对它们的解读有助于帮助我们掌握传统的本质、结构和规律，为现代创作提供资料、经验、技术、手法以及某些创作规律。

在群落空间结构模式方面，本书总结出土族传统群落在应对气候条件方面，表现为“向阳避风”“南低北高”的台地式布局特点；在适应川水地区、浅山地区、脑山地区的地形地貌方面，表现出“团状群落空间形态”“阶梯状群落空间形态”“带状群落空间形态”三大类型；在呈现民俗文化方面，表现出“三重同心圆空间结构”；在体现宗教信仰方面，表现出“基于信仰的不可见的空间结构”。

在院落空间组织模式方面，本书总结出土族传统庄廓在呈现民俗文化方面，表现出“二合院”“三合院”“四合院”三种基本的合院类型；在应对气候条件方面，表现出“形态规整”“内聚向阳”“附属过渡”“低矮空间”“高墙矮屋”“空间转折”等传统建构智慧；在体现宗教信仰方面，恪守“藏传佛教宗教礼仪秩序”，遵循“传统礼制等级思想”，符合“传统风水理学概念”。

在建筑构件建构模式方面，本书总结出土族传统庄廓在应对气候条件方面，表现出“宽厚墙体”“平厚屋顶”“挑檐深远”等传统建构智慧；在经济技术方面，表现为因地制宜、就地取材、因材致用，传统生土、木材、麦草等地方传统材料通过低技术、低成本的适宜建造技术满足低能耗、低污染的目标；在民族艺术方面，“木雕花饰”“门窗几何装饰图案”“黄土原木色调”不仅反映土族艺术和美学观念，而且表达土族社会意识形态。

4. 新型建筑构件建构模式解决了乡土建筑现代化、现代建筑土族化问题的关键科学技术，面对不同的建筑任务，结合传统群落空间结构模式、传统院落空间组织模式，我们都将有能力，以我们极普通的活动，使土族建筑富有活力。

新型建筑构件建构模式是根植于土族地区气候严寒、地形复杂、物资贫乏、农牧交错、民族众多、文化杂糅、宗教多元的自然人文环境特征，以富有历史文化价值和鲜明地方风格、民族特色价值的传统建筑构件建构模式为原型，结合现代建筑材料、结构体系、建造技术，采取适应气候、适宜技术、功能匹配、文脉传承和节能生态的更新与发展设计方法建立的：屋顶构件建构模式（“现代横墙承重结构+传统木梁架承重结构”“平瓦屋顶屋面、檐口建构形式”）、墙体构件建构模式（“红砖墙体建构形式”“水泥石灰砂浆草泥抹面建构形式”）、门窗构件建构模式（“铝合金门建构形式”“铝合金窗建构形式”）、适宜绿色建筑技术构件建构模式（“附加阳光间式太阳房、直接受益式太阳房、集热蓄热墙时太阳房建构形式”“屋面集成主动式太阳能建构形式”“多功能吊炕建构形式”）。

7.1.2 研究创新点

1. 本书将C·亚历山大建筑模式语言理论应用到土族乡土建筑现代化、现代建筑土族化的时代命题之中，首次建立了基于建筑材料、构造、构件、要素、单体、群落组成的民居建筑语言系统的土族建筑模式语言，它们按照从大到小的顺序被划分为群落空间结构模式、院落空间组织模式和建筑构件建构模式。土族建筑模式语言为土族建筑的保护、继承、发展和创新提供了一种全新的设计思想，填补了土族建筑设计原理上的不足，丰富了西北地域民族建筑发展的创作思路。

2. 通过土族民居建筑历史演变的动态过程研究，本书重新界定了包含材料模式和构造模式在内的模式的文化内涵，首次提出探索建筑构件建构模式的土族化、现代化表达是解决土族建筑现状问题的根本。根植于本土自然、人文环境，借鉴传统建构智慧、生态智慧，有机结合现代建筑材料、结构体系、建造技术，本书建立了结合时代适应、文脉传承和绿色生态等策略解决土族建筑构件建构模式更新、发展的设计方法。

3. 本书首次建立了反映地域自然环境、民族文化特征的土族建筑图解数据库：土族传统群落空间结构模式图解、传统院落空间组织模式图解和新型建筑构件建构模式图解，同时完成了土族新型庄廓、城镇商业建筑有机更新的两个实用性设计实验。对于土族建筑设计，它们不仅具有一定的参考性价值，而且起到很强的实践指导性作用，引导土族地区建筑创作的设计方向。

7.2
研究展望

1. 研究工作的深度、广度仍有待完善

本书的研究主体相对独立，以土族民居建筑作为研究对象，但民居建筑的研究本身就是一个复杂的系统工程，命题涉及学科广泛，形成过程错综复杂。然而，受限于个人学术能力、知识储备等方面的不足，加之在研究探讨的过程中受限于时间、人员、地域等客观条件，调查范围仅限于文中所提到的11个土族村落，根据其分析、提炼、总结的研究结果难免具有一定的浅显性、片面性。因此，在后续的研究中，随着调查范围的扩大、延伸，研究的成果还将进一步完善。

2. 研究工作中的实践性、量化研究有待深入

本书现有研究成果中对具体建造技术、实施措施等方面的实践性研究有所欠缺，总体上需要进一步深入细致、透彻的探讨。同时，研究成果中定性部分较多，定量研究相对不足，今后应积极借鉴数据统计研究方法，增强研究过程的科学性和研究成果的说服力。

3. 民族建筑的城镇化表达问题历来是学界关注的热点问题之一

作为一种复杂的社会现象，现代化、城镇化对土族城乡建筑的冲击将是一个长期艰巨的课题。由于研究的侧重点和篇幅，本书主要解读了土族传统民居建筑某些关键问题的文化逻辑，而现代化、城镇化进程中该文化逻辑在城镇现代建筑中将会如何发展，作为未尽的工作留待进一步的探究。

参考文献

[1] 丁淑琴. 从波塔宁考察资料看土族族源 [J]. 民族研究，2006（04）：96.

[2] 吴良镛. 国际建协"北京宪章"——建筑学的未来 [M]. 北京：清华大学出版社，2002.

[3] 刘先觉. 现代建筑理论：建筑结合人文科学自然科学与技术科学的新成就 [M]. 第2版. 北京：中国建筑工业出版社，2008.

[4] 马进虎. 多元文化聚落中的河湟回民社会交往特点研究 [D]. 西北大学，2005：7.

[5] 李健胜. 汉族移民与河湟地区的人文生态变迁 [J]. 西北人口，2010，04：67.

[6] 陈新海. 河湟文化的历史地理特征 [J]. 青海民族学院学报，2002，02：32.

[7] 杨文炯，樊莹. 多元宗教文化的涵化与和合共生——以河湟地区的道教文化为视点 [J]. 兰州大学学报，2013，06：44.

[8] 胡廷. 河湟地区独特的地理环境与土族及其先民的生存和发展 [J]. 青海民族学院学报，2008，09：31.

[9] 杨沛艳. 关于土族族源争论的几个焦点问题 [J]. 青海民族研究，2007，04.

[10] 李克郁. 拨开蒙在土族来源问题上的迷雾（续）[J]. 青海民族研究，2000，11：37.

[11] John Brinckerhoff Jackson. Discovering the Vernacular Landscape [M]. New Haven: Yale University Press, 1986.

[12] Bernard Rudolfsky. Architecture Without Architects: A Short Introduction to Non-Pedigreed Architecture [M]. New York: The Museum of Modern Art, 1965.

[13] Paul Oliver. Encyclopedia of Vernacular Architecture of the World [M]. Cambridge University Press, 1998.

[14]（新）林少伟著. 当代乡土——一种多元化世界的建筑观 [J]. 单军译. 张杰校. 世界建筑，1998，01：66.

[15] 单军. 批判的地区主义批判及其他 [J]. 建筑学报，2000，11：25.

[16] Suha Ozkan. Regionalism in Architecture [M]. Concept Media Pte Ltd, 1985.

[17] 单军，王新征. 传统乡土的当代解读——以阿尔贝罗贝洛的雏里聚落为例 [J]. 世界建筑，2014，12：82-83.

[18]（荷）亚历山大·楚尼斯，利亚纳·勒费夫尔. 批判性地域主义——全球化世界中的建筑及其特性[M]. 王丙辰译. 北京：中国建筑工业出版社，2005：11.

[19]（美）肯尼斯·弗兰姆普敦著. 现代建筑：一部批判的历史[M]. 张钦楠等译. 生活·读书·新知三联书店，2004：369-370.

[20]张骏. 东北地区地域性建筑创作研究[D]. 哈尔滨工业大学，2009：24.

[21]陆元鼎. 从传统民居建筑形成的规律探索民居研究的方法[J]. 建筑师，2005，06.

[22]GB50176—93. 民用建筑热工设计规范[S]. 北京：中国计划出版社，1993.

[23]青海省地方志编纂委员会. 青海省志·自然地理志[M]. 合肥：黄山书社，1995.

[24]朱忠玉. 北方旱区农用水资源开发利用研究[M]. 北京：中国人口出版社，1998：124.

[25]熊有平. 湟水流域川水区、浅山区、脑山区和石山林区划分及特点[J]. 水利科技与经济，2012，02：14-15.

[26]马成俊，贾伟. 青海人口研究[M]. 北京：民族出版社，2008：120-121.

[27]戴燕. 古代河湟区域文化溯源[J]. 青海师范大学学报，1993，04：42.

[28]后汉书. 卷87. 西羌传.

[29]刁文庆，蔡西林. 土族民间节日集会与群众文化[J]. 青海民族学院学报，1987，03：141.

[30]西宁府新志. 卷三十六. 艺文志八.

[31]张君奇. 青海民居庄廓院[J]. 古建园林技术，2005，03：54.

[32]晁元良. 青海民居[J]. 时代建筑，1991，02：39-42.

[33]王军. 西北民居[M]. 北京：中国建筑工业出版社，2009：46，243，34.

[34]赵宗福. 青海多元民俗文化圈研究[M]. 北京：中国社会科学出版社，2012：33.

[35]楼庆西. 中国建筑文化一瞥（八）门头文化[J]. 中国书画，2003，10：98.

[36]杨维菊. 建筑构造设计（上册）（第二版）[M]. 北京：中国建筑工业出版社，2016.

[37]刘超. 豫中传统墙体承重砖木房屋结构性能研究[D]. 郑州大学，2014：57.

[38]徐燊. 太阳能建筑设计[M]. 北京：中国建筑工业出版社，2014.

[39]李元哲. 被动式太阳房热工设计手册[M]. 北京：清华大学出版社，1993.

[40]王崇杰，薛一冰等. 太阳能建筑设计[M]. 北京：中国建筑工业出版社，2007：22.

[41]《中国大百科全书》总编委会编. 中国大百科全书[M]. 第二版. 北京：中国大百科全书出版社，2009.

[42] Eduard Sekler, "Structure, Construction, Tectonics, " in Structure in Art and in Science [M]. New York: Brazil, 1965.

[43]爱德华·F·塞克勒著. 结构，建造，建构[J]. 凌琳译. 王骏阳校. 时代建筑，2009，02：101.

[44] Kenneth Frampton. Studies in Tectonic Culture: The Poetics of Construction in Nineteenth and Twentieth Century Architecture [M]. The MIT Press, 2001.

[45]彭怒，王飞. 建构与我们——"建造诗学：建构理论的翻译与扩展讨论"会议评述[J]. 时代建筑，2012，02：32.

[46]伍时堂. 让建筑研究真正地研究建筑——肯尼思·弗兰普顿新著《构造文化研究》简介[J]. 世界

建筑，1996，04：78.

[47] 刘加平. 传统民居生态建筑经验的科学化与再生 [J]. 中国科学基金，2003，04：236.

[48] 刘加平. 关于民居建筑的演变和发展 [J]. 时代建筑，2006，04：82.

[49] 刘加平等. 绿色建筑概论 [M]. 北京：中国建筑工业出版社，2010：2.

[50] 顾孟潮. 当代杰出的建筑大师——亚历山大 · 克里斯托芬 [J]. 建筑学报，1986，11：76.

[51] Richard Weston. Poetic Patterns [J]. AJ4, 1987. 11.

[52] Design Innovation. An exchange of ideas [J]. P/A, 1967. 11.

[53] Christopher Alexander. Van Maren King, Sara Ishikawa, 390 Requirements for the Rapid Transit Station [D]. Berkeley: Library of the College of Environmental Design, 1965.

[54] 卢健松，彭丽谦，刘沛. 克里斯托弗 · 亚历山大的建筑理论及其自组织思想 [J]. 建筑师，2014，09：46.

[55]（美）亚历山大. 俄勒冈实验 [M]. 赵兵，刘小虎译. 北京：知识产权出版社，2001.

[56] Christopher Alexander. The Oregon Experiment [M]. Oxford University Press, 1975.

[57]（美）亚历山大. 建筑模式语言——城镇 · 建筑 · 构造（上）[M]. 王听度，周序鸿译. 北京：知识产权出版社，2002.

[58] Christopher Alexander. A Pattern Language [M]. Oxford University Press, 1977.

[59]（美）亚历山大著. 建筑的永恒之道 [M]. 赵兵译. 北京：知识产权出版社，2002.

[60] Christopher Alexander. The Timeless Way of Building [M]. Oxford University Press, 1979.

[61] 王伯扬. 源于生活的建筑观——介绍《建筑模式语言》[J]. 建筑学报，1990，10：48.

[62] 中国建筑工业出版社《建筑师》编辑部. 建筑师 24 [M]. 北京：中国建筑工业出版社，1986：207.

[63] Charles Jencks. Modern Movements in Architecture [M]. Harmondsworth, Middlesex, England; New York, N. Y. , U. S. A. : Penguin, 1985.

[64] Tony Ward. Pattern Language, The contribution of Christopher Alexander's Center for Environmental Structure to the science of design [J]. Architectural Forum, 1970, 01.

[65] Wendy Kohn. The Lost Prophet of Architecture [J]. The Wilson Quarterly, 2002. 03: 26.

[66] 徐卫国. 亚历山大其人其道 [J]. 新建筑，1989，02：26.

[67] Andrew Rabeneck. A Pattern Language [J]. AD, 1979, 01.

[68] 中国非物质文化遗产网 · 中国非物质文化遗产数字博物馆. http://www. ihchina. cn/show/feiyiweb/html/com. tjopen. define. pojo. feiyiwangzhan. GuoJiaMingLu. detail. html?id=c64985f1-f918-4f5d-b4f8-b6cecf79ffc6&classPath=com. tjopen. define. pojo. feiyiweb. guojiaminglu. GuoJiaMingLu

[69] 秦永章. 土族传统民居建筑文化刍议 [J]. 青海民族研究，1996，01：75-77.

[70] 马炳坚. 中国古建筑木作营造技术 [M]. 北京：科学出版社，2003：119.

[71] 张俭. 传统民居屋面坡度与气候关系研究 [D]. 西安建筑科技大学，2006.

[72] 刘加平. 建筑物理 [M]. 第三版. 北京：中国建筑工业出版社，2000：119-120.

[73] 邢海燕. 青海土族服饰中色彩语言的民俗符号解读 [J]. 西北民族研究，2004，04：163.

[74] 裴刚，沈粤，扈媛，安艳华. 房屋建筑学 [M]. 第三版. 广州：华南理工大学出版社，2011：258.

[75] 刘学贤等编著. 建筑构造 [M]. 北京：机械工业出版社，2013：56.
[76] 金虹主编. 建筑构造 [M]. 北京：清华大学出版社，2005：193.
[77] 武六元，杜高潮，张阳编著. 房屋建筑学 [M]. 北京：中国建筑工业出版社，2013：237.
[78] 丁昶. 藏族建筑色彩体系研究 [D]. 西安建筑科技大学，2009：116-117.
[79] 虞志淳. 陕西关中农村新民居模式研究 [D]. 西安建筑科技大学，2009：128.
[80] 崔树稼. 青海东部民居——庄窠 [J]. 建筑学报，1963，01：12-14.
[81] 庄智. 中国炕的烟气流动与传热性能研究 [D]. 大连理工大学，2009.
[82] 刘满，夏晓东. 辽宁省农村住宅的采暖方式与能耗研究 [J]. 建筑节能，2007，07：57.
[83] 薛利媛. “吊炕”的搭建技术 [J]. 农业工程技术（新能源产业），2010，09.
[84] 郭继业. 北方省柴节煤炕连灶技术讲座（二）[J]. 农村能源，1998，06：12-14.
[85] 郭继业. 吊炕热性能的调节 [J]. 新农业，2001，07：49-50.
[86] 李钰. 陕甘宁生态脆弱地区乡村人居环境研究 [D]. 西安建筑科技大学，2011：124.
[87] 楼庆西. 斑驳门文化光怪门艺术 [J]. 中外文化交流，2002，04：39.
[88] 尤贵友，关双来，程万里. 清式硬山墀头的设计与施工技术 [J]. 古建园林技术，1984，04：04.